国家出版基金项目
NATIONAL PUBLICATION FOUNDATION

民机先进制造工艺技术系列

主 编　林忠钦

大飞机飞行控制律的原理与应用

Системы дистанционного управления
магистральных самолетов

【俄】B·S·阿廖申　S·G·巴热诺夫　Y·I·季坚科　Y·F·舍留欣　著

李 志　范彦铭 等译

李 明　主审

上海交通大学出版社
SHANGHAI JIAO TONG UNIVERSITY PRESS

内容提要

本书由俄中央空气流体动力研究院专家撰写,书中所描述的内容,是作者们研制国内民用飞机数字式电传控制系统时所获得和积累的经验,其中包括图-204、图-214、图-334、SSJ100、MS-21等大型客机。书中详细描述了如何构建类似系统的逻辑架构、控制律,以及系统的特点和动力学特性。书中还详细阐述了数字式多通道备份系统的计算和分析的有关问题,这种备份系统的子通道可以在非同步状态工作,而且具有检测、力配平等功能。

本书可作为从事数字式控制系统的科研人员、工程技术人员的参考资料,也可作为航空院校师生的参考读物。

© Алёшин Б.С. , Баженов С.Г. , Диденко Ю.И. , Шелюхин Ю.Ф. ,
Редакционно-нздательское оформление. Издательство «Наука» , 2013.
上海市版权局著作权合同登记号:09-2016-951

图书在版编目(CIP)数据

大飞机飞行控制律的原理与应用 / (俄罗斯)B.S.阿
廖申等著;李志等译. —上海:上海交通大学出版
社,2016
(大飞机出版工程)
ISBN 978-7-313-16416-2

Ⅰ. ①大… Ⅱ. ①B…②范… Ⅲ. ①飞行控制系统—研究 Ⅳ. ①V249

中国版本图书馆 CIP 数据核字(2016)第 319277 号

大飞机飞行控制律的原理与应用

著 者:	【俄】B·S·阿廖申 S·G·巴热诺夫 Y·I·季坚科 Y·F·舍留欣			
译 者:	李 志 范彦铭等			
出版发行:	上海交通大学出版社	地 址:	上海市番禺路 951 号
邮政编码:	200030	电 话:	021-64071208
出 版 人:	郑益慧		
印 制:	上海盛通时代印刷有限公司	经 销:	全国新华书店
开 本:	787 mm×1092 mm 1/16	印 张:	17.25
字 数:	328 千字		
版 次:	2016 年 12 月第 1 版	印 次:	2016 年 12 月第 1 次印刷
书 号:	ISBN 978-7-313-16416-2/V		
定 价:	105.00 元		

大飞机出版工程

丛书编委会

总主编

顾诵芬（中国航空工业集团公司科技委副主任、中国科学院和中国工程院院士）

副总主编

金壮龙（中国商用飞机有限责任公司董事长）

马德秀（上海交通大学原党委书记、教授）

编　委（按姓氏笔画排序）

王礼恒（中国航天科技集团公司科技委主任、中国工程院院士）

王宗光（上海交通大学原党委书记、教授）

刘　洪（上海交通大学航空航天学院副院长、教授）

许金泉（上海交通大学船舶海洋与建筑工程学院教授）

杨育中（中国航空工业集团公司原副总经理、研究员）

吴光辉（中国商用飞机有限责任公司副总经理、总设计师、研究员）

汪　海（上海市航空材料与结构检测中心主任、研究员）

沈元康（中国民用航空局原副局长、研究员）

陈　刚（上海交通大学原副校长、教授）

陈迎春（中国商用飞机有限责任公司常务副总设计师、研究员）

林忠钦（上海交通大学常务副校长、中国工程院院士）

金兴明（上海市政府副秘书长、研究员）

金德琨（中国航空工业集团公司科技委委员、研究员）

崔德刚（中国航空工业集团公司科技委委员、研究员）

敬忠良（上海交通大学航空航天学院常务副院长、教授）

傅　山（上海交通大学电子信息与电气工程学院研究员）

民机先进制造工艺技术系列

编　委　会

主　编

林忠钦（上海交通大学常务副校长、中国工程院院士）

副主编

姜丽萍（中国商飞上海飞机制造有限公司总工程师、研究员）

编　委（按姓氏笔画排序）

习俊通（上海交通大学机械与动力学院副院长、教授）

万　敏（北京航空航天大学飞行器制造工程系主任、教授）

毛荫风（中国商飞上海飞机制造有限公司原总工程师、研究员）

孙宝德（上海交通大学材料科学与工程学院院长、教授）

刘卫平（中国商飞上海飞机制造有限公司副总工程师、研究员）

汪　海（上海市航空材料与结构检测中心主任、研究员）

陈　洁（中国商飞上海飞机制造有限公司总冶金师、研究员）

来新民（上海交通大学机械与动力工程学院机械系主任、教授）

陈　磊（中国商飞上海飞机制造有限公司副总工程师、航研所所长、研究员）

张　平（成飞民机公司副总经理、技术中心主任、研究员）

张卫红（西北工业大学副校长、教授）

赵万生（上海交通大学密歇根学院副院长、教授）

倪　军（美国密歇根大学机械工程系教授、上海交通大学密歇根学院院长、教授）

黄卫东（西北工业大学凝固技术国家重点实验室主任、教授）

黄　翔（南京航空航天大学航空宇航制造工程系主任、教授）

武高辉（哈尔滨工业大学金属基复合材料与工程研究所所长、教授）

总　序

　　国务院在 2007 年 2 月底批准了大型飞机研制重大科技专项正式立项,得到全国上下各方面的关注。"大型飞机"工程项目作为创新型国家的标志工程重新燃起我们国家和人民共同承载着"航空报国梦"的巨大热情。对于所有从事航空事业的工作者,这是历史赋予的使命和挑战。

　　1903 年 12 月 17 日,美国莱特兄弟制作的世界第一架有动力、可控制、比重大于空气的载人飞行器试飞成功,标志着人类飞行的梦想变成了现实。飞机作为 20 世纪最重大的科技成果之一,是人类科技创新能力与工业化生产形式相结合的产物,也是现代科学技术的集大成者。军事和民生对飞机的需求促进了飞机迅速而不间断的发展和应用,体现了当代科学技术的最新成果;而航空领域的持续探索和不断创新,为诸多学科的发展和相关技术的突破提供了强劲动力。航空工业已经成为知识密集、技术密集、高附加值、低消耗的产业。

　　从大型飞机工程项目开始论证到确定为《国家中长期科学和技术发展规划纲要》的十六个重大专项之一,直至立项通过,不仅使全国上下重视起我国自主航空事业,而且使我们的人民、政府理解了我国航空事业半个世纪发展的艰辛和成绩。大型飞机重大专项正式立项和启动使我们的民用航空进入新纪元。经过 50 多年的风雨历程,当今中国的航空工业已经步入了科学、理性的发展轨道。大型客机项目其产业链长、辐射面宽、对国家综合实力带动性强,在国民经济发展和科学技术进步中发挥着重要作用,我国的航空工业迎来了新的发展机遇。

　　大型飞机的研制承载着中国几代航空人的梦想,在 2016 年造出与波音 B737 和空客 A320 改进型一样先进的"国产大飞机"已经成为每个航空人心中奋斗的目标。然而,大型飞机覆盖了机械、电子、材料、冶金、仪器仪表、化工等几乎所有工业门类,集成了数学、空气动力学、材料学、人机工程学、自动控制学等多种学科,是一个复杂的科技创新系统。为了迎接新形势下理论、技术和工程等方面的严峻挑战,迫切需要引入、借鉴国外的优秀出版物和数据资料,总结、巩固我们的经验和成果,编著一套以"大飞机"为主题的丛书,借以推动服务"大型飞机"作为推动服务整个航空科学的切入点,同时对于促进我国航空事业的发展和加快航空紧缺人才的培养,具有十分重要的现实意义和深远的历史意义。

2008 年 5 月,中国商用飞机有限公司成立之初,上海交通大学出版社就开始酝酿"大飞机出版工程",这是一项非常适合"大飞机"研制工作时宜的事业。新中国第一位飞机设计宗师——徐舜寿同志在领导我们研制中国第一架喷气式歼击教练机——歼教 1 时,亲自撰写了《飞机性能及算法》,及时编译了第一部《英汉航空工程名词字典》,翻译出版了《飞机构造学》《飞机强度学》,从理论上保证了我们飞机研制工作。我本人作为航空事业发展 50 年的见证人,欣然接受了上海交通大学出版社的邀请担任该丛书的主编,希望为我国的"大型飞机"研制发展出一份力。出版社同时也邀请了王礼恒院士、金德琨研究员、吴光辉总设计师、陈迎春副总设计师等航空领域专家撰写专著、精选书目,承担翻译、审校等工作,以确保这套"大飞机"丛书具有高品质和重大的社会价值,为我国的大飞机研制以及学科发展提供参考和智力支持。

编著这套丛书,一是总结整理 50 多年来航空科学技术的重要成果及宝贵经验;二是优化航空专业技术教材体系,为飞机设计技术人员培养提供一套系统、全面的教科书,满足人才培养对教材的迫切需求;三是为大飞机研制提供有力的技术保障;四是将许多专家、教授、学者广博的学识见解和丰富的实践经验总结继承下来,旨在从系统性、完整性和实用性角度出发,把丰富的实践经验进一步理论化、科学化,形成具有我国特色的"大飞机"理论与实践相结合的知识体系。

"大飞机"丛书主要涵盖了总体气动、航空发动机、结构强度、航电、制造等专业方向,知识领域覆盖我国国产大飞机的关键技术。图书类别分为译著、专著、教材、工具书等几个模块;其内容既包括领域内专家们最先进的理论方法和技术成果,也包括来自飞机设计第一线的理论和实践成果。如：2009 年出版的荷兰原福克飞机公司总师撰写的 *Aerodynamic Design of Transport Aircraft*（《运输类飞机的空气动力设计》），由美国堪萨斯大学 2008 年出版的 *Aircraft Propulsion*（《飞机推进》）等国外最新科技的结晶；国内《民用飞机总体设计》等总体阐述之作和《涡量动力学》《民用飞机气动设计》等专业细分的著作；也有《民机设计 1 000 问》《英汉航空双向词典》等工具类图书。

　　该套图书得到国家出版基金资助，体现了国家对"大型飞机项目"以及"大飞机出版工程"这套丛书的高度重视。这套丛书承担着记载与弘扬科技成就、积累和传播科技知识的使命，凝结了国内外航空领域专业人士的智慧和成果，具有较强的系统性、完整性、实用性和技术前瞻性，既可作为实际工作指导用书，亦可作为相关专业人员的学习参考用书。期望这套丛书能够有益于航空领域里人才的培养，有益于航空工业的发展，有益于大飞机的成功研制。同时，希望能为大飞机工程吸引更多的读者来关心航空、支持航空和热爱航空，并投身于中国航空事业做出一点贡献。

2009 年 12 月 15 日

民机先进制造工艺技术系列

序

  制造业是国民经济的主体,是立国之本、兴国之器、强国之基。《中国制造2025》提出,坚持创新驱动、智能转型、强化基础、绿色发展,加快从制造大国转向制造强国。航空装备,作为重点发展的十大领域之一,目前正处于产业深化变革期;加快大型飞机研制,是航空装备发展的重中之重,也是我国民机制造技术追赶腾飞的机会和挑战。

  民机制造涉及新材料成形、精密特征加工、复杂结构装配等工艺,先进制造技术是保证民机安全性、经济性、舒适性、环保性的关键。我国从运-7、新支线 ARJ21-700 到正在研制的 C919、宽体飞机,开展了大量的工艺试验和技术攻关,正在探索一条符合我国民机产业发展的技术路线,逐步建立起满足适航要求的技术平台和工艺规范。伴随着 ARJ21 和 C919 的研制,正在加强铝锂合金成形加工、复合材料整体机身制造、智能自动化柔性装配等技术方面的投入,以期为在宽体飞机等后续型号的有序可控生产奠定基础。但与航空技术先进国家相比,我们仍有较大差距。

  民机制造技术的提升,有赖于国内五十多年民机制造的宝贵经验和重要成果的总结,也将得益于借鉴国外的优秀出版物和数据资料引进。因此有必要编著一套以"民机先进制造工艺技术"为主题的丛书,服务于在研大型飞机以及后续型号的开发,同时促进我国制造业技术的发展和紧缺人才的培养。

  本系列图书筹备于 2012 年,启动于 2013 年,为了保证本系列图书的品质,先后召开三次编委会会议和图书撰写会议,进行了丛书框架的顶层设计、提纲样章的评审。在编写过程中,力求突出以下几个特点:① 注重时效性,内容上侧重在目前民机研制过程中关键工艺;② 注重前沿性,特别是与国外先进技术差距大的方面;③ 关注设计,注重民机结构设计与制造问题的系统解决;④ 强调复合材料制造工艺,体现民机先进材料发展的趋势。

该系列丛书内容涵盖航空复合材料结构制造技术、构件先进成形技术、自动化装配技术、热表特种工艺技术、材料和工艺检测技术等面向民机制造领域前沿的关键性技术方向,力求达到结构的系统性,内容的相对完整性,并适当结合工程应用。丛书反映了学科的近期和未来的可能发展,注意包含相对成熟的内容。

本系列图书由中国商飞上海飞机制造有限公司、中航工业成都飞机工业(集团)有限责任公司、沈阳飞机设计研究所、北京航空制造工程研究所、中国飞机强度研究所、沈阳铸造研究所、北京航空航天大学、南京航空航天大学、西北工业大学、上海交通大学、西安交通大学、清华大学、哈尔滨工业大学和南昌航空航天大学等单位的航空制造工艺专家担任编委及主要撰写专家。他们都有很高的学术造诣,丰富的实践经验,在形成系列图书的指导思想、确定丛书的覆盖范围和内容、审定编写大纲、确保整套丛书质量中,发挥了不可替代的作用。在图书编著中,他们融入了自己长期科研、实践中获得的经验、发现和创新,构成了本系列图书最大的特色。

本系列图书得到 2016 年国家出版基金的资助,充分体现了国家对"大飞机工程"的高度重视,希望该套图书的出版能够真正服务到国产大飞机的制造中去。我衷心感谢每一位参与本系列图书的编著人员,以及所有直接或间接参与本系列图书审校工作的专家学者,还有上海交通大学出版社的"大飞机出版工程"项目组,正是在所有工作人员的共同努力下,这套图书终于完整地呈现在读者的面前。我衷心希望本系列图书能切实有利于我国民机制造工艺技术的提升,切实有利于民机制造行业人才的培养。

2016 年 3 月 25 日

序

　　《大飞机飞行控制律的原理与应用》一书,是2014年6月俄罗斯中央空气流体动力研究院副院长苏哈诺夫访问中国航空研究院时送给我的。我翻阅了一下全书,觉得内容较新颖实用,对我们搞大飞机的技术人员很有参考价值。于是请我们研究院的同志复印后送给中国商飞的技术领导。可能是他们懂俄文的技术人员不太多,因此送去后也没有回音。后来我把它介绍给沈阳飞机设计研究所的李志同志,李志同志俄文和技术都不错,翻译并出版过很多俄文航空专著,而且沈阳飞机设计研究所主持过我国第一架电传飞控系统验证机的研制,并取得了国家科技进步奖。但是所验证的电传飞控系统是按军用飞机的可靠性要求研制的,比大飞机的电传飞控系统要差两个量级。

　　李志同志看了此书后也有些犯难,觉得这应该由搞大型飞机的单位去翻译。2015年上海交通大学出版社大飞机出版工程曾征求我的意见:下一步出版什么?我建议应出版有关发动机和飞控系统方面的专著,在飞控方面我推荐了此书,但未被采纳。直到最近,李志同志突然告诉我,沈阳飞机设计研究所已经翻译完《大飞机飞行控制律的原理与应用》一书,并且上海交通大学出版社大飞机出版工程准备正式出版,我听了很高兴。这可能对我国大型民机的研发事业会有一定帮助,应该及早出版。

　　早在1993年,中国航空研究院与俄罗斯中央空气流体动力研究院合作出版了《干线飞机的空气动力学和飞行力学》一书,舍留欣就负责干线飞机的控制增稳一章的编写,他也是《大飞机飞行控制律的原理与应用》的作者之一。他于20世纪60年代毕业于莫斯科航空学院,曾任俄中央空气流体动力研究院飞行控制部(15分部)部长。20世纪90年代,他曾经在中国航空研究院北苑招待所住了1个多月,仔细审校《干线飞机的空气动力学和飞行力学》一书清样。以后他又多次来我国参加与飞控所的合作项目。他工作热情负责,因此,其著作是可信的。

　　《大飞机飞行控制律的原理与应用》一书是专门针对大型民机的电传飞控

系统的,这样的专著不仅国内没有,西方国家也没有类似的专著。本书不仅较详细地介绍了欧洲空客 A320、A380 的飞控系统,也介绍了波音 B777 等飞机的飞控系统,还介绍了俄罗斯的图-204、图-334,以及乌克兰的安-124、安-148 等飞机的飞控系统架构和设计思想。这些材料不是一般期刊杂志信息的汇编整理,而是有作者本人自己的看法。

　　本书介绍电传飞控系统的设计,特别强调要满足飞机的飞行品质规范,以及如何设计电传飞控系统,保证飞行安全,即保证飞机飞到飞行边界也不会出事。关于民机的飞控系统,最重要的一点是安全可靠,不仅硬件要有余度,软件设计也要有余度。本书不仅介绍了飞控系统的设计思想,也介绍了该做的仿真和试验。

　　总之,本书是一本较完善全面的大飞机电传飞控系统方面的专著,其翻译出版无疑会对我国大型客机的发展有一定的助力作用。

2016 年 12 月

序　言

　　航空制造是传统上最具科技含量的工业领域之一,并且是引领基础科学及实用研究领域先进技术发展的"火车头"。它涉及诸如连续介质理论、流体空气动力学、发动机内燃空气动力学、强度学、材料学、导航理论等。在更大的程度上它还涉及运动控制及自动化理论。从最简单的飞行器开始,摆在飞机设计师面前的任务就是保证飞机的配平、稳定和可控制,这远不是可以一蹴而就的。早期飞机没有滚转控制,即使在有弱风或飞机出现滚转时也会导致事故发生,需要飞行员一直进行控制干预,以便进行航迹修正。随着时间的推移,人们选择了可保证飞机良好驾驶特性的布局。随后,在飞行高度、航程、续航时间及飞机起飞重量大大提高的情况下,又向喷气航空时代发起了挑战。这时仅单纯依靠气动方法已无法保证良好的稳定性和控制性,由此开始引入自动控制系统。这意味着必须在控制理论中增加自动调节理论、导航方法及手段、可靠性保障原则方面的一系列发展方向。实际上,需要研发各种用途的陀螺仪表、加速度计、传动装置及机载电子设备。

　　下一个关键环节与机载数字计算机(БЦВМ)有关。机载数字计算机的计算能力、逻辑能力及交联通信能力急剧增强,可保证大大拓宽机载系统的功能范围,增大机上可解算任务的数量。现代飞机信息及控制设备的饱和程度,已导致了"飞行计算机"这一绰号的出现。致使信息流急剧增大,所用控制算法的功能也得到了加强,并导致飞机的飞行控制律越来越复杂,促进了机载电子设备的智能化,并转而使用新的人-机界面。实质上,如果使用现代自动控制、计算及通信手段,也可以在无人驾驶状态下使用大型飞行器。

　　如今,正在从传统的控制方法和手段向新技术转换,其特点是高度综合化、模块化、使用分布式结构,并拓展了多层级控制及人工智能的多判据优化方法的应用范围。在有飞行员的运输类飞机中,自动化及操作员与控制系统之间的功能分配,将达到一个新的水平,而在无人机系统中,自主控制等级及人工智能程度,将达到一个新的水平。应提高控制系统的智能化水平,让这些自动控制系统更多地分担飞行员的任务,特别是非正常飞行情况下的控制任务。将开发机器人控制法、自适应控制法及预测控制法,可消除不确定性,保证形成严格实时状态下的最佳控制;在复杂限制下、在构型变化的情况下、在危急状态下、在飞机不稳定时、在其结构存在弹性变形时、在控制系统器件损伤或故障的情况下,都能保证飞机具有很高的控制精度;能够自动切换控制品质等级及限制,完成控制系统重构。广泛应用分布式终端控制原理及算法,既可在单机行动时,也可在机群行动情况下,拓宽运动目标的功能特性及使用特性。由于空中交通繁忙程度持续增长,飞行器之间的时间间隔和空间间隔变小,遵守飞机飞行时刻表的要求提高,最后这一点尤为重要,今后将继续广泛应用实用的人工智能系统,以便在系统技术状态、结构、功能目标变化,以及与外部环境和系统进行动态交互的情况下,控制复杂飞行器的运动。

在使用分布式机载数字计算系统的一体化综合系统中,将延续从集中结构向分布式结构转化的趋势,同时利用数据导集器进行局部一体化,并利用机载网络,在信息交换层级上进行全面一体化,这对大系统的网络控制和人工智能控制也会起特殊作用,信息管理系统的意义也提高了(控制、计算、通信构想)。对航空-航天目标、海上目标、地上目标的网络控制和逻辑控制,其中也包括对无人飞行器行动的人工智能规划,是现代控制学中发展最迅猛的领域之一。

本书研究了飞机自动化的重要任务,即保证飞机具有所期望的稳定性和控制性、自动配平、接近时的告警、极限参数限制等能力。

研究了诸多因素对飞机动态特性的影响问题,如余度的使用,数字式控制系统的非同步、多通道和信息均衡等。

书中特别关注了控制系统及其他机载系统在架构、检测系统的效率、各种余度形式方面的可靠性,以及器件本身的可靠性、多余度通道状态诊断及其同步的可靠性,目的是保证控制系统的鲁棒性。

书中所述内容为作者们的集体原创。祝愿作者们在解决高难度但又有趣的飞机控制自动化及智能化问题方面取得新的成绩。

俄罗斯科学院特拉佩兹尼科夫
控制问题研究院院长、院士
S. N. 瓦西里耶夫

作 者 的 话

如果没有科学和技术为基础，就谈不上航空的发展，民用航空也不例外。在建立科学技术储备时，航空工业领域的科研院所起了关键作用。在这方面，中央空气流体动力学研究院(TsAGI)在比什根斯院士的领导下，建立了飞机稳定性、控制性及控制系统的科学流派。TsAGI的专家们为俄罗斯的民用飞机建立了控制系统的理论及飞行控制律的基本算法，并在图-204、图-334、伊尔-96及苏霍伊超级喷气100飞机上得到了应用。这些控制理论和算法经过完善和改进，已经拓展了飞机控制系统的组成和功能，它们将应用于先进的民用飞机MS-21、下一代SSJ(苏霍伊超级喷气客机)和大型运输机(MTS)。上述控制律算法的基础是积分控制系统。为将上述控制律算法成功应用于真实飞机，需要解决大量的实现控制功能及保证稳定性、给定的控制性、运动参数限制、状态变化和状态转换逻辑方面的问题。

使用数字计算机来实施控制算法，就能够实现很复杂的控制律。

目前，飞机控制具有如下基本特征：

—— 建议控制系统架构使用数字式飞行管理计算机，并采用各种余度化管理方式，运动参数采用数字化信息系统，驾驶杆采用侧杆方式或小型化驾驶盘，而控制面的偏转则采用电-液舵机作为作动器。

—— 建议控制系统的控制律可根据飞行参数广泛调节控制系数，以保证最佳的控制性，保证自动配平，抑制扰动，实现对迎角、法向过载、表速、马赫数、俯仰角和滚转角等运动参数进行告警和限制的功能。

另一方面，必须解决许多与使用数字方式实现控制律及与时间离散、非同步及多回路对控制系统本身的动态特性和"飞机-电传控制系统"闭环系统动态特性影响有关的问题。还有一个最重要的问题是如何形成控制系统的检测逻辑和重构。由于信息源数量大，控制系统逻辑复杂程度高，该问题极其重要且非常困难。由于同一原因，控制系统的验证也非常复杂。需要进行大量的系统测试，以便对大量的工作状态，包括正常工作状态和故障状态进行检查。

　　可以期待在不久的将来,控制系统的一个改进方向是扩展运动参数极限值告警和限制功能,并与自动控制系统集成;开发飞机运动监控系统;飞行结果评估系统;机组人员状态和操作评估系统;机组人员告警信息提示系统等。还将使用新控制杆,并逐步过渡到"多电飞机"系统。

　　书中列举了 TsAGI 开展的图-204、图-334 及下一代飞机(代表是苏霍伊的支线飞机超级喷气 100)控制系统理论、计算及试验研究的主要成果。

　　本书由 TsAGI 科研人员——俄罗斯下一代民用飞机控制系统研制的直接参与者们编写。与此同时,作者们也承认,只靠一本书不可能阐述飞机研发设计、调试及适航认证方面的所有问题,希望读者谅解。当然,作者们也会心怀感激地接受读者们的所有建设性意见。

　　作者们对 TsAGI 的主管工程师 L. M. 瓦斯格奥维奇表示感谢,感谢他为准备本书图形、曲线所做的大量工作。

　　O. 切尔诺娃在手稿编辑并使本书达到可出版状态方面做了大量工作,作者们一并表示深深谢意。

符号及缩略语

α	迎角
β	侧滑角
V	表速
$V^{\text{ир}}$	真速
$M^{\text{нст}}$	马赫数
$p_{\text{ст}}$	静压
$T_{\text{н}}$	外部气温
T_0	信息更新周期
f_s	信息更新率
H	无线电高度表信号
$\delta_{\text{з}}$	襟翼偏度
$\delta_{\text{пр}}$	前缘缝翼偏度
φ	水平安定面偏度
G	当前重量
$\text{ШО}_{\text{лев}}$	主起落架左支柱压缩信号
$\text{ШО}_{\text{прзв}}$	主起落架右支柱压缩信号
АП	自动控制状态接通信号
$\Delta n_{\text{узад, АП}}$	自动驾驶仪在给定过载模式下的控制信号
$\delta_{\text{эАП}}$	自动驾驶仪的滚转控制信号
$\delta_{\text{эбалАП}}$	自动驾驶仪的滚转配平信号
$\delta_{\text{нАП}}$	自动驾驶仪的偏航控制信号
$\delta_{\text{нбалАП}}$	自动驾驶仪的偏航配平信号
$U_{\text{трнм \vartheta}}$	来自俯仰调整片按钮的信号
$U_{\text{трнм э}}$	来自副翼调整片按钮的信号
$U_{\text{трим и}}$	来自方向舵调整片按钮的信号
$X_{\text{рут}}$	空中减速状态扰流片控制手柄信号

$n_{1\text{прав}}$	右发动机转速
$n_{1\text{лев}}$	左发动机转速
$U_{\text{рев прав}}$	右发动机反推力状态接通信号
$U_{\text{рев лев}}$	左发动机反推力状态接通信号
$U_{\text{мг прав}}$	右发动机"慢车"状态接通信号
$U_{\text{мг лев}}$	左发动机"慢车"状态接通信号
АВ	模拟计算机
АФО	功能故障危险性分析
АП	自动驾驶仪
АП‐25	航空条例,第 25 章
АРМ	自主舵机
АС	紧急情况
АТ	自动油门
АФЧХ	幅相频率特性
АЦП	模‐数变换器
АПОИД	发动机故障影响消除装置
АСШУ	自动化的驾驶盘控制系统
БИНС	捷联式惯导系统
БРУ	侧杆
БУК	控制及检测装置
ВПП	跑道
ВСС	领航计算系统
ВСУП	飞行控制计算系统
ВСУТ	推力控制计算系统
ГМРП	液压‐机械操舵作动器
ГС	液压系统
ДПС	位置信号传感器
ДЛУ	线加速度传感器
ДУ	力传感器
ДУС	角速度传感器
ИКВСП	高度‐速度参数信息综合系统
ИНС	惯导系统
КС	失事态势
КТЦ	燃油及重心定位综合系统
ММО	计算机间交换
МУП	作动器控制模块

НЛГС	飞机适航规范
НС	泵站
ПАБ	自动配平作动器
П(М)О	(数学)软件
ПСПК	有动座舱的飞行模拟器
РА	舵机
РВ	升降舵
РЛО	飞行员手册
РН	方向舵
РП	操舵作动器
СБИ	机载测量系统
САЗ	自动加载系统
САУ	自动控制系统
СДУ	电传控制系统
СВС	大气信号系统
СП	伺服作动器
СС	复杂态势
СУУ	操稳系统
ССУ	动力管理系统
УУП	飞行条件复杂化
ЦАП	数-模变换器
ЦВ	数字计算机
ШО	起落架机轮承载
ШРБ	人工配平驾驶盘
ЭГРП	电-液操舵作动器
ЭДСУ	电动电传控制系统
ЭС	电气系统
ACE	作动器电子控制装置
ADIR(U/S)	大气数据和惯性信号单元/系统
AFDS	自动驾驶飞行指引系统
BIT	嵌入式自检测
CCA	共性故障分析
CS	控制系统
D	俯冲
DD	逻辑回路分析
EBHA	电备份液压作动器

EFCS	电子飞行控制系统
EHA	电静液作动器
ELAC	升降舵-副翼计算机
FAC	飞行增稳计算机
FAR-25	联邦适航条例第25部
FBW	电传控制
FCDC	飞行控制数据集中器
FCPC	飞行控制主计算机
FCSC	飞行控制辅助计算机
FHA	危险性评估
FMEA	故障模式和效果分析
FMGEC	重置飞行管理及导航计算机
FMGG	飞行管理导航系统
FMS	飞行管理系统
FTA	故障树分析
LGCIU	起落架控制和接口单元
LRU	外场可更换单元
MA	马尔科夫分析
MO	最大使用
MTBF	平均故障间隔时间
MTBUR	非计划更换前平均时间
PFC(U)	主控制飞行计算机
PSSA	系统安全性初步评估
SAARU	备份姿态和大气数据单元
SEC	扰流片-副翼计算机
SFCC	缝隙-襟翼控制计算
SSA	系统安全性评估
SSJ	苏霍伊超级喷气
THS	可配平的水平安定面

引　言

世界民用航空经历了一百多年漫长的发展历程,已成为一个大型的经济领域。飞机可高效地运送人员,并且目前已可保证运送绝大部分的物流。2010 年,全世界航空公司运送了约 25 亿人,而客流量接近 5 万亿人·千米。按照国际民航协会(Air Transport Action Group,ATAG)[1]的数据,当今的民用航空器总量约为 2.4 万架,由 1 500 多家航空公司使用。世界贸易中,航空运输仅占货运总量的 0.5%,然而其成本则几乎为货运成本的 35%。

2011 年,俄罗斯航空运输综合体大约为 1.12 亿俄罗斯公民及国外公民提供了服务。按照俄罗斯民航局[2,3]的数据,2011 年的总客运量超过了 1 660 亿人·千米,超过了苏联 1990 年的指标。

对俄罗斯而言,航空运输的作用不可估量。航空发挥着重要的国家累积器职能。考虑到俄罗斯疆域跨度大(从北向南跨度为 4 000 km 以上,从西向东跨度几乎为 10 000 km),而且公路及铁路运输网密度不够,运输基础设施薄弱,只有航空才能保证快速、安全地实现远至俄罗斯最遥远角落的交通运输。俄联邦 60% 以上的领土都属于北极及等同于北极的地区,对其而言,航空经常是唯一能保证运输可达性的手段。

《俄联邦 2030 年运输战略》[4]中指出,发展航空运输的主要目的是满足社会对高质量及经济适用的运输服务的需求。为此,航空在居民流动性方面发挥着重要的社会作用,而居民流动性则反映了公民福利的总体水平。

在《国家 2020 年前航空经营领域的政策基础》[5]中,航空工业作为最高科技的复杂领域之一,在解决经济现代化和迈向创新发展道路的问题方面发挥着主导作用。在航空经营活动领域,国家利益就是保持俄罗斯的世界航空强国地位,保持俄罗斯的科研、技术、工艺及人才水平,使其得以保证国家高效地进行航空经营活动,保持俄罗斯的航空技术水平在国际市场上的竞争力。

航空工业对国家经济发挥着积极作用,对其他行业的影响也是值得肯定的,可将国民生产总值的结构重心从原材料转向高科技、高智能产品。国家发展中的工业核心部分是航空标准。航空工业能够稳定地工作,就可以保留和发展很多其他的高科技领域。

《国家2020年前航空经营领域的政策基础》中规定要建立高效的航空制造体系，保证进行先进的研发、设计，生产与国外同类产品相比具有竞争力的航空器，在2020—2025年，将航空技术装备的产量提升至世界民用航空器出售量的10%～15%。

俄罗斯在航空经营活动领域内方针、政策的优先方向，是采取措施避免俄罗斯在航空技术领域极度依赖国外。俄联邦政府2011年7月7日的899号政府令[6]，将包括航空在内的"运输及航天系统"确定为优先发展的科学及技术方向，同时指出，"高速运输设备及智能化的新型运输设备控制系统研制技术"是俄联邦的关键技术之一。

国家面临的任务，要求从根本上改变俄罗斯航空工业的竞争地位，使该领域作为主要航空生产者之一打入世界航空市场。现在的航空技术装备市场竞争达到白热化且在相当大的程度上已经政治化，并且需要利用国际和国家组织使用各种标准和规范进行调节，我们需要在这样的市场上取得成就，就需要持续不断地"呈现"有竞争力的现代化和新型航空器。

民用航空技术的研制过程是一个非常复杂的体系，包括多种形式的活动，包括科学探索、新技术研发、航空技术产品的设计、试验台试验及试飞、生产、定型及使用跟踪。

按照空客公司的数据[7]，新飞机的研制过程大约需要10年，这里包括调试所用创新技术所用时间。民用飞机的使用寿命约为20年，而整个项目的持续时间大约为40年。

研制客机时，优先级是逐渐变化的（见图1），然而，安全是恒久不变的，一直是飞机及整个航空运输系统的最重要特性。安全性要求成为了目前最迫切的要求。可以预计，近20年来，空中交通的繁忙程度将会增加2倍[8]。使用现代机载及地面系统时，可导致飞行事故增长的比例也大致如此，甚至更高，这是不允许的。因此，在先进飞机的设计阶段，就应该探索新的技术方案，降低飞行事故水平或至少不允许其增长。

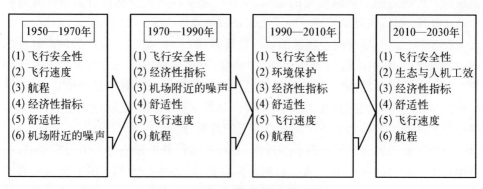

图1　研发设计客机时的优先级

飞行安全是“飞行员—航空器—使用环境”系统的综合特性，决定了航空技术装备的使用效率及限制[9,11]。存在着很多会对飞行中的航空器造成不利影响的潜在危险因素。这包括飞行员和调度员的错误及漫不经心、机械及电气故障、航空器机载系统工作中的逻辑错误、不利的天气条件等。其中每个因素都有可能单独作用，这时候的影响通常不是致命因素，飞行事故常常是几个危险因素交叉影响的结果。

提高飞机和直升机飞行安全的问题，涉及人的因素（见图 2）、机载设备无故障特性及故障后果平衡特性的问题、复杂使用条件——大气扰动、与航空器及障碍物相撞的危险性等、机组人员关于飞行态势的信息掌握程度、空勤人员培训问题、紧急飞行条件下的操作特点的影响。

其他
5%
15%~
20%
航空技术装备故障
约40%~45%
约30%~35%
机组人员的过错
因空管系统、机场勤务
部门经营管理失误导致
的机组人员的过错

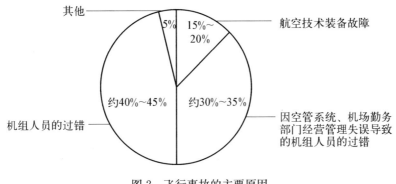

图 2 飞行事故的主要原因

由于大多数飞行事故都与人为过错（失）有关，因此，只有在飞机控制系统及空中交通管理系统中使用新技术方案，大大提高航空器控制自动化程度的基础上，才能解决提高飞行安全的问题。

很多情况下，飞行安全都取决于航空器的技术成熟度，首先是其控制系统和机载设备的整体水平。机组成员的必要信息保障做得越好，控制自动化程度越高，飞机运动参数限制系统及机组人员告警系统越成熟，就可以将飞行员从一成不变的操作中解放出来的，使飞行安全水平就越高。遗憾的是，目前俄罗斯航空公司的主要飞机都是上一代飞机（见图 3），机上的控制系统及综合机载设备并不符合现代要求。

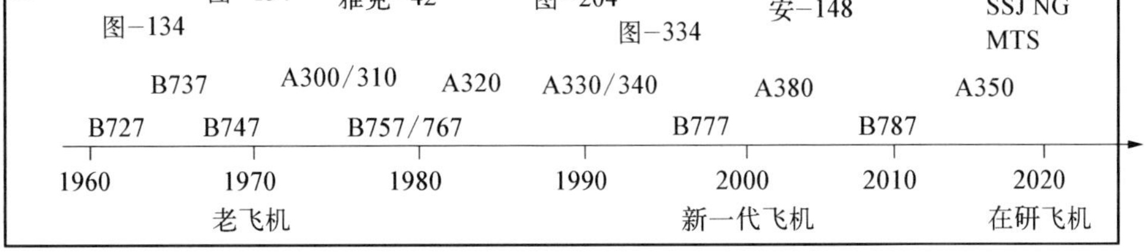

伊尔−62
雅克−40
伊尔−86
伊尔−96
SSJ−100
安−24
图−154
雅克−42
图−204
MS−21
SSJ NG
MTS
安−148
图−134
图−334
B737
A300/310
A320
A330/340
A380
A350
B727
B747
B757/767
B777
B787
1960
1970
1980
1990
2000
2010
2020
老飞机
新一代飞机
在研飞机

图 3 客机时代的划分

保证高安全性的最重要前提条件在于，飞机具有良好的稳定性和控制性，自动控制系统能够实现如下功能：对机组人员进行告警或对极限参数进行严格限制，防止超出允许的飞行参数和极限参数。飞机控制系统和机载系统的可靠性，同样意义重大，这取决于其架构、部件的余度及可靠性。

无论是俄罗斯客机，还是国外客机，使用电传控制系统（СДУ）都可以认为是干线客机控制系统发展的阶段性要素。以最简单的形式保留机械控制系统，应对电传控制完全故障时的紧急情况。A320、A330、A340、B777，以及俄罗斯的中型干线飞机图-204之类的干线飞机的控制系统，都是按照这一原则构建的。

下一阶段，显然是完全使用电传控制，没有机械备份。况且，在构建远程干线飞机A380的控制系统时，已实现了向完全的电传控制系统过渡，取消了机械备份。俄罗斯干线飞机苏霍伊超级喷气100也体现了这一原则。这得益于机载计算机技术装备可靠性的明显提高。

目前，飞机的控制系统具有如下主要特点：

—— 控制系统的架构中使用数字计算机，并使用各种余度控制方式，运动参数采用数字式信息系统，使用侧杆或小型化驾驶盘作为控制机构，使用电-液作动器来偏转主要控制面。

—— 控制律根据飞行参数广泛调节控制系数以保证最佳控制性，进行自动配平，抑制扰动，实现告警功能，并对迎角、法向过载、表速、马赫数、俯仰角和滚转角之类的运动参数进行限制。

电传控制系统的进一步发展关系到新一代运输机——MS - 21、下一代 SSJ（苏霍伊超级喷气）、大型运输机（MTS）控制系统的研发设计，是其成功研发设计、推广和使用的重要因素。

在不久的将来，应期待在如下方面进一步完善控制系统：

—— 拓宽需要告警的飞行参数范围，限制极限值。这首先涉及航迹参数。

—— 针对民用"飞翼"布局及新气动融合体布局飞机进行概念设计（一组控制面及多个控制律）。

—— 研制自适应控制系统，其算法可保证飞机针对使用航空技术装备的每个具体任务具有最佳飞行品质。

—— 自动控制系统与自动驾驶仪（АП）和自动油门（АТ）一体化，可在更大限度上将飞行员从解决一成不变的驾驶任务中解放出来，提高控制舒适度，最终提高飞行安全。

开发起飞和着陆时的飞机运动检测系统，向飞行员发送告警和建议。

—— 使用具有告警功能的主动侧杆或被动驾驶杆，保证飞行员的触觉交互作用，并可在驾驶杆上实现告警和限制功能。

—— 向"多电飞机"概念过渡，亦即使用电-液作动器、机-电作动器及组合控制面作动器，提高控制系统的可靠性，简化技术维护，改善生态指标。

　　—— 在考虑各种结构载荷(其中也包括配平载荷、机动载荷、湍流载荷)的情况下进行控制,改进载荷的数学模型,使用分布式的过载传感器。

　　—— 既利用传统控制面(包括襟副翼),也利用小型阻力板及喷流控制面,对飞机绕流进行控制。

　　无人驾驶客机的研制是飞机控制自动化,亦即与空中交通组织和管理部门相互协作的终极阶段。

　　随着上一代客机逐渐被新飞机取代(见图3),地面维护及空中交通管理的完善,将逐步提高飞行安全。

　　飞行器控制系统改进道路上的关键阶段如图4所示。

　　本书触及了运输机电传控制系统构建的某些问题。作者试图对其架构、信息保障、计算部分和动力部分的实现、控制律架构、可靠性保障等一系列问题的主要特点进行分析。这种情况下,重点关注了数字电传控制系统的构建、功能丰富及动态特性分析等问题,在拓展控制系统实现功能方面向前迈进了一大步,使现代飞机拥有的稳定性、控制性及飞行安全达到了很高水平。其中,详细研究了可以实现的电传控制系统的功能和控制律。功能性强,就会使控制律很复杂,并需要大量的多种形式的信息源。只有利用机载数字计算机系统,才能实现这样的功能和控制律。控制律的复杂性,以及大量信息源的存在,需要提高对控制系统的容错性、高效检测系统的构建、电传控制系统各种构型方案的研究问题的关注度。

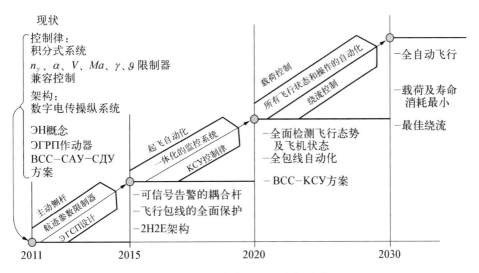

图 4　控制系统主要发展方向预测

图中缩略语:ЭН—等效载荷;САУ—自动控制系统;ЭГСП—电-液伺服作动器;ЭГРП—电-液控制作动器;СДУ—电传控制系统;ВСС—领航计算系统;КСУ—综合控制系统

　　重点关注了作为多计算机综合系统的电传控制系统的功能。由于信息在不同时刻更新,并且存在多种信息源等原因,可以很容易地区分电传控制系统数字通道内的原始信息。由于使用了积分环节和复杂的继电器-迟滞型逻辑环节,即使原始信息中的差异不大,也会导致计算过程的巨大差异,这是不允许的。因此,应采取专门措施保证多余度电传控制系统不同通道内状态和计算过程的一致性。同时,使用这样的状态同步和信号均衡手段,会使电传控制系统的动态特性产生畸变。应评估这种畸变的程度,并确认最终得到的动态特性是否可接受。

　　飞机应具有出色的动态特性,这对电传控制系统的工作速度提出了高要求。这同样也要求数字线路传送的信息速度快,数字传感器和信息系统以及电传控制系统本身计算机的信息更新率高。数字传感器、信息系统及电传控制系统计算机的信息更新率通常是不同的。另一方面,控制律高度复杂,从对"飞机-电传控制系统"动态特性的影响角度看,电传控制系统各项功能的重要程度各异,可按照电传控制系统的不同更新步长,对各项功能的执行情况进行分配。由功能调度确定所执行操作的顺序。这些架构特点以及数据接收和计算过程的分配架构,都使控制系统成为多进程系统,对其进行的分析也相当复杂了。本书还探讨了很多多进程数字电传控制系统动态特性分析的问题。

目　　录

1 现代运输类飞机的电传控制系统综述

电子学领域的巨大进步在人类活动的所有领域得到了反映,对现代飞机的总体布局也产生了影响。从 20 世纪 80 年代开始,运输类飞机的人力(驾驶盘)控制系统中就开始使用电子设备。起初,设计人员小心谨慎地试图采用电传控制控制作动器,只是作为机械系统功能的并行备份(安-124)。随后,在 A320、图-204、图-334、B777、A330/340、安-148 等飞机的控制系统中,气动控制面作动器开始完全采用电传控制,而机械控制仅保留了辅助或应急的功能。现代电传控制系统的效率及可靠性水平已可以做到在下一代客机(SSJ100、A380、B787、A400-M)上完全不使用机械系统。

根据电传控制系统的余度、部件等,可使用不同的方式构建。下面研究现代飞机电传控制系统的架构。

1.1 A320 飞机的控制系统

空客公司的 A320 是第一架装备了数字舵面控制系统并组合使用侧杆的飞机[1.1,1.2]。

利用舵面电传控制系统(EFCS)实现了 A320 飞机的俯仰和滚转通道的控制。所使用的 EFCS 没有机械备份系统,是空客公司合伙人采用的唯一技术方案。20世纪 60 年代,空客公司开始为"协和号"飞机研制模拟式舵面电传控制系统,并在使用期间取得了实践经验,由此奠定了电传控制系统的基础。后来,又在 A310 飞机上实现了扰流片和减速板的电传控制,这进一步巩固电传控制系统的技术基础。此时,A310 飞机扰流片的控制系统并没有机械备份系统。电传控制系统的结构选择(见图 1.1)考虑到飞行安全要求,具体要求如下:

—— 在任何一个计算机的故障不应导致飞行计划的中断;

—— 飞机完全失去控制应为发生概率极低的事件;

—— 控制性的任何巨大变化都应是罕见事件。

由于所有电源系统同时产生故障很难确认为极低概率事件,故决定保留最小限度的机械备份控制。在 A300 和 A310 飞机上进行的试验表明,如果只使用方向舵进行航向和滚转控制,以及使用可调整水平安定面进行俯仰控制的方式,可以在

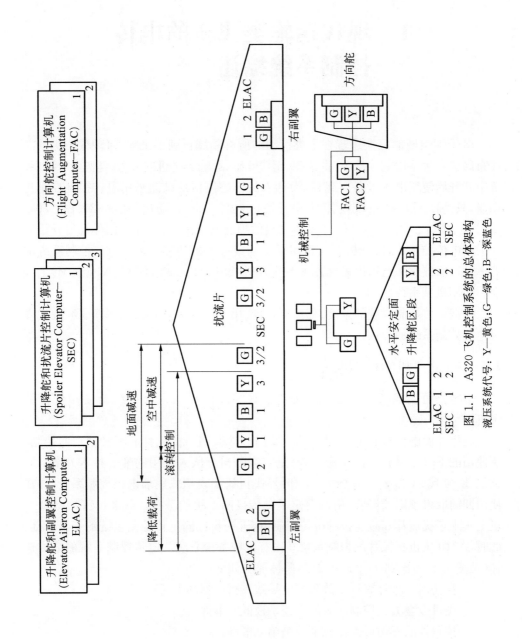

图 1.1 A320 飞机飞控系统的总体架构
液压系统代号: Y—黄色; G—绿色; B—深蓝色

整个重心定位范围内、在全包线范围内和任何构型下保持安全控制。最终采用如下控制系统结构：

——在俯仰和滚转通道全面采用电传飞行控制系统。

——采用方向舵和水平安定面作为保证最低限度的机械备份控制手段。

A320 飞机的电传飞行控制系统可分为两个独立的子控制系统，其中的每个子系统都可以按照自己的控制律，通过单独的控制面控制飞机。A320 飞机上使用传统的一组中型干线飞机控制机构——两段升降舵、可调式水平安定面、每个机翼上各有一个副翼及 5 组扰流片、单块式方向舵。子系统中的一个系统作用于副翼和升降舵，而另一个系统与 5 段扰流片交联，并且在应急返场状态（reversionary mode）下，与升降舵交联（见图 1.2～图 1.3）。每个子系统都可保证所需的俯仰和滚转控制。为保证良好的偏航控制性，使用方向舵通道，通过控制增稳计算机实现其控制自动化（见图 1.4）。

电传飞行控制系统计算机的设计主要应遵守如下原则：

——使用成熟技术。

——使用非相似余度形式：采用两种不同型号计算机保证滚转和俯仰控制，而且每型计算机有几台。

——设立自检测功能：控制计算机都采用成对配置原则，即拥有两个通道。一个通道执行控制功能，另一个通道执行检测功能。控制通道和检测通道分别使用不同的硬件和不同的软件方案。

检测时，应保证自动测试顺序，只在控制通道和检测通道之间进行交叉比较。

A320 飞机的控制系统中有 2 台升降舵和副翼的控制计算机（ELAC），3 台扰流片和升降舵控制计算机（SEC）。ELAC 计算机及其软件都由 Thompson CSF 公司提供，使用 Motorola 68000 微处理器。SEC 计算机由 Sfena 公司研制，使用 intel80186 微处理器。其中也使用 Aerospcial 公司的软件。A320 飞机的所有控制律也都由 Aerospcial 公司设计。

使用 5 台计算机中的任何一台计算机都可保证 A320 飞机的飞行，不过此时飞机的控制性能有所下降，但仍然可控。因此，所采用的余度是足够的，其中任何一台计算机出现故障，飞机都能够继续飞行。每台计算机的平均无故障时间为 4 000～5 000 h。按照空客公司 Airbus Industry 的估算，飞机丧失所有电气控制的概率在每飞行小时的水平上。

ELAC、SEC 计算机的结构设计和软件开发都是独立进行的，不允许软硬件的设计者们彼此接触。

每台计算机都分为两个通道。一个通道生成控制面偏转信号，另一个则进行偏转结果检测。经数据总线实现通道间的交联，并在结果出现偏差的情况下断开该计算机的控制，转入测试和修复状态。每个通道都是程序化的，使用同样的算法，但软件编程语言和结构各异——控制通道使用高级语言（Pascal 语言）编程，而

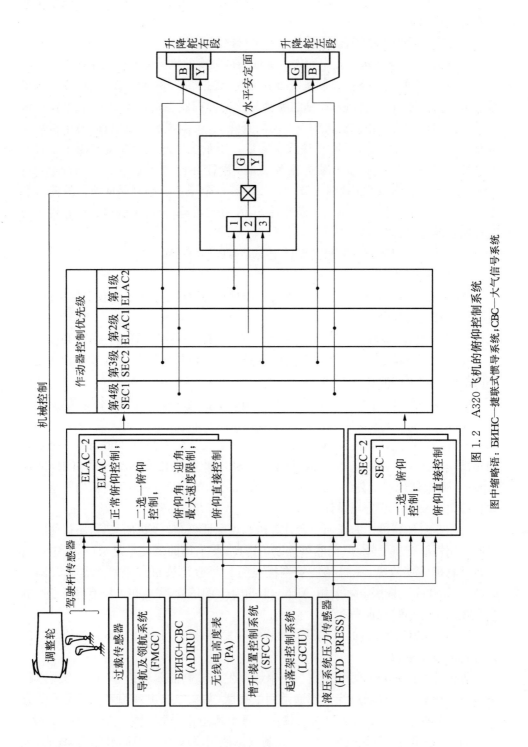

图 1.2　A320 飞机的俯仰控制系统

图中缩略语：БИНС—捷联式惯导系统；CBC—大气信号系统

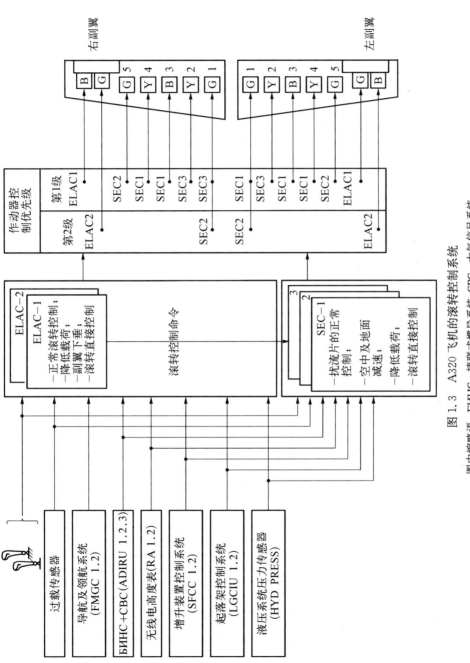

图 1.3 A320 飞机的滚转控制系统

图中缩略语：БИНС—捷联式惯导系统；CBC—大气信号系统

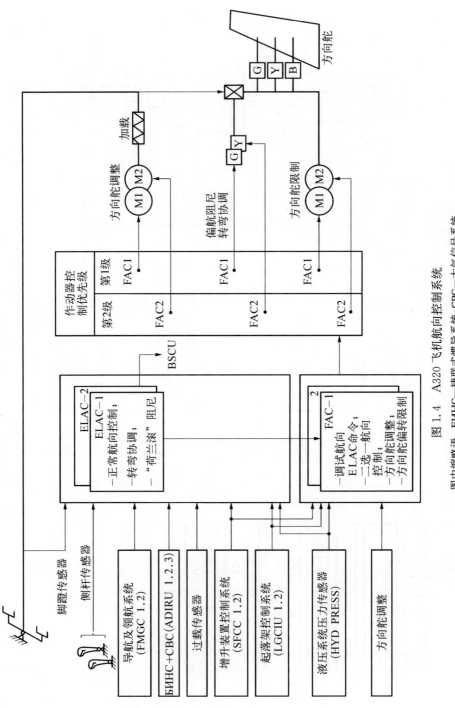

图 1.4 A320 飞机航向控制系统

图中缩略语：БИНС—捷联式惯导系统；СВС—大气信号系统

检测通道则使用汇编语言（Assembly 语言）编程。每个通道的控制软件都是由不同的编程团队独立设计的。

　　所有计算机都不间断地进行自检测。故障检查的要求基本上与对 A310 飞机提出的要求一致，但更严格一些。数字计算机的共性问题是如何在电源系统中出现峰值负载时保证其"生存性"。

　　A320 飞机利用如下子系统实现每个轴（俯仰、滚转、航向）的控制：

　　—— 为进行俯仰控制，使用两段升降舵和可调整水平安定面。只使用电气系统控制两段升降舵，而水平安定面的控制则除了电控外，还有机械备份。

　　—— 由每个机翼上的一个副翼和外侧四个扰流片来保证滚转控制。使用电气系统控制所有这些控制面。

　　—— 由方向舵和起落架前轮（地面）来实现航向控制。此时，由机械系统保证驾驶员对方向舵的控制，该系统对随飞行状态进行调节的方向舵的最大偏度进行了限制。该通道还使用调效机构和偏航阻尼器（见图 1.4），进行协调转弯。

　　A320 飞机上使用机翼载荷减缓系统（LAS），这套系统利用 ELAC 计算机控制外侧两个扰流片和副翼协调偏转，使机翼最大载荷获得更好的分布形式。

　　在 ELAC、SEC 及 FAC 计算机中形成控制信号所需有关飞机运动参数的信息，来自三余度大气信号系统和惯性参数综合系统——ADIRS。

　　惯性参数和大气信号计算机，或者 SEC 计算机，或者 ELAC 计算机，或者两个液压系统中随后的第二次故障，对于飞行员而言，将涉及控制系统不同工作状态的更替，以及飞行迎角、飞行速度和高度限制值的变化。Ma 数或飞行速度传感器的两次故障，或者损失所有三个大气信号计算机，都将使飞机转入没有限制系统的状态。

　　发生更严重的故障时，系统将转入直接链控制状态，这时升降舵偏度将随重心位置变化而受到限制，但来自侧杆的信号不通过极限状态限制系统直接到达控制面。应手动调整水平安定面，但关于失速和超速的声音告警信号，将一直可用，直到大气信号计算机不能发挥功能为止。

　　电传控制完全故障时，使用"机械"状态。该状态下，使用机械控制系统调整水平安定面和方向舵的偏度。由于可以恢复到正常控制状态，而且这种控制从来都不是长时间的，因此，不需要对机组人员进行完成这种飞行的专门训练。

　　A320 飞机的动力系统。 A320 飞机是在分段升降舵、副翼、扰流片兼减速板上使用电传控制系统的第一种批量生产客机。

　　方向舵的控制与 A300 飞机和 A310 飞机的类似，都是使用脚蹬经机械系统控制三台液压机械作动器来偏转方向舵。

　　升降舵和副翼的每一分段都与两个电液作动器（ЭГРП）相连接。电液作动器为"交替"工作状态，亦即一个是主动的，另一个是被动的工作状态。被动作动器通过使液压作动筒加上节流环，处于阻尼状态。主动电液作动器故障时，旋即转入阻尼状态,而被动作动器则被激活,变成主动作动器。

每个扰流片都连接一个电液作动器。

液压系统由三个独立的子系统组成,工作压力为 $p=21$ MPa,与所有客机上一样,A380 飞机除外。每个子系统分别保证沿三个轴控制飞机所需压力。

电气系统有两台由发动机驱动的发电机(电压 115 V,频率 400 Hz)。由固态变换器控制系统生成直流电。

一台发电机的输出功率足以保证飞机所有系统的电能。两台发电机故障时,使用由涡轮及气流驱动的液压马达保证液压系统中的压力及应急发电机的电源。

A320 飞机动力部分的结构布局如图 1.5 所示。

1.2　A330/340 飞机的控制系统

A330/340 飞机的控制系统[1.1,1.2,1.4](见图 1.6～图 1.8)设计为对所有控制面使用电传控制。作为对电传控制的补充,可由机械系统来控制水平安定面和方向舵。该系统与 A320 飞机的系统有很多相同之处,但也有某些区别。

主要控制机构为:

—— 左、右驾驶员的身旁都有侧杆,彼此之间没有机械交联;

—— 脚蹬;

—— 减速板控制手柄;

—— 纵向通道内的两个手动配平驾驶盘(ШРБ);

—— 偏航调整转换开关。

控制系统的计算部分由 5 台计算机组成,其中的每台计算机都是自检双机。3 台飞行主控计算机(FCPC)和 2 台飞行辅助计算机(FCSC),它们可保证如下控制状态:

—— 正常控制(发挥所有功能);

—— 二选一控制(根据故障形式进行控制律重构,损失某些功能);

—— 直接链控制(只保留控制面的电控制,没有反馈)。

FCPC 计算机实现主要控制,偏航阻尼器也在 FCPC 中实现,这点与 A320 飞机不同。A320 飞机上为此要使用单独的 FAC 计算机。在飞行导航和包线管理计算机(FMGEC)中实现拓宽的飞行状态限制及飞行参数范围保护功能,这些计算机为 FCPC 主控计算机形成自动驾驶仪信号。

飞机完全丧失电控制时,保留手动配平驾驶盘对水平安定面及脚蹬对方向舵的机械控制。

系统使用自带的控制机构和控制面传感器、偏航角速度传感器及法向加速度传感器。所有其余必要信息均来自外部数字式信息和计算系统:

—— 嵌入式大气数据系统(ADIRU),综合了大气信号系统和惯导系统的功能;

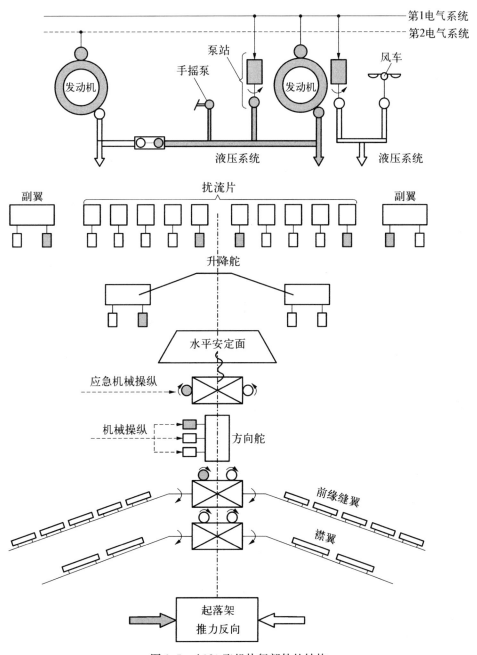

图 1.5 A320 飞机执行部件的结构

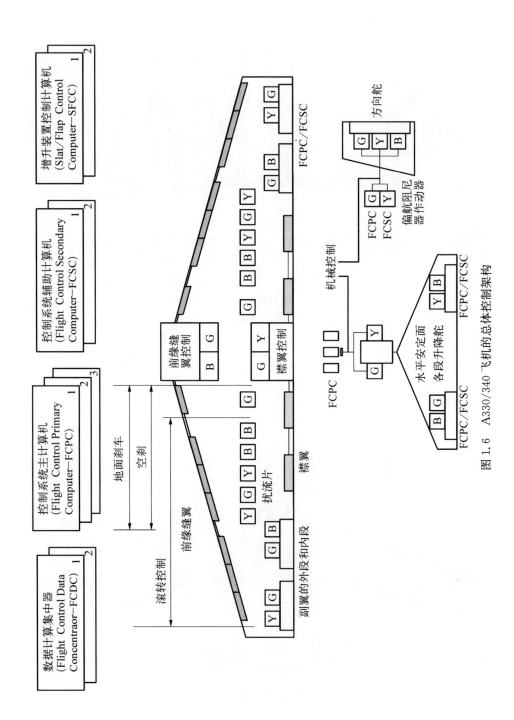

图 1.6 A330/340 飞机的总体控制架构

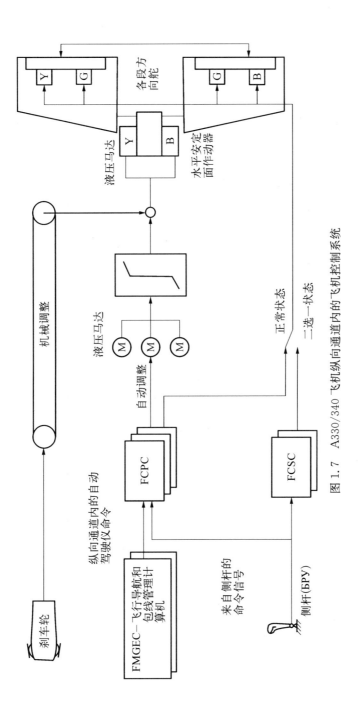

图 1.7 A330/340 飞机纵向通道内的飞机控制系统

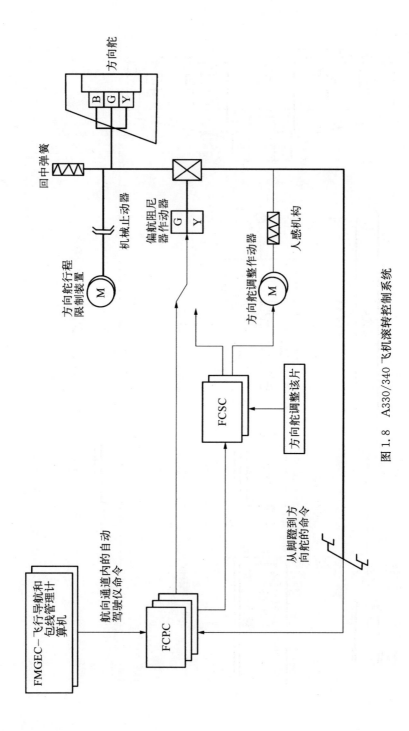

图 1.8 A330/340 飞机滚转控制系统

— 飞行安全管理系统(FMGG)；

— 无线电高度表(RA)；

— 襟翼及前缘缝翼控制系统(SFCC)；

— 起落架控制系统(LGCIU)。

可靠、高效的系统可保证在整个飞行包线内舒适地控制飞机，并保护飞机防止其进入极限状态。正常工作状态下，系统可保证自动地限制迎角，同时防止飞机进入失速状态。此外，可限制法向过载、俯仰角和滚转角，以及最大允许速度和 Ma 数。

控制系统的构型可保证任何一台计算机，要么是飞行主控计算机(FCPC)，要么是飞行辅助计算机(FCSC)，它们都可以保证安全地结束飞行和着陆。正常使用时，FCPC1 是主控计算机("主机")，故障时对系统进行重构管理。FCPC1 主控计算机故障的情况下，其功能转给 FCPC2 计算机；FCPC2 计算机故障时，"主机"功能转给 FCPC3 计算机。所有的主控计算机均故障时，一台辅助计算机就变成主计算机。

还有进行显示、参数记录及技术维护所必需的两台飞行控制数据采集管理计算机(FCDC)。

A330 飞机的能源管理系统。 A330 飞机气动控制面的控制，总体上与 A320 飞机类似。为控制飞机，使用如下舵面：

— 两段升降舵(左侧和右侧)；

— 水平安定面；

— 一段方向舵；

— 4 段副翼(左侧 2 段，右侧 2 段)；

— 12 段扰流片。

每段升降舵和副翼都与两个电液作动器连接，其中的一个为主动作动器，另一个为被动作动器。飞机进入大过载时，被动作动器也被激活，并由两个作动器来偏转各段升降舵。由一个电液作动器偏转每段扰流片。由三个液压-机械作动器偏转方向舵。

飞机装备了三个独立的液压系统："绿色"(G)液压系统、"深蓝色"(B)液压系统和"黄色"(Y)液压系统。每个系统都有自身的液压油箱。液压系统在控制机构之间的分配方式，可保证在一个系统工作时，继续安全地飞行并结束飞行。A330 飞机飞控系统的结构形式如图 1.9 所示。可以看出飞机液压系统架构中的差异。安装在发动机上并具有由电动泵补充供油供液罐的液压泵，可保证 A330 飞机三个液压系统中的压力。"绿色"液压系统有附加液压泵，由故障时伸出到气流中的空气涡轮驱动。

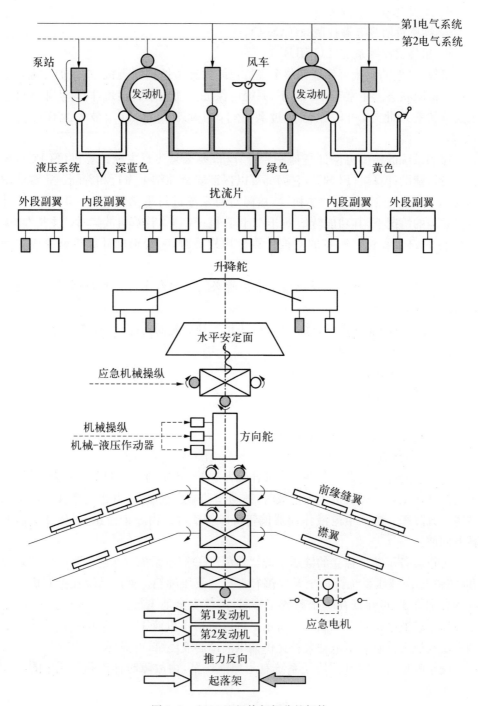

图 1.9　A330 飞机执行部分的架构

1.3 A380 飞机的控制系统

A380 飞机[1.1.1.2]控制系统为全部舵面设计了纯电传控制系统,没有机械备份。控制系统包含多个创新点,既涉及系统的基本组成,也涉及动力部分的架构(见图1.10)。

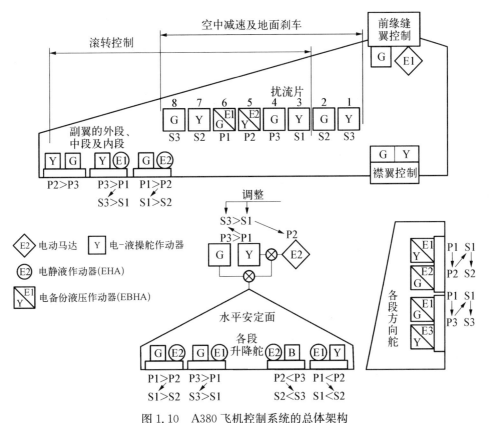

图 1.10　A380 飞机控制系统的总体架构

P1,P2,P3—主计算机;S1,S2,S3—备份计算机;G,Y—液压系统;E1,E2,E3—电气系统

控制系统设计的最重要一点是使用了两套液压系统,并广泛使用电静液作动器(EHA)和电备份液压作动器(EBHA),亦即转而使用"多电飞机"概念控制飞机。

至于信息-计算部分,则该系统的架构是空客公司诸多原则的进一步发展。从控制律的角度看,A380 飞机的控制系统构建成一个综合控制系统,亦即其综合了控制系统自身的功能和飞行控制系统(自动驾驶仪)的功能。从计算过程的组织、计算资源的使用及信息流形成的角度看,A380 飞机因使用了一体化模块式电子设备和网络技术而引人注目(见图1.11)。

A380 飞机使用简单电传控制系统作为备份控制系统,包括由驾驶杆的直接链控制,它用于辅助增强俯仰和偏航阻尼信号及调整片信号(见图1.12)。

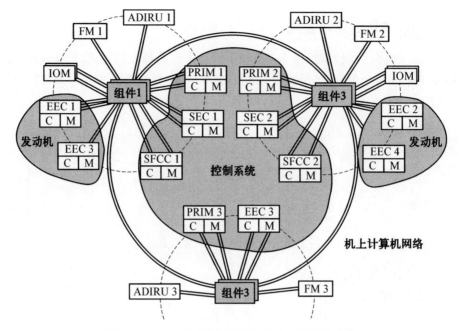

图 1.11 A380 飞机机载设备信息交互线拓扑结构

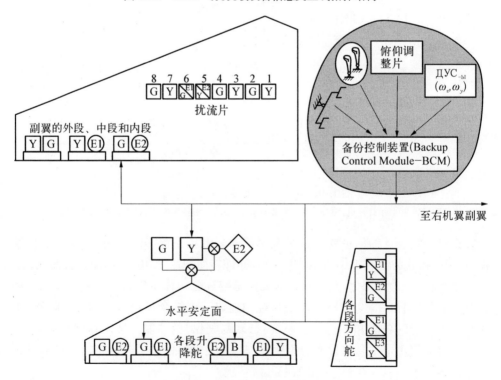

图 1.12 A380 飞机的应急控制系统

图中缩略语：ДУС-ы—角速度传感器

A380 飞机的动力管理系统。动力管理系统的动力源由两个彼此独立的液压系统及 4 个交流电源系统组成。动力源(液压源和电源)的余度形式各异。正常(无故障)状态下,动力管理系统只使用液压系统工作。只有当一个或两个液压系统故障时,才由电气系统实现动力管理系统的动力源。当一个液压系统故障时(故障概率约为 10^{-6}),为了保证其他控制面的使用,可能会失去 4 个(总共 16 个)扰流片的控制。两个液压系统故障实际上是不可能的,但即使在这种情况下,也只失去 8 个(总共 16 个)扰流片和外侧(边缘区段)副翼的控制。液压系统的可靠性比电源系统高 1~2 个数量级,因此,可靠性差些的电源系统在正常状态下并不用作动力源。液压系统的独特性在于,首次在客机上使用了两个液压系统,而不是 3~4 个,且液压系统工作压力较高。这样的压力(35 MPa)之前并未出现在客机上,原来客机使用的压力通常为 21 MPa。由于液压系统中的压力高(35 MPa),其可靠性可能比 21 MPa 时差。每个液压系统都各含两个主泵(来自不同的发动机),各含一个电动泵(泵站)。

此外,发动机故障情况下,在每个液压系统内各安装一个由辅助动力装置驱动的气压泵。一个液压系统内还有风动泵。

正常(无故障)工作状态下,由从液压系统获得能源的电-液伺服作动器偏转控制面的所有区段。液压系统故障时,转而使用由电气系统驱动的电静液作动器(EHA)及混合(EBHA)作动器。

液压系统故障后,中段和内侧副翼的 EHA 作动器被激活。其由电动马达驱动,而从马达到控制面的能量传递,则由针对该作动器的局部液压系统(针对每个作动器的液压减速器)来实现。

扰流片和方向舵上安装了使用组合能源的作动器——EBHA。正常状态下,这些作动器由中央液压系统驱动,液压系统故障时,作为 EHA 使用。

各段副翼、升降舵和方向舵上各装有两个传动装置,其中的一个是主动的,而另一个则处于"热备份"状态下。

由三个转动马达——两个液压马达和一个电动马达来偏转水平安定面。

由一个液压马达和一个电动马达来偏转前缘缝翼。由两个液压马达来偏转后缘襟翼。

A380 飞机动力管理系统的结构如图 1.13 所示。

1.4 B777 飞机的控制系统

B777[1.1,1.5] 飞机的控制系统也是电传控制系统,如图 1.14 所示。

使用传统的驾驶盘和脚蹬、减速板手柄、手动配平驾驶盘,以及俯仰、滚转和偏航调整片转换开关作为主要控制机构。

计算部分由三台主控飞行计算机(PFC)——左(L)计算机、中(C)和右(R)计算机组成。每台 PFC 都是三余度数字计算机,具有不同的处理器(AMD2900、

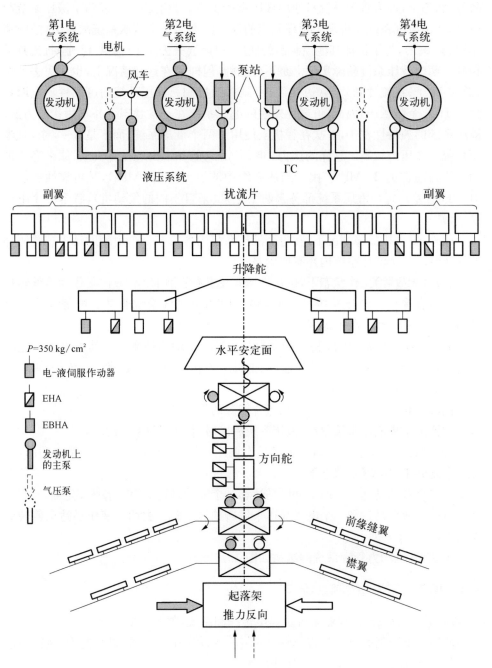

图 1.13　A380 飞机执行部分的结构

Motorola68040、Intel 80486)和软件(C、ADA、PLM/M),如图 1.15 所示。

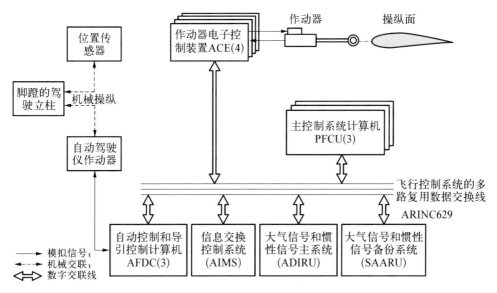

图 1.14 B777 飞机控制系统的总体架构

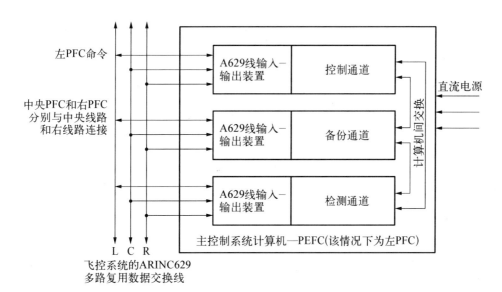

图 1.15 B777 飞机主控计算机单元架构

有 4 个作动器电子控制装置(ACE),如图 1.14、图 1.16 所示,左一(L1)ACE、左二(L2)、中央(C)、右(R)。每个 ACE 都控制各区段控制面的不同作动器。在所有作动器电子控制装置中都有俯仰角速度传感器。

按照 ARINC-629,以三余度为基础构建数字式数据交换总线(见图 1.17)。

每个信息源或用户都与数字式数据交换总线交联,并且可以从三条线路接收

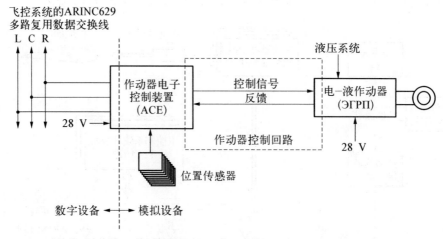

图 1.16　B777 飞机控制系统信息-计算部分与动力部分的交互形式

信息,而信息的发送则经一条线路进行。多余度的主控计算机、电动控制作动器通道及数据总线是物理分离的。主信息源是嵌入式大气数据系统(ADIRU),其综合了诸如捷联惯导系统、大气信号系统之类的信息系统的功能。ADIRU 余度等级高,它包括 3 个静压和总压传感器、6 个激光陀螺、6 个线加速度计和 4 余度内置计算机。

嵌入式大气数据系统从三条数据总线中的每条总线获取信息,并将信息传送至三条数据总线的另两条总线上。

备份姿态和大气数据系统(SAARU)是补充惯性数据及大气数据源,可沿三个通道获得信息,并沿三条总线传输数据。自动驾驶仪和飞行控制系统的三余度计算机连接至每条数据总线上。B777 飞机控制系统信息-计算部分的功能结构如图 1.18 所示。

纵向、横向、航向控制通道的控制框图如图 1.18～图 1.22 所示。

具有几个控制状态:

— 正常(NORMAL)控制状态(手动或自动);

— 辅助工作状态(SECONDARY);

— 直接链控制状态(DIRECT)。

正常工作状态下,来自驾驶员的模拟信号进入作动器电子控制装置,在此变换成数字形式并经数据总线传送至主控飞行计算机。主控飞行计算机利用飞行员(手动控制时)或自动驾驶仪(自动控制时)的命令、嵌入式大气数据系统及备份系统的数据,形成舵面偏转控制信号,并将其经数据总线回送至作动器电子控制装置。后者将数字信号变换成控制舵面电-液作动器的模拟信号。

在正常控制状态下,支持可保证完成所有功能的舒适控制及飞行状态保护功能。实现保护飞机免入失速状态的功能,此外,可限制最大允许飞行速度及 Ma 数,以及最大允许滚转角。

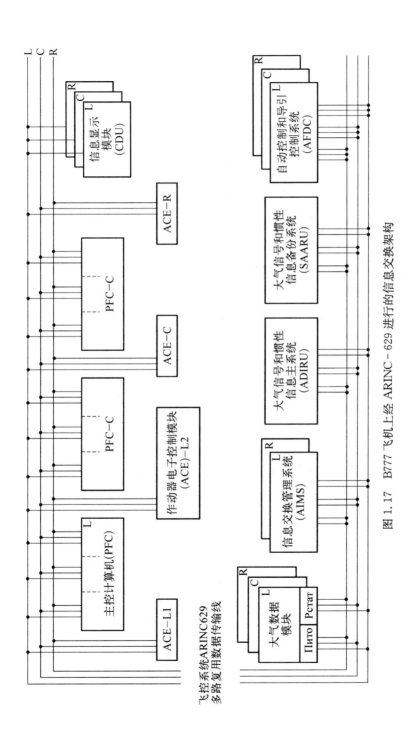

图 1.17 B777 飞机上经 ARINC - 629 进行的信息交换架构

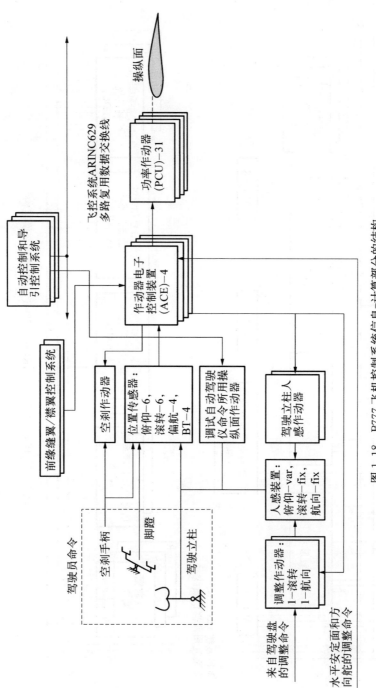

图 1.18　B777 飞机控制系统信息-计算部分的结构

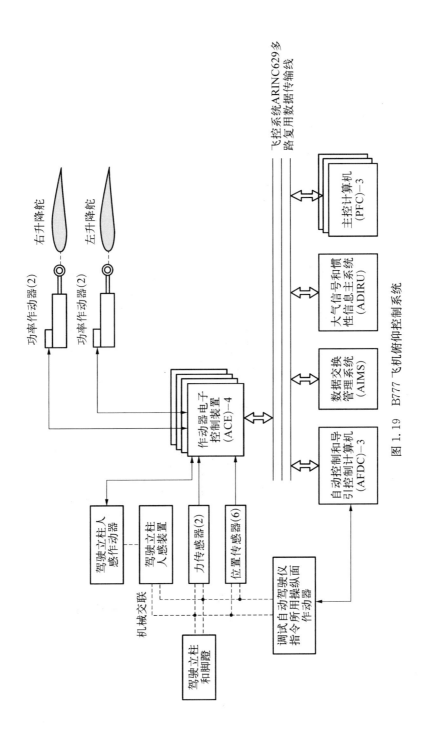

图 1.19　B777 飞机俯仰控制系统

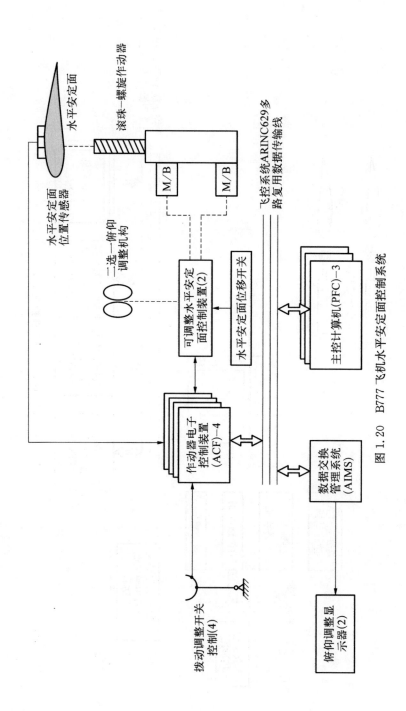

图 1.20 B777 飞机水平安定面控制系统

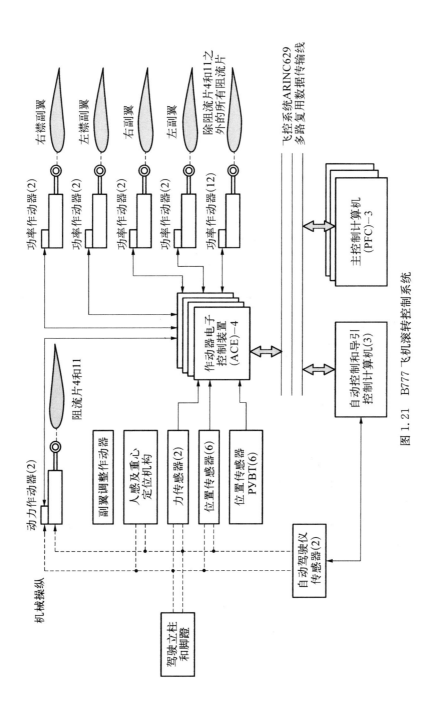

图 1.21　B777 飞机滚转控制系统

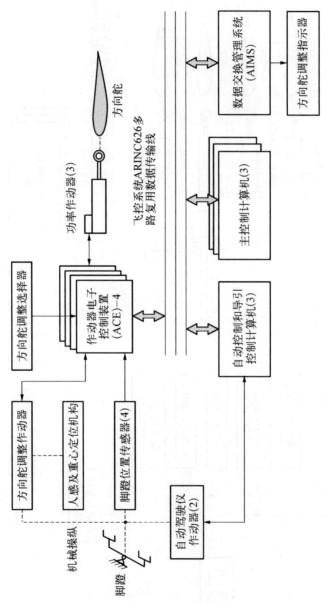

图 1.22 B777 飞机舱向控制系统

失去来自嵌入式大气数据系统及备份系统信息时,可自动转入备份控制状态。在这种情况下,主控飞行计算机利用驾驶员信号或来自作动器电子控制装置的俯仰角速度传感器的信号,形成控制信号。进行备份控制时,可实现飞行状态防护功能及自动驾驶仪功能。

主控飞行计算机故障时,转入直接控制状态。在这种情况下,利用驾驶员命令和俯仰阻尼器信号,直接在作动器电子控制装置中形成模拟式飞行员执行指令和俯仰阻尼信号。电传控制完全故障时,可利用手动配平驾驶盘,对两段扰流片和水平安定面进行机械控制。

控制舵面如下:

— 升降舵(2 段);

— 水平安定面;

— 副翼(2 段,每个机翼上各 1 段);

— 扰流片(14 段,每个机翼上各 7 段);

— 方向舵(1 段)。

每段升降舵和副翼都由两个电-液作动器来控制,方向舵则由三个电-液作动器来控制,各段扰流片由一个电-液作动器来控制。

B777 飞机的二次动力控制系统。液压系统由三个独立的系统——左液压系统(L)、中央液压系统(C)、右液压系统(R)组成。每个液压系统都至少有两个液压泵,都由独立液压源带动。液压系统针对用户的分布最佳能保证在两个液压系统故障时,安全地继续飞行并结束飞行。

由受 4 个作动器电子控制装置控制的电-液作动器来偏转飞机的气动控制面——各段升降舵、副翼及扰流片。各段升降舵和副翼的电-液操舵作动器在替换状态下工作。除了中部扰流片之外的每个扰流片都由一个电-液作动器来偏转。中部扰流片由一个液压机械作动器经机械控制线系偏转。其可保证在液压系统故障时,对飞机进行横向通道内的控制。

方向舵由同时工作的三个电备份液压作动器来偏转。由三个液压系统提供作动器的液压源。两个液压系统由位于发动机上的液压泵和电泵供能。第三个液压系统由两个电泵、辅助动力装置上的泵,以及由伸入气流中的空气涡轮驱动的应急泵供能。B777 飞机动力控制系统的结构如图 1.23 所示。

1.5 图-204 和图-334 飞机的控制系统

干线客机图-204 是俄罗斯第一架带数字电传控制系统——自动驾驶盘式控制系统 АСШУ-204[1.6-1.12]的俄罗斯国产客机。这在 АСШУ-204 能源部分及计算部分的结构上都打上了烙印,并保留了液压-机械控制备份系统。控制系统的能源部分是按照串联原理构建的,也即依次连接“伺服作动器+液压-机械作动器”。能源部分具有这样的架构是因为系统方案设计期间没有针对民用飞机的足够可靠

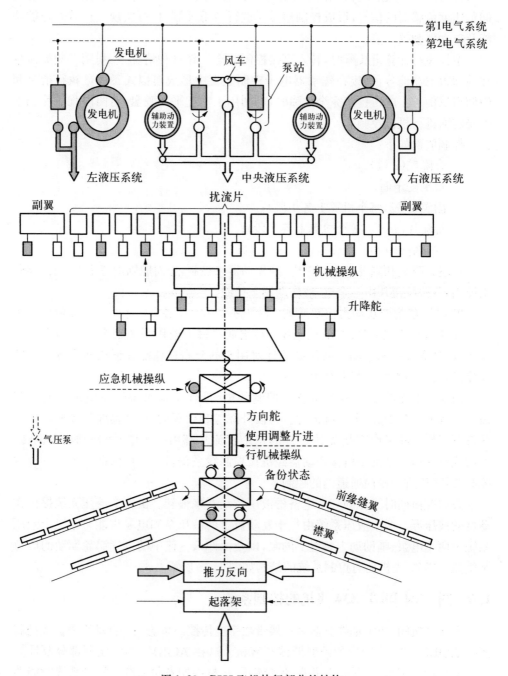

图 1.23　B777 飞机执行部分的结构

的俄罗斯国产电-液舵机。因此,采用俄罗斯国产小功率伺服作动器和功率足够的液压-机械操舵作动器连接的方式。使用非传统驾驶盘、脚蹬、减速板手柄、调整转换开关、手动配平驾驶盘作为主要控制机构。

АСШУ-204的另一个特点是计算部分的余度等级高。图-204飞机驾驶盘控制系统是多层级多余度控制系统(见图1.24~图1.27),并包括3个控制回路:

— 数字电传控制主回路;

— 模拟电传控制备份回路;

— 应急机械回路。

主控制回路包括三余度数字计算机及角速度、线加速度和线位移传感器。主回路使用来自外部数字信息系统(大气信号系统、捷联惯导系统、燃油及重心定位综合系统),并保证在整个使用包线内方便控制,还可以通过引入自动防止进入危急状态的方法来保证高的安全性。实现了如下保护功能:

— 保护飞机,避免其意外超出使用包线;

— 保护飞机,避免其进入飞行包线限制边界外并首先避免其进入失速状态;

— 在各种故障下抵消扰动力矩。

在图-204系列中的图-214飞机上,实现了防止机尾起飞时意外碰触跑道的补充功能。

控制机构的位移传感器、角速度传感器及线加速度传感器与数字计算机各通道按照"通道对通道"的模式连接。从位移传感器、角速度传感器及线加速度传感器接收数据后,数字计算机通道(余度)间由计算机数据总线进行信息交换。最终,在数字计算机的每个通道(余度)中拥有所必需的所有传感器的数据,这些传感器数据包含其自检测和模拟器的输出数据。

来自三余度大气信号系统和捷联式惯导系统的信息,按照"所有通道对所有通道"的模式进入数字计算机。在计算机的每个通道中对需要在各计算机之间均衡的输入数据、中间信号进行检测。尤其是实现了对偏转气动舵面的输出控制信号的检测。数字计算机各通道交换输出数据,进行比较检测,送出可信的控制信号及该信号的正常标志符。最终,在每个通道内形成控制信号、其正常标志符及每个计算机的地位标志。控制信号及正常性标志符按照"所有通道对所有通道"的模式进入控制及检测装置中。在每个控制及检测装置中,对控制信号本身及其正常标志符进行表决。对信号正常性进行确认时,以及对其进行表决后,形成了作动器控制信号。这样,主数字控制通道在系统计算部分或信息传感器第二次故障之前一直发挥功能。

数字控制通道失效时,控制及检测装置中自动转入模拟备份控制通道。

备份控制通道的基础是三余度模拟计算机,并有自己的角速度加线及速度传感器。数字主系统失效后,自动转入备份系统。

备份回路可保证在受限制的包线内继续安全飞行并结束飞行,但不能实现飞行状态限制保护的功能。

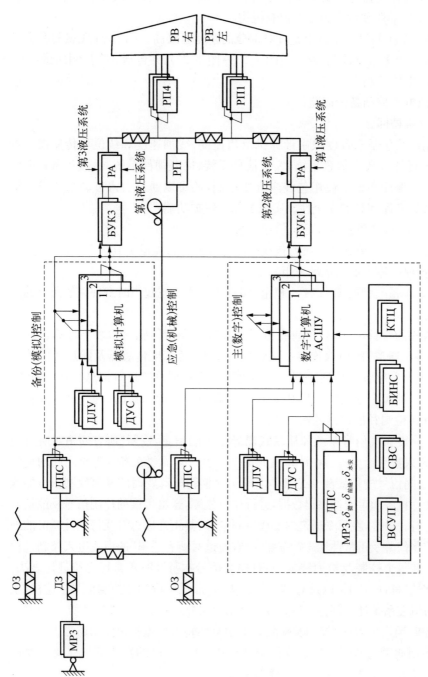

图 1.24　图-204 飞机俯仰控制系统总体布局

图中缩略语：O3—通用载荷机构；CBC—大气信号系统；Л3—附加载荷机构；MP3—控制律重构模块；KTЦ—燃油及重心定位系统；ДПC—位置信号传感器；БИНС—捷联式惯导系统；БУK—控制及检测装置；ДЛУ—线加速度传感器；PA—舵机；ДУC—角速度传感器；PB—升降舵；БСУП—飞控计算机；PП—液压助力器

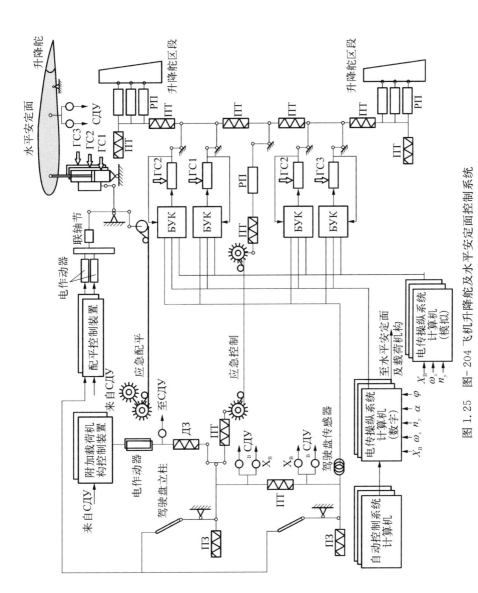

图 1.25 图-204 飞机升降舵及水平安定面控制系统

图中缩略语：СДУ—电传控制系统；БУК—控制及检测装置；ГС—液压系统；ПТ—弹簧拉杆；ПЗ—弹簧载荷机构；ДЗ—附加载荷机构

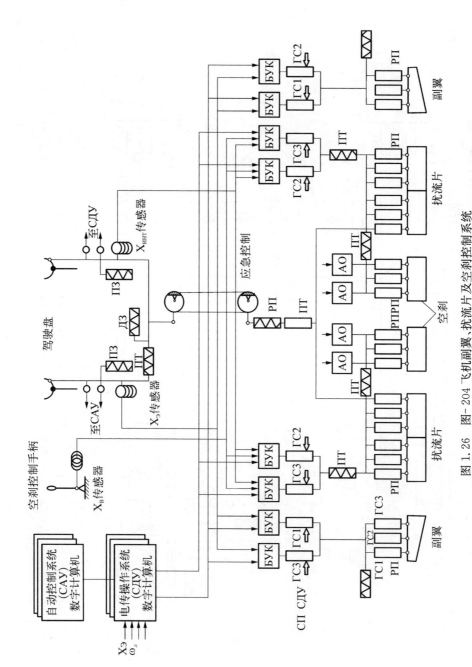

图 1.26 图-204 飞机副翼、扰流片及空刹控制系统

图中缩略语：СДУ一电传控制系统；БУК一控制系统；ГС一液压系统；РП一操舵作动器；САУ一自动控制系统；ПТ一弹簧拉杆；ПЗ一附加载荷机构；АО一偏转装置

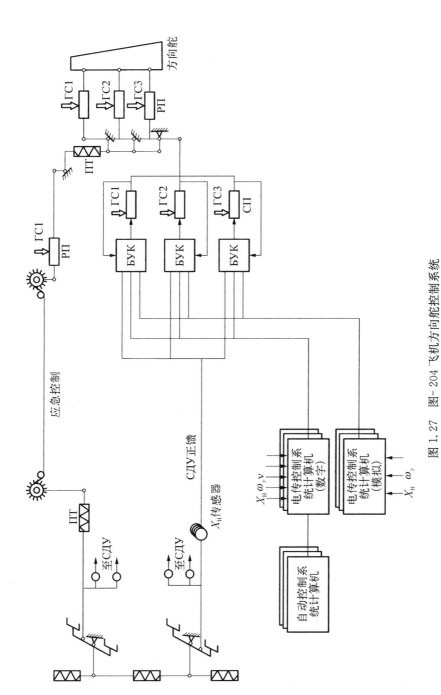

图 1.27　图－204 飞机方向舵控制系统

图中缩略语：СДУ—电传控制系统；БУК—控制及检测装置；ГС—液压系统；РП—液压助力器；СП—伺服作动器；ПТ—弹簧拉杆；П3—弹簧载荷机构

位移传感器、角速度传感器、线加速度传感器及模拟计算机有三个余度,按照"通道对通道"的原则连接。在备份模拟计算机的一些通道内形成的控制信号,进入检测及控制装置内,在此按照表决逻辑进行表决,并生成伺服作动器控制信号。

只有借助于位置信号传感器测量出驾驶杆的位移量,才能实现应急直接链控制。这些位置信号送至伺服作动器控制及检测装置后,产生液压助力器分油活门的位移。

应急机械回路可完成小型驾驶盘传来的升降舵和扰流片控制指令;由人力配平驾驶盘传来的水平安定面控制指令;由脚蹬传来的方向舵控制指令。主电传控制和备份电传控制故障时,自动转入应急控制回路。

应急回路可保证安全地结束飞行。

每段升降舵和副翼以及水平安定面和方向舵,都由三个液压-机械形式液压助力器同时控制。各段扰流片-减速板由一个或两个液压-机械液压助力器控制。

纵向通道内(见图1.25),除了4个标准电传控制伺服作动器外,通用拉杆上还连接了专用液压助力器,其输入来自小型驾驶盘的钢索线系的机械输出。该专用操舵作动器与通用拉杆经弹簧拉杆连接,弹簧拉杆将其活塞杆输出的位移传递到通用拉杆上。所有自检伺服作动器故障后,专用液压助力器活塞杆的输出位移将被执行,亦即液压助力器的输出控制通用拉杆。

作为对升降舵该液压-机械控制能力的补充,АСШУ – 204具有对水平安定面进行液压机械控制的能力。与其他客机不同的是,图- 204上由平动的3个液压-机械作动器来偏转水平安定面。标准状态下,飞机的配平由一对电动配平作动器——自动配平作动器实现。自动配平作动器根据主数字计算机给出的自动驾驶盘的信号使与水平安定面作动器阀连接的拉杆移动,同时偏转水平安定面。此外,抗扭臂与驾驶盘(位于中央控制板两侧的轮子)交联。因此,抗扭臂的位移会传递至驾驶盘上。自动驾驶仪系统正常工作过程中,驾驶盘随动水平安定面的位移,而机组人员则可以根据驾驶盘的运动情况判断自动驾驶仪系统的工作情况,尤其是自动配平的过程。

自动驾驶仪系统完全故障时,飞行员可通过旋转驾驶盘来控制水平安定面和飞机的位置。

这种(通过水平安定面)控制飞机的方式要求驾驶员即使在保持稳态飞行时,也要具有相当高的水平。使用这种纵向运动控制方式完成安全着陆是相当困难的。

根据小型驾驶盘的侧向位移信号、滚转角速度传感器信号及全机信息系统(大气信号系统和捷联式惯导系统)的信号,通过自动驾驶仪系统的数字计算机偏转副翼和扰流片实现滚转数字主控制。数字计算机及控制和检测装置内的数据检测策略与纵向通道类似。

主通道故障时,自动驾驶仪系统自动转入备份控制,使用所有横向控制机构,经模拟计算机进行控制。此时,自动驾驶仪系统所实现的功能大大缩减了。

自动驾驶仪系统的数字计算机和模拟计算机完全故障时,可通过控制及检测装置,对气动力机构直接进行电传控制。在控制及检测装置中,来自安装在控制机构上的位置信号传感器的输出作为其输入。

电传控制完全故障时,可通过对扰流片的液压-机械控制进行横向通道的直接控制。扰流片应急控制原则与升降舵应急控制原则一样,都是通过专用液压-机械伺服作动器和扰流片作动器系统进行的。

图-204之后具有电传控制系统的飞机是图-334。在研干线客机图-334控制系统的层级架构(见图1.28~图1.31)与自己前身飞机的控制系统差异很大,这是一个巨大的进步。

与图-204飞机情况一样,图-334飞机的人工控制系统是多层级、多余度的控制系统,包括三个控制回路:

— 主数字电传控制回路;

— 备份数字电传控制回路;

— 应急机械回路。

主控回路包括4对数字计算机、多余度的角速度、线加速度及驾驶杆(盘)线位移传感器。主回路使用来自外部数字信息系统(大气信号系统、捷联惯导系统、燃油及重心定位系统)的信息,并可保证在整个使用包线内进行舒适控制,以及通过引入防止危急状态的自动方法,可保证高安全性。

备份控制回路的基础也是上述4台成对数字计算机,但只使用输入-输出处理器来形成作动器命令。主回路故障时,自动转入备份回路。

备份回路可保证在受限制的包线内安全地继续飞行,并安全地结束飞行。

应急机械回路可从小型驾驶盘控制水平安定面,从脚蹬控制方向舵下段。首先,主控制机构(升降舵、副翼及方向舵)由电备份液压作动器偏转,这不同于图-204飞机上使用的液压-机械作动器。每个控制通道(俯仰、滚转、航向)中都有两个控制机构及两个使用电备份液压作动器的控制面,每个通道控制系统的结构可通用。

水平安定面的控制与图-204飞机类似,并可保证利用三个平动式液压-机械作动器。要么利用主系统工作时的纵向自动配平装置(ПАБ-204),要么利用由小型纵向运动驾驶盘移动的应急机械线系来形成水平安定面的偏转命令。将机械控制线系转接至小型驾驶盘,是图-334飞机的特色,且其利用接通水平安定面应急控制的专用离合器进行转接。

可使用应急机械-液压作动器来偏转方向舵下段。利用与脚蹬连接的钢索线系实现该应急作动器的控制。由电-液作动器实现扰流片-减速板的控制(各有两个舵面作动器),与图-204飞机不同,该飞机不采用液压-机械作动器,由电-液舵机和/或机械控制线系来控制。

控制系统信息-计算部分的结构是按照分立两侧的原则构建的,亦即构建成两

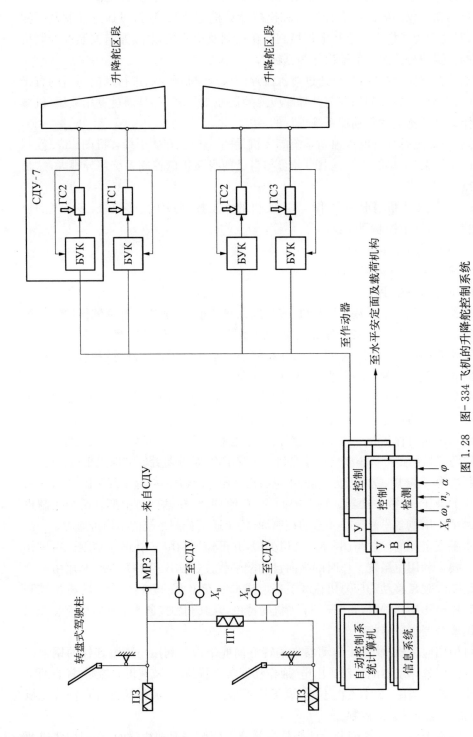

图 1.28 图-334 飞机的升降舵控制系统

图中略语：СДУ—电传控制系统；П3—弹簧载荷机构；ПТ—弹簧拉杆；ГС—液压系统；БУК—控制及检测装置；УВВ—输入-输出装置

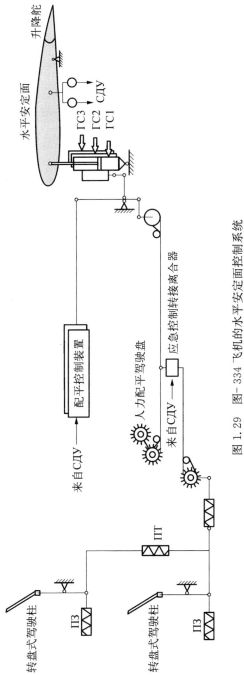

图 1.29 图-334 飞机的水平安定面控制系统

图中缩略语：СДУ—电传控制系统；ГС—液压系统；ПЗ—弹簧载荷机构

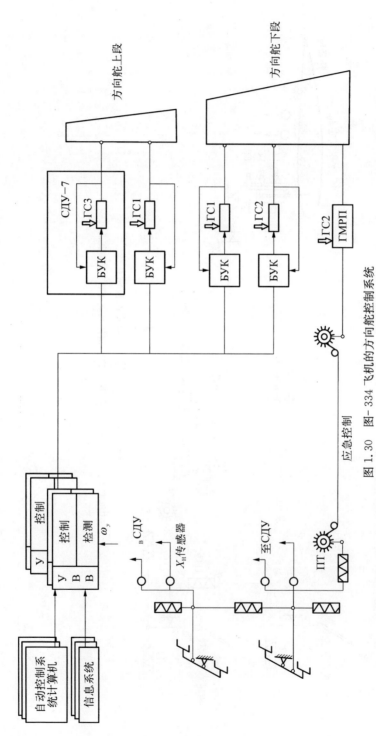

图 1.30　图-334 飞机的方向舵控制系统

图中缩略语：CДУ—电传控制系统；ПЗ—弹簧载荷机构；ПТ—弹簧拉杆；ГС—液压系统；БУК—控制及检测装置；УВВ—输入-输出装置

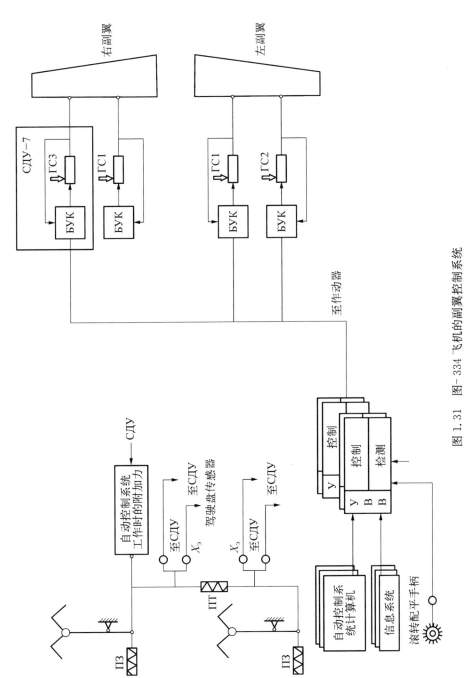

图 1.31　图－334 飞机的副翼控制系统

图中缩略语：СДУ—电传控制系统；ПЗ—弹簧载荷机构；ПТ—弹簧拉杆；ГС—液压系统；БУК—控制及检测装置；УВВ—输入–输出装置

个最大限度独立的控制子系统。

系统中有两个相同的机箱。每个机箱都装有两个计算机模块。每个模块都是一个一体化的数字计算机,按照成对自检计算机的原则构建。每对计算机都综合了两个控制律计算及检测计算机,亦即一个输入-输出处理器。机箱内的一对计算机彼此通过数据总线交联。4 台计算机中的每个计算机都从数据总线及独立传感器接收信息。计算机形成移动控制面作动器的模拟信号,传送至电-液作动器的控制及检测装置。

1.6 安-124 运输机的控制系统

安-124 飞机是第 1 架装备按杆力调节的电传控制系统的飞机。该飞机最先在世界范围的航空实践中,实现了基于自动人感系统(САЗ)的驾驶盘控制。该系统成功地兼收并蓄了舵机电传控制的优势与机械线系的可靠性[1,13]。由于该系统是最先使用电传控制的系统之一,这种兼收并蓄是做过验证的。

自动人感系统的基本原理是在驾驶盘控制系统中实现 CWS(前轮转向控制)兼容控制,这种控制方式早先应用于自动驾驶仪中,经舵机实现控制。CWS 状态就是使用安装在驾驶盘(驾驶柱)或自动驾驶仪舵机控制线系上的杆力传感器。该线系平行地连接至驾驶盘控制系统的刚性机械线系上。因此,由自动驾驶仪舵机送出的力信号移动控制线系和驾驶盘或驾驶柱,位移量与施加的力成正比,同时使飞行员产生移动控制机构的感觉。这种状态非常有益,原因如下。

首先,该状态可使飞行员直接干预飞机控制,不用断开修正自动驾驶仪保持的航迹所用的自动驾驶仪舵机。

其次,对驾驶盘控制非常重要的是,该状态可消除机械线系对传递飞行员偏转气动控制面的控制动作的所有不利影响(干摩擦、间隙、弹性、质量载荷等)。CWS 状态的这一宝贵性能已应用于安-124 飞机纵向及横向通道的标准驾驶盘控制中。同时,该飞机重量在 400 t 以上,机械线系极长(从前机身的飞行员座舱一直延伸到后机身的升降舵)。

自动人感系统的工作原理如图 1.32 所示。由杆力传感器(ДУ)测量的力到达自动人感系统的计算机,在此根据飞行状态(H, V)形成自动人感系统伺服作动器输出活塞杆偏转信号。自动人感系统伺服作动器的输出活塞杆经离合器或超控离合器接至与机械线系刚性连接的摇臂上。机械线系因此而移动,偏转操舵作动器的伺服阀。这是自动人感系统的标准状态。自动人感系统故障时,飞行员可抑制该系统的伺服作动器并经自动人感系统离合器将其断开。此时,飞行员将像传统的助力式机械控制系统中那样,经机械线系控制偏转气动舵面。

自动人感系统的伺服作动器同时也可作为自动驾驶仪或自动控制系统的执行器件,自动驾驶仪伺服作动器与机械线系平行相连,实现自动驾驶仪的传统工作状态。

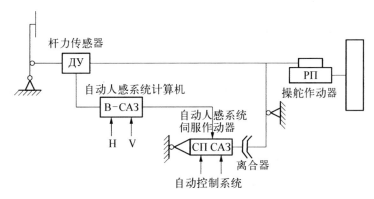

图 1.32 安-124 飞机控制系统

升降舵控制电路包括：

（1）内置在左、右飞行员线系中的备用杆力传感器。

（2）从转盘式驾驶柱到总控制杆的机械线系，控制的是各段升降舵机-液操舵作动器阀门。

（3）传统配平机构，包括配平作动器及电子控制装置。

（4）自动人感系统的私服作动器，与机械线系平行连接。

（5）自动人感系统计算机。

（6）控制增稳系统计算机。

（7）控制增稳系统伺服作动器，与机械控制线系串置连接。

（8）机械传动比变更伺服作动器，可更改从转盘式驾驶柱到升降舵作动器阀门的传动比（可变的 $K_{铰}$ 系数）。

（9）$K_{铰}$ 变更伺服作动器控制装置。

这样，可保证：

（1）变更静态可控制性：

a. 单位过载力 P^{n_y}，通过变更自动人感系统计算机中的传动比来实现。

b. 单位过载位移 X^n，通过变更机械线系中的传动比 $K_{铰}$ 来实现。

（2）变更动态控制性，经控制增稳系统，通过法向过载 n_y 与滚转角速度 ω_z 的信号反馈来实现。

（3）传统的人力配平飞机，依靠配平作动器，通过移动转盘式驾驶柱来实现。同时保证转盘式驾驶柱与升降舵的配平位置相符。

（4）送出自动驾驶仪信号，经自动人感系统的私服作动器，按照有平行连接的伺服作动器的自动驾驶仪工作原理来实现，亦即通过按照自动驾驶仪的信号移动转盘式驾驶柱的方式来实现。

上述电路可实现一系列极限状态的限制。例如，可以通过发送迎角超限信号 $\Delta\alpha = \alpha - \alpha_{允许}$ 的方式，在自动人感系统伺服作动器中生成信号，实现转盘式驾驶柱的自动"推杆"。转盘式驾驶柱的这种位移,对飞行员而言,是一个迎角超限且必须推杆以返回安全迎角 $\alpha < \alpha_{允许}$ 的信号。

在安-124 飞机横向通道的杆力电传控制系统中,实际上具备了纵向控制系统中的所有器件:线系中的杆力传感器、自动人感系统的作动器及计算机、控制增稳系统的作动器及计算机、偏转副翼及扰流片的液压作动器。在横向通道中,使用经小型驾驶盘手动控制的电位计来形成调整(配平)信号。

在纵向和横向通道中,在模拟层面上,使用模拟系统的传统监测技术来实现自动人感系统和控制增稳系统的计算机。

1.7　安-148 飞机的控制系统

安-148 飞机的动力电传控制系统 ЭДСУ - 148[1,14] 的组成中具有现代电传控制系统的所有传统器件(见图 1.33~图 1.35)。

(1) ЭДСУ - 148 的组成如下:

a. 数字式主控制系统。

b. 备份(应急)控制系统。

(2) 数字式主系统包含:

a. 自有模拟传感器。

b. 两个数字计算模块 ЭДСУ - A 和 ЭДСУ - B。

c. 执行装置。

(3) 除了自有模拟传感器外,抵达数字计算机的还有来自全机数字式信息系统的数据。

a. 高度-速度参数信息综合系统(ИКВСП)。

b. 航姿仪 LCR - 90。

ЭДСУ - 148 主系统计算机由 4 个自检计算装置及气动舵面作动器控制装置组成。计算装置及作动器控制装置位于 2 个计算模块 ЭДСУ - A 和 ЭДСУ - B 中。计算装置是自检偶,由控制计算机和监控器组成。检测是根据控制计算机和监控器中控制信号计算结果的比较结果的。计算偶具有相同类别的软件、硬件余度。

按照大多数电传控制系统的传统电路,构建 ЭДСУ - 148 纵向及横向通道内的(副翼)执行部件(见图 1.35 和图 1.36)。每段升降舵和副翼都与两个电-液作动器相连。其中的一个作动器为主动作动器,另一个为被动作动器。经 ЭДСУ - A 和 ЭДСУ - B 计算部件中的数字式控制装置,实现作动器控制及其检测。

通过自主舵机(APM),每个扰流片都由一个舵机控制,根据动力电传控制系统的信号来偏转扰流片。

自主舵机有两个工作状态:主(随动)工作状态和备份(替续)工作状态。

在自主舵机的主工作状态下,根据动力电传控制系统数字计算机信号进行控制,在备份工作状态下,根据扰流片备份控制专用装置的信号进行控制。

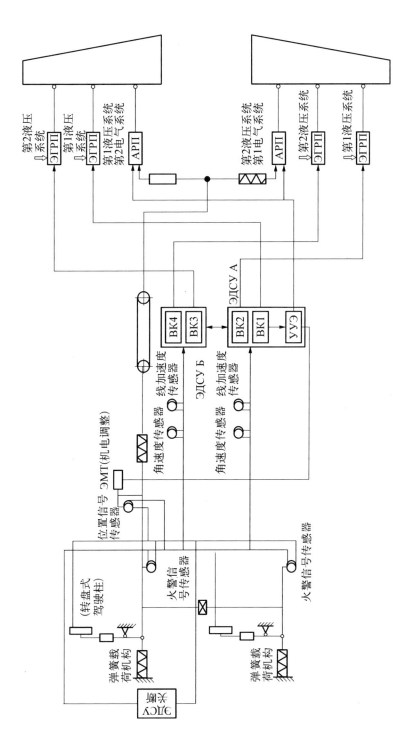

图 1.33 安-148 飞机的升降舵控制系统

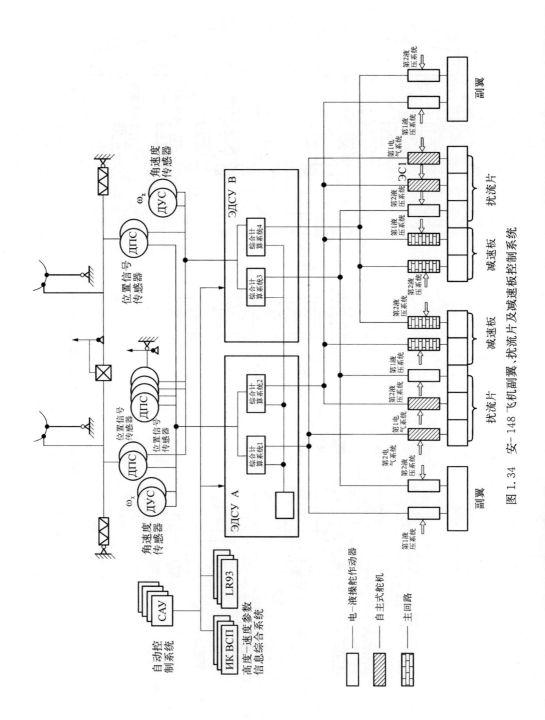

图 1.34 安-148 飞机副翼、扰流片及减速板控制系统

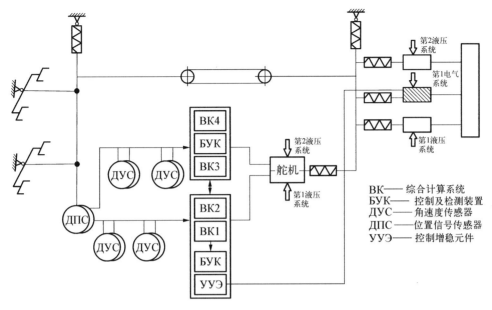

图 1.35　安-148飞机方向舵控制系统

在纵向通道数字式主控制系统中,按照如下信号,在 4 台数字计算机中形成控制面偏转信号:

(1) 转盘式驾驶柱自带的位移传感器。

(2) 模拟式角速度传感器。

(3) 模拟式线加速度传感器。

(4) 数字式高度-速度参数信息综合系统。

(5) 数字装置 LCR-93。

数字计算机形成的命令信号被送至作动器控制装置内,并由主动电-液操舵作动器进行处理。

纵向通道完成如下功能:

(1) 衰减纵向振荡。

(2) 限制迎角。

(3) 调节直接链系数,以便保证可接受的静态控制特性 X_n 和 P_n。

(4) 根据速度对飞机进行局部自动配平。

ЭДСУ-148 横向通道主控制状态可保证:

(1) 按表速调节传动比 $K_{铰}$ 等。

(2) 衰减横向振荡。

ЭДСУ-148 航向通道的动力部件按照串置模式构建(见图 1.35)。方向舵与两个液压-机械作动器连接,而液压-机械作动器由一个一分为二的电-液舵机来控制。按照主控制及舵机通道监控系统数字计算机的命令,实现舵机控制。

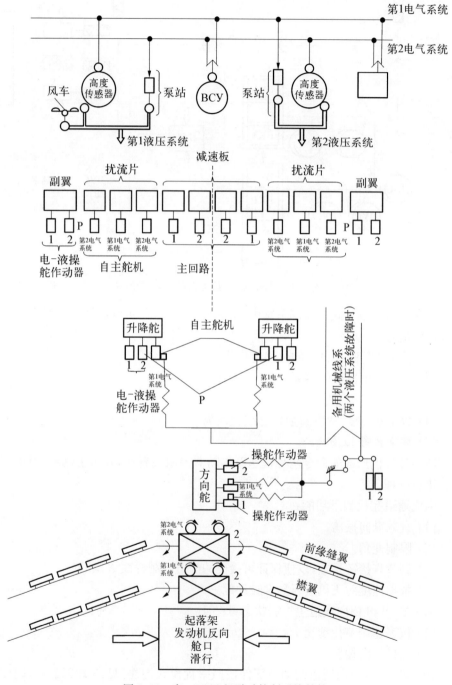

图 1.36　安-148 飞机随动控制系统结构

按照脚蹬位移传感器、模拟式偏航及滚转角速度传感器的信号,以及高度-速度参数信息综合系统的信号,在数字计算机内形成方向舵偏转命令,经舵机及操舵作动器处理送出。

在航向通道的主控制状态下,可执行如下功能:

(1) 阻尼偏航运动。

(2) 协调转弯。

(3) 限制表速功能中的方向舵偏度。

(4) 通过中央控制板上的配平拨动开关在航向通道配平飞机。

ЭДСУ-148 主状态故障时,使用控制面机械链实现备份状态,其具有自主舵机,与各段升降舵、方向舵及各段扰流片相连。

动力电传控制系统主状态下,升降舵和方向舵上的自主舵机闭环,并工作在阻尼状态下。扰流片上的自主舵机工作在主随动状态下。

备份状态下,可根据转盘式驾驶柱及脚蹬的位移,成比例地偏转各段升降舵和方向舵。同时,保证可在各通道控制飞机。

安-148 飞机的随动控制系统与其他带动力电传控制系统的飞机相比,结构上有一定的区别。

首先,该系统的基础是使用各种作动器来偏转气动舵面。在动力电传控制系统的主回路中,由工作在置换状态下的两个电-液操舵作动器来偏转各段升降舵和副翼。每段扰流片的偏转则由一个带动力电的自主舵机控制。

按照串置模式构建方向舵的动力部件。在主回路中,方向舵由两个液压-机械作动器来偏转,而这两个液压-机械作动器,同样由两个舵机来控制。

电-液操舵作动器和舵机都由液压系统及电动泵来供能。液压系统中的压力由位于发动机上的液压泵来保持,电动泵由两个电气系统供能。

此外,由空气涡轮带动的泵负责维持第 1 液压系统。由液压作动筒来偏转减速板。

在备份控制回路内,由自主舵机来偏转各段升降舵和方向舵。由钢索线系实现自主舵机的机械控制。

在这种情况下,由工作在替续状态下的自主舵机来偏转扰流片。安-148 飞机随动控制系统的结构如图 1.36 所示。

2 飞机电传控制系统总体构建思想

现代飞机控制系统具有高等级的控制自动化的特点，飞行员只需给出飞机机动或稳定状态所需的运动参数即可，而保持这些状态的任务则赋予了自动控制系统[1.1,1.2,2.1,2.2]。不但如此，当飞行员控制飞机的动作可能引起危险后果时，例如，运动参数超出了飞行包线边界和使用限制时，先进的飞行（手动）控制系统可限制其驾驶能力。

干线飞机最新一代的飞行控制系统的形式为不带有液压机械回路或液压传动应急回路的电传控制系统。该系统在国外的 A320（1986 年）、波音 777（1996 年）飞机上已经使用，在国内的图-204（1993 年）、图-334（2003 年）、SSJ100 等飞机上也已经应用。使用实践表明，针对仅装备有电传控制系统飞机的使用安全而言，这些系统的可靠性足够。所以，在 2005 年 5 月首飞的 A380 飞机和支线飞机 SSJ100 上，仅装备有手动控制的电传控制系统。

为了取消液压机械系统或应急液压-电动控制系统，就需要研制在可靠性方面优于现代液压机械系统的高可靠性的电传控制系统，即建立不使用电路传送电气控制信号的系统。

现代电传控制系统功能广泛：可改善控制性和稳定性特性，限制参数，减缓载荷和防止扰动等。在保证飞行安全方面，这些功能的关键程度不同。例如，安全飞行所必需的飞机控制性和稳定性特性，其功能保证应该认为是关键程度最高的，并且其功能的可靠性也应在最高级上得以保证；参数限制、稳定性和故障预防功能的关键程度就显得不那么高，并且与关键功能相比，其功能的可靠性可以降低。就是说，必须赋予电传控制系统内的每一个功能一定的关键程度等级。实现这些功能的软、硬件的可靠性应取决于其关键等级。例如，确保安全的那些功能件，即那些功能丧失会导致灾难性后果出现的功能件，应具有最高级的关键程度。实现这些功能的软、硬件出现故障的概率应低于 10^{-9}。根据民航条例 AП-25/FAR-25 要求，保证飞机控制性和稳定性余量的电传控制系统具有较低的关键等级，这些功能的丧失被认为是紧急情况。而有些功能故障，如提高飞机稳定性和控制性至不低于库伯-哈伯尔准则的 2 级、限制或预防极限迎角及防止起飞时关键发动机停车等功能故障，其故障概率应不高于 10^{-7}。还有另外一些功能，如发动机推力和构型变化、增升装置放下/收起时发生的扰动力矩。限制俯仰和滚转角及其飞行员干预控制结束后的稳定性等,都可以具有较低的可靠性等级,这些功能丧失的概率应低于 10^{-5}。

电传控制系统的架构建立应反映出对保证不同重要级别功能可靠性方面的要求。例如,在实现关键功能时,必须使用最少的器件(设备)组成,以保证必要的可靠性,或提高这些器件的余度等级。所以,在电传控制系统架构内经常设置专门用于实现关键功能的备份和/或应急回路。它们与气动舵面"直连"或按照比例控制一定数量的气动舵面,这种控制回路通常称为"电拉杆"。如果控制对象为无自动装置的飞机,根据它们的静态和动态特性,需要在该回路中使用飞机俯仰和偏航快速振荡阻尼回路,即俯仰和偏航阻尼器。实际上,在研制系列飞机时,这种必要性总是存在的:最"短"的飞机,即平尾和垂尾的尾容量 $A_{平尾}$ 和 $B_{垂尾}$ 最小,通常其自身的控制性和稳定性都不足。该回路所保证的控制性和稳定性的特性级别应足以完成飞行和安全着陆。它应具备自动控制的能力,即主控制回路具有最少的通用部件。

备份回路可以是模拟的、模-数的或数字化的。如果在该回路组成中使用数字化器件,那么,对可靠性的要求不仅涉及硬件,还涉及这些器件的软件。

为了实现现代电传控制系统的所有功能,需要关注增加的设备和计算能力,所有气动舵面都使用完全符合要求的信息通道和执行器件。换句话说,这是一个货真价实的电传控制系统回路,它可保证实现所有功能:为驾驶创造最佳条件、为乘客和机组人员提供舒适环境、预防复杂的关键情况发生并保证最佳的结构载荷条件。

飞机电传控制系统主回路应注意下列几点:

— 根据 $A\Pi$ - 25[2,4] 的要求和其他航空规则及俄联邦标准文件,还有国际上通行的 FAR/JAR - 25 要求,保证在所期待的使用条件下手动控制时所需要的控制性和稳定性特性。

— 在所有飞行状态下,保证向飞行员自动告知有关在迎角和侧滑角、法向过载、俯仰角和滚转角、飞行速度和飞行 Ma 数等方面飞机临近危险的飞行状态。

— 在所有飞行状态下,保证自动限制飞机的失速迎角、最大速度 V_D、随飞行状态变化的方向舵偏度,以及起飞和着陆状态下的俯仰角和滚转角,这两个角度与起飞和着陆时距跑道上空的高度有关。

— 在处理来自于飞控系统的信号控制时,针对自动控制模式,保证自动限制上文所提及的飞机运动参数。

— 保证纵向控制通道内的自动和手动配平。

— 保证航向和横向通道内的手动配平。

— 保证在飞行中和地面上对扰流片-减速板的自动和手动偏转。

— 能通过发动机自动控制系统控制发动机的推力。

— 保证飞行员不用驾驶杆干预控制情况下的俯仰和滚转稳定。

— 在机动和阵风情况下,保证能够自动降低飞机结构载荷、减轻结构的弹性振动、降低起飞着陆状态的载荷,提高乘客及机组人员的舒适度。

—— 在发动机出现故障时,自动抑制扰动力矩。

—— 克服受制于飞机构型改变、发动机推力和航空装备故障的主扰动。

—— 保证在飞行和地面上自动和手动控制襟翼和前缘缝翼;在这种情况下,自动控制可保证起飞和复飞状态下配平的升阻比最大的可能值和失速前的给定余量。

—— 保证飞行控制和推力控制系统计算机处理指令信号达到要求的质量。

这样一来,飞机的电传控制系统应作为多等级(包括两个或三个控制回路)的控制系统来建立(见图 2.1)[2.5]:

(1) 主回路。

(2) 备份和必要情况下的应急回路。

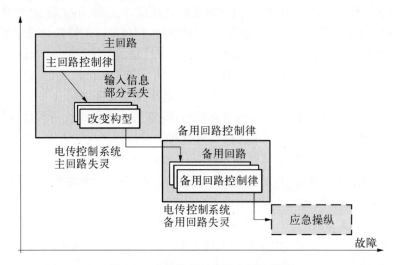

图 2.1　飞机控制系统的分等级构建

习惯上,每一个电传控制回路包含有:

—— 信息(处理)分系统(传感器)。

—— 计算分系统。

—— 执行分系统。

—— 理论上,用于主回路和备份/应急回路的这几个分系统应自动控制,但在技术上不是总能实现的,也不尽合理。

—— 在空客系列飞机(A320 - 380)[1.1,1.2]上,飞行员的指令信号传感器对于主、备份控制是通用的。由 5 台计算机组成的计算单元实现主、备份回路的功能。但是,主、备份回路的功能是在不同计算机上实现的。例如,升降舵和副翼的控制主回路功能是在一台计算机上实现的,而这些机构的备份控制功能则在另外两台计算机上实现。

—— 图 - 204 飞机上的主、备份回路具有自动信息(处理)分系统和计算分系统[1.6-1.12]。备份回路利用自带的飞行员指令信号传感器、角速度和过载传感器以及模拟计算机在模拟化完成工作。主回路则利用三余度数字计算机完成工作。

B777 飞机上[1.1-1.5]的主回路和备份回路使用的是通用的飞行员指令信号传感器,但主回路和备份回路上的飞机运动参数信息传感器各不相同。备份回路功能是在 4 个作动器控制电子装置的模-数组件上实现的,而主控制回路功能则是在三余度主控计算机上实现的。

在当今使用的所有最新一代客机上(伊尔- 96 - 300 除外),主控制回路和备份控制回路的工作遵循替代原则,而不是备份回路对主回路的补充。

所以,在实践中,存在着一整套的电传控制系统架构建立方案。然而,所有现代化的装备有电传控制系统的飞机,除 A380、SSJ100 外,都保留着可保证比例控制 2~3 个气动力机构的应急液压机械回路。在 A320 及其系列飞机上配备有水平安定面和方向舵,在 B777 上配备有水平安定面和一对扰流片,在图- 204 飞机上配备有水平安定面、升降舵、方向舵和副翼,在安- 148 上配备有分段的升降舵、方向舵和扰流片。带有自主能源(液压源或电源)、自主传感器、计算机和传动装置的自动控制系统可以是应急系统的模拟装置。

保证各段升降舵偏转的应急回路的执行部件(传动装置)可通过自主电源自动工作。作为传动装置,可以使用带有自主液压系统的电液舵机或自动传动装置,该系统仅保证应急系统传动装置的能源,例如,容积调节传动装置。但是,也有另外一种情况,来自于独立载体,例如,蓄电池或在主要液压源失效情况下放入气流中的风力发动机电源,也作为主要能源。

备份(应急)回路的计算机可以使用自主电源,如图- 204,也可以与电子舵机混合使用电源,如 B777,或与主计算机混合使用电源的,如 A320 及其改型系列。接下来,研究建立应急回路计算分系统的两个合理方案:

—— 计算分系统设置在传动装置设置电子组件内。

—— 应急回路传动装置控制自动组件和自动计算机。

为了实现应急回路功能,一定级别的信息保障是必需的。在下列条件存在情况下可保持最低水准的控制性:

—— 驾驶员指令信号信息(驾驶杆的偏转)。

—— 俯仰和偏航角速度信息。

—— 增升装置位置信号。

还有一个信号用于调节进入着陆阶段时驾驶杆(盘)的传动比 $K_{\text{шв}}$,以使飞行员能够使用升降舵的整个偏转区间。

在自动应急回路方案中,应建立模拟级或模拟-数字级的信息保障,并带有飞行员信号指令传感器。数字式执行部件的使用由应急回路控制舵机的制造工艺水平确定。

对于应急回路,在一个组件上把计算机与电子自主应急舵机电子控制器混合在一起是合理的选择。如果在应急回路内使用数字器件，它们应具有软、硬件备份。为了激活应急回路的工作，在计算机或舵机控制组件上应建立主回路和应急回路之间的联系，因为在向应急控制回路转换时，必须将主控制回路及其传动装置脱离主动控制状态。

上文所研究的应急回路的自主重构要求额外增加 3～5 个作动器，这似乎不是电传控制系统及其执行分系统的最佳架构方案。所以，计划研究这样的电传控制系统结构，其中包含了主、备份回路的信息-计算和执行分系统。在该结构内，备份/应急回路的计算分系统包含在主回路的控制和检测组件内，其中只包含普通的飞行员和执行机构的控制指令信号，只有在必要时才将过载和角速度传感器纳入到应急回路中。预先规定，只有在数字式全机信息保障主系统出现故障时才使用下述传感器，如大气数据系统，捷联惯性导航系统。它们的不同之处在于，以前结构中的应急控制可靠性需要由主回路和应急回路共同来保障，而该结构内中应急控制可靠性仅由主回路的设备保证，但过载传感器和角速度传感器除外。所以，对保证执行关键功能的主回路部件的余度和可靠性的要求将会更高，就是说，执行应急回路功能的主回路部件的可靠性，其每飞行小时的故障率应不超过 10^{-10}。

在主回路工作时，处于热备份的应急回路的自动信息-计算分系统位于作动器电子控制装置的组件内。这些应急回路仅在与主回路交互的外部信息系统故障情况下开始工作。在某些现代客机上，舵机电子控制组件是一种模-数转换装置，它可保证：

—— 接收、处理和向外部信息总线发送驾驶员指令信号。

—— 在数据总线上接收主回路信息-计算分系统传过来的控制信号，处理并形成作动器控制信号。

—— 根据其工作能力和液压系统和电源系统的状态检查传动装置及其该型（激活）的状态。

—— 接收和处理传动装置反馈信号。

传动装置及其控制和检测部件应作为统一的自检装置来工作，其中检测的完整性应接近 1。考虑到控制与检测部件采用具有不同种类软、硬件余度的自检测对的实际情况，这一点是可以达到的。

在使用模-数转换控制和检测组件时，不同种类的软、硬件余度不能保证出现程序错误时自检测对的工作能力。所以，要么提高自检测对的可靠性，要么研制两个不同种类的用于连接各段气动舵面的传动装置用的自检测对。

为了提高软件的可靠性，需要考虑用于自检测对最大门限值的设定情况。无论是对控制信号门限还是对检测门限值，软件最大门限值都要求其按 A 类处理。

在这种情况下，主回路是以分层的信息-计算形式工作的。主回路计算分系统使用来自控制和检测组件的驾驶员指令信号，以及来自于全机信息系统和交互子系统的有关飞机构型、水平安定面位置、起落架、发动机工作参数（n^1，n^2，

EPR，…）、飞机重量和重心以及运动参数方面的数据。

在各国飞机研制的实践中，主回路计算分系统是基于一对数字机或三个数字机实现自检测的计算系统，它带有不同种类的备份软、硬件。

另一个电传控制系统结构也是可行的，在该结构中，作动器电子控制装置作为单独部分并且是自检对，而且是信息计算机自主检测的一部分，该结构以 4 对自检测计算形式构成。成对计算结构的建立应尽可能预先规定主回路和应急回路独立实现（的形式），主回路和应急回路是被依次激活的。

在建立电传控制系统主回路计算分系统时，同步或协调构型具有重要意义，该构型的使用取决于交互系统——完成数据源和执行部件的控制信号的生成算法。

电传控制系统基于技术任务书而研制，该任务书包含了对电传控制系统的所有要求。主要要求应确定电传控制系统的构建原则、对控制性和稳定性特性的要求、对可靠性和故障安全等方面的要求。

2.1 电传控制系统构建原则

电传控制系统应按照分级原则构建，一般分为三级结构——主回路、备份回路和应急回路。

—— 电传控制系统的数字式主回路连同相连接的设备应保证所有控制功能的实现，如保证规定的控制性和稳定性特性、驾驶功能、预告和限制功能、舒适功能等。

—— 备份电传回路（数字式、模拟或模-数式）应保证有限的足够完成安全飞行的控制功能。

—— 应急回路应保证主回路和备份回路出现故障时的最低等级的控制。

—— 备份回路和主回路的工作模式是独立的，可在主回路故障时自动转入备份回路。

—— 应急回路（如果其必需的话）应以最简单系统的形式合理地执行任务，在主回路和备份回路完全故障时实现向其过渡。

电传控制系统主回路连同相关设备应注意下列几点：

—— 根据 FAR-25 分部和其他航空条例及标准文件要求，保证在所预期的使用条件下手动控制时所需要的控制性和稳定性。

—— 在所有飞行状态，保证自动告知（手动控制状态下的驾驶杆抖振，控制变重，稳定性增加等），目的是在迎角、正常过载、俯仰角和滚转角、飞行速度和飞行 *Ma* 数等方面不超出限制范围。

—— 在所有飞行状态下，自动限制迎角、侧滑角、最大速度 V_D，并在起飞状态限制方向舵偏度。

—— 保证纵向和横向控制通道内的自动和手动配平。

—— 保证航向通道内的手动配平。

—— 保证在飞行中和地面时自动和手动偏转扰流片和减速板。

——保证飞行中以及着陆滑跑时自动和手动制动飞机。

——保证在飞行员不通过驾驶杆干预飞机控制的情况下俯仰和滚转的稳定。

——保证在机动和阵风情况下自动降低飞机结构载荷,提高乘客及机组人员的舒适度。

——保证自动克服发动机故障时的扰动力矩。

——保证克服由飞机构型改变和发动机推力变化引起的扰动。

——保证在飞行和地面操作时能够自动和手动控制襟翼和前缘缝翼;在这种情况下,自动控制可保证起飞和复飞状态下配平升阻比最大,以及给定的失速余量。

——保证飞行控制计算系统处理指令信号达到规定的质量。

电传控制系统备份回路及其关联设备应当保证飞机安全地继续并完成飞行,即:

——能够使用驾驶杆和脚蹬人工控制飞机的俯仰、滚转和偏航。

——能够手动配平飞机的俯仰、滚转和偏航。

——在空中和地面工作时,能够控制流片-减速板进行制动。

——手动控制空中减速。

——使用控制手柄手动控制襟翼和前缘缝翼。

电传控制系统应急回路与关联设备应当保证安全地完成飞行,也就是在主回路和备份回路故障的情况下能够满足安全驾驶要求的操控性最低水平。

电传控制系统与关联设备应当保证:

——在规定的限制条件下,以最小的飞机扰动转换到备份和应急控制状态。

——向飞行参数记录系统和机载测量系统发出信号,包括地面操作和飞行试验阶段。

——飞行中对交互作用的部件和系统以及电传控制系统完好性进行连续检查,即故障部件自动定位,并向记录和信号系统发出故障信息。

2.2 稳定性和控制性要求

每一种电传控制系统回路都应当保证飞机具有一定的稳定性和控制性水平。应选择每种控制回路的参数和控制律,以满足飞机的控制性要求,需要全面确定飞机的静态和动态控制性的指标。

早先,在航空工业规范 AΠ-25[2.4] 推行之前,适航性标准[2.3] 使用控制性数字指标来表示。例如,纵向控制性以单位过载杆力的静态指标不超过 100 N/g,驾驶柱(盘)的位移不超过 50 mm/g。按法向过载的过渡过程动作时间定额为数值 $t_{动作} \leqslant 4\,\mathrm{s}$。

不过遗憾的是,规范 AΠ-25 实际上对控制性和稳定性并没有提出具体的数值要求。因此为设计电传控制系统控制律,需要准确地确定每种回路的稳定性和控制性的数值指标。

主控制回路稳定性和控制性特性的要求

针对飞行状态基本区域合理设定稳定性和控制性特性的要求。

纵向运动稳定性和控制性特性的要求就是法向过载过渡过程静态动力学特性的要求。

(1) 法向过载过渡过程动力学特性的要求。

—— 法向过载相对超调量应当为 $\Delta n_y \leqslant 0.2$。

—— 法向过载过渡过程倍幅时间应当为 $t_{倍幅} \leqslant 4\text{ s}$。

(2) 静态特性要求。

—— 杆位移梯度,即产生每 g 过载所需要的纵向驾驶杆偏转位移,应当为负,取决于表速,表速增大,杆位移梯度的绝对值减小,但其绝对值不应低于 50 mm/g(对盘式驾驶杆)。

—— 杆力梯度,即产生每 g 过载所需要的纵向驾驶杆杆力,应当为负,并满足条件 $|P_B^{n_y}| \geqslant 100\text{ N/g}$(对盘式驾驶杆)。

—— 为保证较高的操控舒适程度,应当保证纵向通道的飞机自动配平。在保持所需飞行安全水平的情况下,在使用飞行包线范围内($V_{抖杆} \leqslant V_{表} \leqslant V_{最大使用}$),允许杆力和杆位移梯度为零:$P_B^v = 0$;$X_B^v = 0$,即飞机是速度中性稳定。

—— 在飞行速度使用范围外,在 $V < V_{抖杆}$;$V > V_{最大使用}$ 条件下应当保证杆力和杆位移梯度为正值 $P_B^v > 0$;$X_B^v > 0$,即保持速度稳定性。

(3) 纵向控制效率要求。

—— 应当保证可以达到法向过载和迎角极限值。

—— 在前机轮抬起和飞机离地以及着陆,包括触地瞬间 $n_y = 1$ 时的纵向控制效率余量应当不低于 10%。

侧向运动稳定性和控制性特定要求:

(1) 侧向振荡特性要求。

—— 侧向振荡衰减到小于稳态值 5% 所需时间,在起飞着陆状态时间不超过 12 s,在巡航状态时间不超过 20 s。

—— 侧向振荡运动主根的频率不低于 0.4 s^{-1}。

(2) 滚转运动要求。

—— 飞机从坡度 $\gamma = 30°$ 的稳定转弯改出到坡度 $\gamma = -30°$ 反向转弯的时间不应超过 7 s。

—— 横向控制效率应当能够克服侧滑时的滚转力矩。

—— 驾驶杆位置固定情况下飞机倾斜过程中的滚转角速度降低不应超过 50%。

—— 在关键发动机故障并且 5 s 内飞行员未参与飞机控制的情况下滚转角不应当增长超过 30%。

—— 确定滚转运动的非周期根在数值上应当不小于 0.66。

(3) 螺线运动要求。

— 螺旋运动应具有中立稳定性。

（4）交感运动要求。

— 蹬舵时应相应产生正滚转。

实现舒适功能的要求：

— 在飞行使用包线范围（$V_{抖杆} \leqslant V_{表} \leqslant V_{最大使用}$）内应当保证飞机在纵向通道的自动配平。

— 在飞行员不参与飞行控制的情况下应当保证飞机的角位置稳定。

— 应当保证可以克服发动机故障时产生的扰动力矩，以便在飞行员未参与控制的情况下保证飞机不超出飞行使用包线边界，包括迎角、侧滑角、过载和滚转角。

— 在空中减速状态打开扰流板、放出和收起增升装置、改变发动机工作状态时，都不应当导致飞机在纵向通道的急剧重新平衡。

— 在着陆滑跑和中断起飞时，应当保证自动放出扰流板-减速板以制动飞机。

稳定性余量要求：

— "飞机-电传控制系统"主回路按照总放大系数给出稳定性余量，在升降舵、副翼、方向舵和扰流板控制系统中，幅值裕度应当不小于 6 dB，相位稳定性裕度不低于 45°。

备份控制回路

电传控制系统备份回路应当保证飞机具有可接受的驾驶特性，能够安全地继续并完成飞行。因此对备份控制回路使用时飞机的稳定性和控制性的要求略微宽松，并将针对不同的飞机和控制系统的具体情况作具体分析确定。

根据电传控制系统的研制经验，含备份控制回路的飞机的稳定性和控制性特性要求，可以分为下列几种形式。

纵向运动稳定性和控制性特性要求：

（1）法向过载过渡过程的动态特性要求。

— 法向过载超调量应当不超过 $\Delta n_y \leqslant 0.3$。

— 法向过载过渡过程倍幅时间应当不超过 $t_{倍幅} \leqslant 5$ s。

（2）静态特性要求。

— 杆位移梯度，即产生 g 过载所需要的纵向驾驶杆偏转位移，应当为负，取决于表速，随速度增大，其数值降低，并且这种情况下其绝对值不低于 50 毫米/单位过载（针对驾驶柱）。

— 杆力梯度，即产生 g 过载所需要的纵向驾驶杆杆力，应当为负，并满足条件 $| P_B^n | \geqslant 70$ N/g（盘式控制）。

应当保证速度稳定性，也就是在飞行使用包线内（$V_{抖杆} \leqslant V_{表} \leqslant V_{最大使用}$）杆力和杆位移梯度为正值 $P_B^v > 0$；$X_B^v > 0$（速度稳定性）。

（3）纵向控制效率要求。

— 机翼增升装置处于起飞-着陆位置，纵向驾驶杆最大偏转应当满足升降舵最大偏转（不计算俯仰减震器的工作）。

—— 纵向驾驶杆最大偏转的情况下,在巡航的飞行状态使用区域内,应当保证所需的可用过载或所需的可用迎角。作为所需的可用过载增量可采用 $\Delta n_y = \pm 0.5$,作为所需的可用迎角增量可采用迎角 $\alpha_{可用}$。

侧向运动稳定性和控制性特定要求:

(1)侧向振荡运动特性要求。

—— 在起飞-着陆状态侧向振荡运动稳定时间不超过 15 s。

—— 侧向振荡运动主根频率不低于 $0.3\ \text{s}^{-1}$。

(2)滚转运动要求。

—— 飞机从坡度 $\gamma = 30°$ 的稳定转弯转换成坡度 $\gamma = -30°$ 的反向转弯的消耗时间不应超过 10 s。

—— 确定滚转运动的非周期根在数值上应当不小于 0.5。

(3)航线控制要求。

—— 在机翼增升装置处于起飞-着陆位置时,脚蹬最大偏度应与方向舵最大偏度相对应。

—— 所有状态下的方向舵最大偏度应当受强度条件限制。

稳定性余量要求:

"飞机-电传控制模态"系统中实现的一般增益稳定性裕度,在升降舵、副翼、方向舵和扰流板控制系统中,应当不大于 5 dB,相位稳定性裕度不小于 40°。

应急控制回路应当保证维持直线运动所需的稳定性和控制性最低水平。通常应急回路在主回路极限情况或机组乘员修复备份系统工作性能时所需的短暂时间间隔里使用,比如起动辅助动力装置和修复标准电力-液压供给(如果可以的话)的时候。

根据研制电传控制系统的以往经验,应急回路控制性特性应当满足下列要求:

—— 现实法向过载应当:

俯冲时为 0.8;

上仰时为 1.3;

—— 由坡度 30°转换为反坡度 $-30°$ 的时间应当不超过 11 s(也就是 ω_x 应当不低于 $7\sim8°/\text{s}$)。

2.3 飞行包线限制要求

电传控制系统应当保证高水准的飞行安全性。世界范围内的统计表明,所有重大失事和航空事故的主要原因都是"人为因素"造成的。由于各种外部因素或错误评估飞行态势,会导致机组乘员失误,造成运动参数超出允许范围。很明显[2.4],整个飞行包线可以分为使用(正常)包线、限制使用包线和不允许超过的极限包线。在运动参数由正常包线进入到限制包线时应当伴有各种明显的警告标志提示。飞行包线的极限包线是电传控制系统飞机不应当超出的边界。

飞行包线边界标准示例如图 2.2 所示。

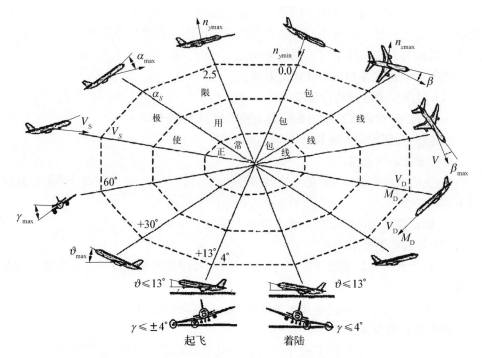

图 2.2　依照 AⅡ‐25 标准的客机正常、使用和极限包线

通常电传控制系统飞机在超出下列参数时应受到限制或警告：

— 俯仰角（$\vartheta_{max} > \vartheta > \vartheta_{min}$）；

— 滚转角（$|\gamma| < \gamma_{max}$）；

— 侧滑角（$|\beta| < \beta_{max}$）；

— 起飞和着陆时的俯仰角（$\vartheta < \vartheta_{кас}$）；

— 起飞和着陆时的滚转角（$|\gamma| < \gamma_{max}(H)$）；

— 法向过载（$n_{y\,max} > n_y > n_{y\,min}$）；

— 侧向过载（$|n_z| < n_{zmax}$）；

— 失速速度 $V > V_s$；

— 最大表速 $V < V_D$；

— 最大飞行 Ma 数：$Ma < Ma_D$。

运动参数的超限会造成失事后果，在飞行员控制动作时需要加以绝对的硬性限制。这些参数是：

— 极限迎角 α_{max}，它的超限会造成飞机失速，进入螺旋（不是所有飞机都能脱离螺旋，而且飞行员可能不具备脱离螺旋的技能）。

— 极限飞行表速 V_D，它的超限会导致颤振和飞机破坏。

— 起飞或着陆状态的最大俯仰角 ϑ_{max} 或滚转角 γ_{max}，它的超限会导致尾部、机翼或发动机短舱触地到起飞着陆跑道，以及飞机结构损伤。

— 最小飞行速度 V_{min}，因为迎角 α_{max} 超限会伴随速度下降到低于 V_{min}，会导致失速。

其他参数在超限时情况不会这么危急，但是如果其飞行状态进一步发展的话也会造成飞机失事。例如，俯仰角超限 $\vartheta > \vartheta_{max}$，继续发展会导致飞机急剧减速到速度 V_{min} 以下并失速。侧滑角 β_{max} 超限会导致发动机喘振或尾翼超负载直到尾部结构损伤。法向过载超限 $n_{y\,max} = n_{y使用}$ 会导致飞机结构永久变形。

突破这些参数极限值时必须向机组乘员发出有效告警信号，提示飞行状态受到破坏。为此在电传控制系统上使用下列方法：

— 为了防止飞机失速，让纵向驾驶杆抖动，或额外增加驾驶杆力使其移动困难。

— 运动参数超过限制时，使用相应气动舵面向电传控制系统输出负反馈信号，从而显著增大飞机的稳定性。

— 使用气动舵面进行减速，防止飞机加速超过 V_D 或 Ma。

— 发动机推力控制：

接近失速或 V_{min} 时自动开加力；

飞机危险加速时自动降低推力。

根据上文向电传控制系统提出了下列有关限制和警告功能工作准确度的要求：

— 迎角不应当超出给定的最大值 α_{max}，它是一个函数，$\alpha_{max} = f(\delta_{后缘襟翼}$，$\delta_{前缘襟(缝)翼}$，$Ma)$，$\alpha_{max} \leqslant \alpha_{max} + 1°$。

— 使用指定最小和最大法向过载值限制 $n_{y\,min} \leqslant n_y \leqslant n_{y\,max}$，其准确度应当不低于 $|\Delta n_y| \leqslant 0.2$。

— 在完成 AΠ-25 标准下降机动时飞机不应当超过计算俯仰速度 V_D / Ma。

— 接近地面时俯仰和滚转角不应当超出指定最小数值 $\vartheta_{max} = f(H)$ 和 $\gamma_{max} = f(H)$，误差不大于 $1°$，因为会引发机身尾部或机翼触地跑道的危险。

2.4 飞机可靠性和生存性要求

安全性和可靠性所有要求的基础都列入航空工业规则 AΠ-25[2.4] 及类似规则（FAR-25 等）。复杂机载系统的研制过程以及评估其可靠性完全遵照标准要求进行，这些记录在文献[3.1-3.4]中。实现可靠性和安全性要求的关键点是特殊情况、情况分类和情况发生失误的可能性。

根据规则 AΠ-25，特殊情况使用下列方式确定：

第9款 特殊情况（效应）在飞行时会引发一种或多种不良作用，会导致飞行安全性降低。特殊情况（效应）根据下列准则进行分类：

(1) 系统的工作和强度水平、稳定性和控制性特性、飞行特性的恶化。

(2) 对机组乘员的工作（精神、生理）负荷增大到超过正常所需水平。

（3）机上人员的不适、受伤或死亡。

9.1 特殊情况根据其危险等级分为：

（1）失事情况，这种情况发生时，防止人员伤亡实际上不可能。

（2）紧急情况，这种情况的特点是：

— 飞行特性大幅恶化和/或达到（超出）极限边界。

— 机组乘员身体疲劳或工作负担导致不能准确完成全部任务。

（3）复杂情况（本质效果），这种情况的特点：

— 特性明显恶化和（或）一个或几个参数超出使用限制（但没达到极限边界）；

— 由于工作负载增加，或是出现降低机组乘员动作有效性的情况，机组乘员克服不利情况发生的能力下降。

（4）飞行条件复杂化（轻微效果），这种情况的特点：

— 特性轻微恶化；

— 对机组乘员的工作负载轻微增大（例如改变飞行方案）。

除此之外，对特殊情况还应根据它们可能发生的可能性进行分类。依照 AП - 25 定义表和技术术语，特殊情况可划分为以下几组：

第 5 款　根据事件（故障状态、外部作用、失误等）的发生频率划分为：

5.1 条　可能的。在每架飞机使用期间内可能发生 1 次或几次。可能事件分为偶然性事件和中等可能事件。

5.2 条　不太可能的。不太可能的事件分为两个级别：

（1）低概率的。在飞机的服役期间未必在每架飞机上发生，但是如果研究大量的该型号飞机，可能发生过很多次。

（2）极低概率的。在该型所有飞机的整个使用期内都未必发生，但是还是需要作为可能事件对其研究。

5.3 条　实际不太可能的。没必要认为它的出现是可能的。

第 8 款　数值。在必须定量评估事件出现的概率时，可以采用下面数值：

可能的	— 超过 10^{-5}；
经常的	— 超过 10^{-3}；
中等可能发生事件	— 在 $10^{-3} \sim 10^{-5}$ 之间；
不可能发生事件	— 在 $10^{-5} \sim 10^{-9}$ 之间；
低概率事件	— 在 $10^{-5} \sim 10^{-7}$ 之间；
极低概率事件	— 在 $10^{-7} \sim 10^{-9}$ 之间；
实际不可能发生的事件	— 低于 10^{-9}。

故障发生概率应当按照每个飞行小时内的平均风险等级进行确定，其持续时间等于飞机执行一个典型任务剖面时的平均飞行时间。如果所发生的故障对该飞行阶段的成败生死攸关，则该飞行阶段发生这种故障的概率可以取典型任务剖面内一个飞行小时内发生概率的均值。

按照航空规则的一般建立理论,只是在满足了极其苛刻的条件,且概率特性满足了规定的限制时,某一个状况才能发生。安全要求在 АП - 25 的以下各项中描述。

第 3.3 款　故障状态的使用

在飞机研制时,应当考虑在预期的使用条件下,机组人员按照飞机使用手册操作时:

3.3.1　导致出现事故(事故征候)的每个故障状态(功能故障、系统故障类型)应评定为实际上不太可能的,且因系统单个部件的单一故障不会导致出现事故的。

3.3.2　由故障状态(功能故障、系统故障类型)引起的出现紧急状态(紧急效应)的总概率对整个飞机来说不超过 10^{-6} 每飞行小时;此时,建议导致紧急状态(紧急效应)的任意一种故障状态(功能故障、系统故障类型)应评定为不会比极低概率事件更为频发的事件。

3.3.3　由故障状态(功能故障、系统故障类型)引起的出现复杂状况(严重效应)的总概率对整个飞机来说不超过 10^{-4} 每飞行小时;此时,建议导致复杂状况(严重效应)的任意一种故障状态(功能故障、系统故障类型)应评定为不会比低概率事件更为频发的事件。

3.3.3.1　所有飞行条件的复杂状况和导致其出现的故障状态(功能故障、系统故障类型),都应对其分析,以便在飞行中对机组人员的操作给出相应的建议。

注:最好是导致飞行条件复杂化(微不足道的效应)的任意故障状态(功能故障、系统故障类型)不能归结到频发事件。

一般形式的要求数据可以在表 2.1 中呈现。

表 2.1　事故分类的数据

事　件　分　类	可靠性的数量要求(小时概率)
事故(KC - Catastrophic)	实际不可能发生事件,$P/T < 1 \times 10^{-9}$
紧急事件(AC - Hazardous)	极低概率事件,$P/T < 1 \times 10^{-7}$
复杂状况(CC - Major)	低概率事件,$P/T < 1 \times 10^{-5}$
飞行条件复杂状况(УУП Minor)	中等概率事件,$P/T < 1 \times 10^{-3}$

此外,当将事件归结到实际不太可能的事件中时,应考虑 АП - 25 的以下各项:

4.7 条　如果满足以下其中一个条件,故障状态(功能故障、系统故障类型)可以归结到实际不太可能的事件:

(1) 上述状态的出现是由于所分析的系统或者与之有交互的系统不同部件的两个或者更多独立依次发生的故障导致,概率低于 10^{-9} 每典型剖面飞行小时。

(2) 上述状态是系统一个部件的具体机械故障(破坏、卡滞、脱开连接)所致,且设计员利用以下手段能证明这种故障是实际不太可能的:

— 分析示意图和实际结构;

— 统计估算在长时间的使用周期内类似结构的安全性(在有必要数据的情况下);

— 按照现行规范的相应章节要求确定相应部件的规定寿命的试验结果,或者确定故障前允许状态的其他检测参数限制的试验结果;

— 分析生产质量的检测原理和批生产中采用的结构材料,以及工艺过程的稳定性;

— 分析使用文件规定的技术维护的手段、方法和周期性。

注: 在研究具体的短时飞行阶段时,它的续航时间可以在评估单个和多个故障概率时计算。

如果证实故障状态(故障种类、功能故障)属于实际不太可能事件级别,那么按3.3项,这种事件可以从特殊状态后续分析中清除。

将某个事件归结到特殊状态等级的逻辑如图 2.3 所示。

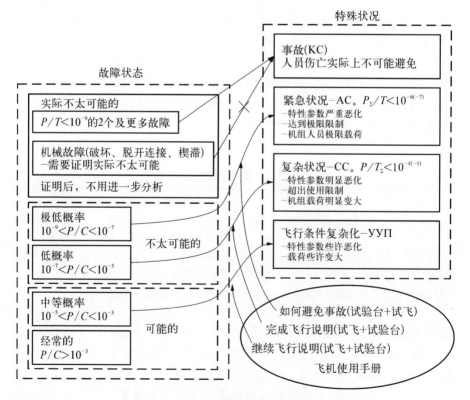

图 2.3 故障状态和特殊状况对应的一般原理

当出现故障时,及时通知飞行员故障情况及他们对在这种状况下必须采取的动作,熟知这些具有重要意义。实际上,如果机组人员及时获取需要的故障信息,对飞行情况进行相应评估并及时采取必要的操作,那么故障状况的危险性会降低。因此,特殊情况分类的重要因素是故障预警信号的生成,因为这些故障通常会导致更为严重的故障。要使故障能被告警,首先必须发现它,这是检测系统的功能。对检测系统的要求以后研究。此外,航空规则中要求,要保证机组人员知晓特殊状况下操作的必要信息。在 AΠ-25 中的 4.8～4.10 项中要求,飞行使用手册要包含一些建议,使得机组人员为防止特殊状况向不好方向发展采取一切可能的措施。这些措施应该被试验台模拟结果、计算研究结果验证,可能的话,应在飞行试验中测试。

特殊状态的要求是在飞机正常使用的条件下确定的。正常使用条件在 AΠ-25 的以下章节中说明。

第 10 款　预期使用条件。实践中熟知的条件或者是在飞机服役期内考虑到其用途能有充分理由预见它的出现。这些条件包括状态参数和外部环境对飞机的作用因素、影响飞行安全的使用因素。

预期使用条件不包括:

(1) 极端条件,通过引进使用限制和规则能完全避免与其相遇。

(2) 十分罕见的极端条件,这种情况发生的概率极少,若要在适航条例中提示相应要求,将大幅提高适航验证的成本和级别。

第 11 款　极限限制。对在任何情况下都不能超过和都不允许的飞行状态的限制。

第 12 款　使用限制。在使用过程中不允许故意超过其范围的条件、状态和参数值。

第 13 款　建议的飞行状态。在使用限制确定的区域内的状态,在飞行使用手册中有规定。

在"设备、系统和装置"章节中有重要一项 1309 条,为保证满足 AΠ-25 的上述条款,确定了对系统构建及其功能的要求。

25 分部第 1309 条: 设备、系统和装置

第 1 款　用途符合该规范要求的设备、系统和装置的设计应该保证其在所有预期使用条件下可靠地执行赋予它们的功能。

第 2 款　单独或者与其他系统一起研制的飞机系统及与其有关的部件的设计,应该保证:

(1) 可能阻碍飞机继续安全飞行和着陆的任意故障状态的出现是实际不太可能的。

(2) 可能降低飞机性能或者机组人员要应对不良使用条件的其他任意故障状态的出现是很少的(不太可能的)。

第 3 款　应该规定预警信号,告知机组人员关于系统的危险工作条件并使得他们预先采取相应措施排除状况。系统、控制机构、相应的检测装置和告警装置应具有的结构要使飞行员引起进一步危险的错误最低。

第4款　应该分析符合该段的第(2)项的要求,在必要的地方用相应的地面试验和飞行试验或者模拟装置上的试验证明。在分析时应该研究:

(1) 可能的故障种类,其中包括不正确的动作和外部原因导致的损伤。

(2) 多样性故障和隐藏性故障的概率。

(3) 考虑到飞行状态和使用条件,对飞机和机上人员的总作用。

(4) 机组人员对预警、修正状况的必要操作和发现故障的能力。

现在,现行有效的复杂机载系统研制与认证、其安全性和可靠性评估的指南保证满足条例 AΠ-25 第 1309 条要求。

通过分析和计算功能系统可能的故障种类和评估这些故障种类对飞机飞行安全的影响来证明符合 AΠ-25 的上述要求。这种评估应该针对每个系统都进行并与其他系统相互关联,且必要的时候用地面试验和/或飞行试验、试验台试验或者其他种类的试验台试验、计算或者模拟进行验证。

分析应该包括可能的故障种类,如综合各系统中故障种类、评估这些种类故障的概率、考虑到飞行阶段、使用条件对飞机机上人员的影响、对机组人员来说出现相应故障状态的突然性、要求的克服操作、状态检测程序和飞机维护程序。飞机研制人员可以自行处理,严格对可靠性的要求。可靠性要求的典型示例如下:

一个飞行小时内,导致特殊状况的飞机控制系统内的功能故障的出现概率应为:

事故　　　　　　　　　　不超过 10^{-10};

紧急状况　　　　　　　　不超过 10^{-8};

复杂状况　　　　　　　　不超过 10^{-6};

飞行条件复杂化　　　　　不超过 10^{-4}。

除了出现某一特殊状况的概率要求,飞机研制人员有权把各种传动装置出现故障后保留工作能力这一要求写到控制系统技术任务书中。这样的要求示例如下:

(1) 当升降舵、方向舵、副翼、扰流片通道发生如下故障时,稳定性、控制性、机动性和配平性应满足适航规范"B"章节要求:

—— 一个电气故障;或者

—— 一个液压故障。

(2) 在以下故障后,电传控制系统应该保持工作能力,并且控制能力不低于复杂状况:

—— 两个电气故障;或者

—— 两个液压故障;或者

—— 一个电气故障和一个液压故障。

(3) 电传控制系统应该在确定种类的故障下能保证起飞。导致不能起飞的故障数量应是最少的。

（4）多余度控制系统或者其中任意一个通道，如升降舵、副翼、扰流片、方向舵，导致它们完全故障的机械部件故障是实际上不可能发生的事件。

（5）为了避免出现可能会导致危险状况的软件故障，在电传控制系统中应该有备份软件，并应该用两种不同语言编程的，其中包括实现舵面控制信号的软件，如平尾、升降舵、副翼、扰流板、方向舵。

（6）在两种不同语言软件版本中实现的电传控制系统的控制算法应该是一样的。

除了航空规则建议的概率特性要求，还有决定技术维护频率的使用要求。显然，配置多余度，可以达到很高的可靠性，至少在形式上应达到。然而，在多余度级别的系统中，个别部件故障的频率，即系统故障频率会更高。事件数据具有的特性参数是诸如平均故障间隔工作时间（MTBF）和计划维护前的更换前平均间隔时间（MTBUR）。此外，具有代表性的是对飞机控制系统寿命和服务期限的要求。这种要求的示例如下：

"飞机控制系统应具有以下的部件寿命"

— 寿命：　　　　　　70 000 飞行小时；

　　　　　　　　　　60 000 次起降；

— 服役期：　　　　　25 年；

— 平均故障间隔工作时间（MTBF）：不少于 1 250 飞行小时，随后 1 700 飞行小时，接近飞机使用的第 3 个年头。

另一方面，利用过多余度会使在有一个或几个故障（这首先涉及信息计算部分）时，系统的可靠性足以允许飞机起飞和继续飞行。这可以降低飞机技术维护费用，首先会降低直接维护费用。最终目标是需要建立的控制系统使故障部件的维修与更换只是在规划的维护工作中进行，维护工作的周期同样也有延长趋势。现在故障时继续使用飞机的要求已经取代全故障或者局部故障的概率要求，成为选择控制系统余度的决定性要求。例如，波音 777 飞机具有 3 台主控计算机，每台计算机都含有 3 个软硬件各异的通道。这样系统中就含有三种型号的 9 台计算机和 3 种版本的软件。甚至在有一个软件错误和 2～3 个硬件故障时，系统的可靠性还足以保证安全使用。由允许起飞的最小设备清单（MEL）确定是否允许带有某些故障起飞。确定这种清单在控制系统研制的早期阶段是很重要和劳动量很大的一项工作。

飞机长期使用而不进行技术维护，这将导致飞机的使用计划遭到破坏，这方面的要求最致命，尤其是运输机。可以列举下面的示例作为这种要求的示例：

"引起典型飞行任务不能完成的故障间平均工作时间应该不少于 600 小时"。

按进程表导致起飞延迟 15 分钟的飞机控制系统功能故障的概率应该不超过 3.3×10^{-4}。

　　十分重要且与控制系统可靠性要求紧密相连的是对检测系统的要求,因为只有在保证能发现故障、定位故障并隔离故障时,余度才对系统的可靠性有影响。

　　这里起着主要作用的是对检测深度、检测系统假起动和不起动的要求。其中对检测系统的要求示例如下。

　　示例 1.

　　(1) 电传控制系统的任意单一故障或者组合故障(不应归结到实际不太可能的事件)都应在它对稳定性、控制性、配平性、飞行轨迹或者飞机角位置产生不可接受的影响前自动发现并抑制。在所有故障情况下改变飞机的运动参数都应符合适航原理的要求。

　　(2) 出现导致事故的电传控制系统隐蔽性故障或者组合故障的概率不应超过每飞行小时的 10^{-10},应保证电传控制系统设备和自检装置的余度。

　　示例 2.

　　测试性适航要求:

　　(1) 按 ARINC-604,飞行控制系统的工作能力应该被机载自动检测设备检测,且在自身组成中具有自检系统。

　　(2) 应该保证具有以下的 FCS 自动检测种类:

　　— 飞行准备时的工作能力检查;

　　— 飞行时系统的工作能力检查;

　　— 在技术维护范围内进行维护工作时的检测。

　　(3) 飞行时和地面上进行飞行控制系统工作能力的检测应该利用自检设备进行,并向机组人员信息通告具有故障,而在技术维护时保证对故障的地方进行定位,深度达到结构可换单元,以便为恢复飞行控制系统工作能力随后进行更换。

　　(4) 如果其他种类检查不进行的情况下,在给飞行控制系统供电后应该自动接通飞行检查并应经常进行。

　　(5) 阻碍起飞并导致飞行时飞行控制系统的功能故障的检测深度应为 1.0。利用自检装置对所有故障的检测深度应不低于 0.98。故障部位检测深度应达至结构可卸件,概率不低于 0.99。

　　(6) 检测的可信性应该符合以下要求:

　　— 在飞行中和操作种类的技术维护时,自检装置误切断电传控制系统完好设备的概率不应超过系统出现故障概率的 0.01;

　　— 在飞行中和操作种类的技术维护时,未能发现 FCS 设备故障的概率应该不超过每飞行小时的 10^{-10}。

　　(7) FCS 自检设备应该:

　　— 形成并发送检测结果信息,以形成系统状态信息帧,以及形成故障信息文件;

　　— 保证弄清整个飞行状态区间的系统故障,其中包括误报故障。

　　在对检测系统提要求时应注意,验证所提要求是个复杂的问题,特别是当此与概率数量指标或者检测深度指标相关时。这种指标的矩阵通常是不确定的。为了验证检测系统的效能,要采用一组方案,在这些方案内检测系统应该在各种故障下展示工作的正确性。该研究阶段赋予名称为故障模式与影响分析 FMEA—分析不同表现形式的故障影响。此时应该清晰划分出系统故障状态和正常状态的边界,即确定系统怎样的表现对应着故障,怎样的表现对应着正常状态,即使在极值条件下也是如此。在所有形成的方案中检测系统都应发现故障,并展示其算法的鲁棒性,在各种使用条件下和具有各种自然界扰动时的工作能力。

3 电传控制系统架构

3.1 电传控制系统构建总体途径

从 20 世纪 50 年代起至未来的一段时间内，飞行安全和速度、经济和生态特性以及空域的可达性等仍然是研制客机时需要优先考虑的主要选项（见前言图 1）。在新机的成功研制中扮演最重要角色的是其所保证的飞行安全等级和生命周期成本。

控制系统生命周期包括如下几个阶段（见图 3.1）：

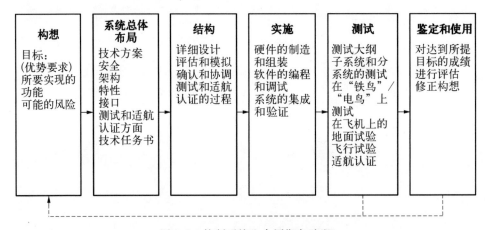

图 3.1 控制系统生命周期各阶段

— 概念设计阶段：明确需要达到的目标和应该实现的功能以及可能出现的风险。

— 系统总体方案研制阶段：明确所要采用的全部技术方案、评估安全和分析系统架构、研究与其他各系统的交互问题、测试并适航认证。形成技术任务书。

— 系统详细设计阶段：包括对系统特性所进行的各种不同的质和量的评估以及详细的模拟；明确和协调测试和适航认证的过程。

— 系统构建阶段：硬件的制造和组装、软件的编写和测试、控制系统的集成和验证。

— 系统测试阶段：编写测试大纲和测试计划。编写测试程序，计算标准样件的特性。在特制的测试台、"铁/电鸟"和飞机上进行测试；飞行测试；适航认证。

　　— 系统鉴定阶段：按照概念设计阶段所提出的研制目标，对系统的工作效能进行评估，在所获得的数据基础上修正控制系统的构想。

　　飞机控制系统和机载设备的可靠性是飞行安全最重要的先决条件。首先，机载系统的可靠性是由其布局方案、余度水平和部件的可靠性来确定的。在研制电传控制系统时会出现许许多多与其构建形式、通信系统、编程、测试和适航认证等相关的问题。幸运的是，在这种系统的研制和适航认证方面，我们已经积累了足够的经验并规定了一些可供参考的文件。所以说，在电传控制系统的研制和适航认证过程中，建议使用下列国际规范的文件及其俄罗斯类似的文件(见图 3.2)：

　　— АП‐25——飞机适航性标准[2.4]；

　　— SAE ARP‐4761——民用飞机机载设备和系统安全评估手册[3.3,3.4]；

　　— SAE ARP‐4754——民用飞行器高度集成化复杂机载系统的研制和适航认证手册[3.1,3.2]；

　　— RTCA DO‐178B——机载系统软件研制方面的技术等级要求[3.5]；

　　— RTCA DO‐254——机载系统硬件研制手册[3.6]。

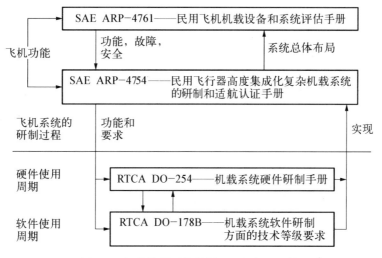

图 3.2　规范控制系统研制过程的主要文件

　　在制造现代化高度集成的复杂机载系统中，其设计、制造和适航认证过程的标准化扮演着极其重要的作用。按照文献[3.1]的定义，复杂系统是其工作安全性不能只依靠试验手段进行验证的一种系统。由于数字化技术和信息系统的采用，导致了控制系统所执行的功能数量急剧增加、其算法变得复杂和所使用的信息构成变得多样，这一点很容易理解。显然，这会导致控制系统状态发生复杂的变化。首先，这会导致算法正确性验证测试所需的次数出现雪崩似的增加，在现有的控制律复杂性水平上，实际上无法在所有可能状态内全面检查控制系统的执行路径，并判断其正确与否。此外,由于数字装置内部的"复杂性"对控制系统设计人员而言常常是"头疼的事",所以数字化技术的使用自然而然地使系统变得复杂。在无法仅凭测试就能证明研制的终端产品的安全性情况下,适航认证工作特意放在设计、制造和试验各阶段,以证明在这些阶段所做的一切都是必需的。在这里,SAE ARP-4754文件——民用飞行器高度集成化复杂机载系统的研制和适航认证手册[3.1]及其俄罗斯的类似文件[3.2]发挥着重要作用。该文件的目的是创建适航认证的唯一基础,以满足与章节25.1309 AΠ25[2.4]相关的安全要求。需要强调的是,机载系统的研制过程就是控制系统的研制过程,这是我们重要的行为准则。与适航认证机构的工作开展得越早,就越能尽快发现所有的临界点并解决阻碍适航认证的诸多问题。

3.2 控制系统研制时的安全性保证方法

控制系统架构的选择是一个非常重要的阶段,它可以保证飞行控制系统高水平的可靠性,也能保证高水平的飞行安全。根据各国的实践经验(SAE ARP-4761[3.3]),下列工作是评估飞机可靠性所必需的:

—— 功能危险性评估(FHA);

—— 系统安全性预评估(PSSA);

—— 系统安全性评估(SSA);

—— 共性故障分析(CCA)。

系统布局方案的形成和安全方面研究的较详细的工作如图3.3所示。

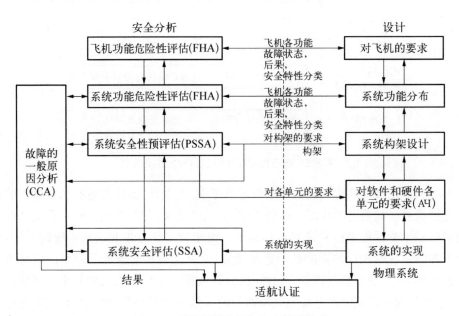

图 3.3　系统研制过程和安全保证模型

功能危险性分析(functional hazard assessment，FHA)。在该过程中，研究飞行器及其系统的功能，确定其可能出现的故障，甚至对与这些故障相关的飞行态势进行归类。功能故障的危险性评估在设计的早期阶段进行，并随着新功能或故障状态的出现进行再次分析研究。这些状态的分类如表 3.1 所示。

表 3.1 故障状态分类概述

状 态 分 类	系统研制等级	可靠性的量化要求 (每小时出现故障的概率)
灾难性状态(KC，Catastrophic)	A	概率几乎为零，$P/T < 1 \times 10^{-9}$
紧急状态(AC，Hazardous)	B	极小的概率，$P/T < 1 \times 10^{-7}$
复杂状态(CC，Major)	C	小概率，$P/T < 1 \times 10^{-5}$
飞行条件的复杂化(УУП，Minor)	D	中等概率，$P/T < 1 \times 10^{-3}$
无影响(БП，No effect)	E	无要求

系统安全性的预评估(preliminary system safety assessment，PSSA)。在该评估的基础上，规定对系统及其组成产品的可靠性的具体要求，并给出所拟定的系统构架能够满足这些要求的初步定论。安全的预评估在系统设计的过程中进行修正。

系统安全性评估(system safery assessment，SSA)。在该过程中，收集、分析并形成证明文件，证明系统满足在功能危险性分析(FHA)和系统安全预评估(PSSA)基础上规定的可靠性和安全要求。

公共原因评估(common cause analysis，CCA)。在该过程中，规定并评估物理和功能划分要求和系统隔离方面的要求，并检查该要求的执行情况。

在 FHA 和 PSSA 阶段的基础上，给出系统构建方案(包括其组成部分的余度等级)方面的建议。表 3.2 所示的是升降舵通道内自身高级功能性危险性评估的实例。在危险性评估基础上，在电传控制系统控制机构通道内形成对舵面动力控制系统构型的建议(见表 3.3)。

表 3.2 升降舵通道内高级功能危险性评估实例

No	故 障 出 现	飞行阶段	对飞机的影响	飞行状态	要求的概率/h⁻¹
1	升降舵处于中性位置	全部	纵向控制失控	KC	$<10^{-9}$
2	升降舵各段处于中性位置	全部	纵向控制变差，纵向配平能力减弱，出现滚转力矩	CC	$<10^{-5}$
3	升降舵各段自发地偏向极端位置	全部	纵向控制失控	KC	$<10^{-9}$
4	升降舵段顺桨有阻尼	全部	纵向控制变差，出现滚转力矩。纵向稳定性降低	CC	$<10^{-5}$
5	升降舵段顺桨但无阻尼	全部	升降舵颤振。纵向控制失控	KC	$<10^{-9}$

表 3.3　在危险性评估基础上对控制系统构架的建议

No	控 制 面	段 数	段的传动装置数目	电源数
1	升降舵	两个或更多	两个或更多	三个或更多
2	副翼	两个或更多	两个或更多	三个或更多
3	方向舵	一个或更多	三个用于单段舵。两个或更多用于(多)段舵	三个或更多
4	水平安定面	一个	两个或更多	两个或更多

　　类似的方法也用于信息处理和计算部分构架的形成。

　　表 3.4 给出的是电传控制系统的信息处理和计算部分中的功能危险性分析结果，而表 3.5 给出的则是对构架建立的建议。

表 3.4　对信息处理和计算部分功能危险性评估的分析

No	故障出现	飞行阶段	对飞机的影响	飞行状态	要求的概率/ 1/h
1	主控检测故障	全部	在所有通道内控制变差	CC/ AC	$<10^{-5}$ $<10^{-7}$
2	主控非检测故障	全部	飞机控制失控	KC	$<10^{-9}$
3	备份控制系统故障	全部	飞机控制失控	KC	$<10^{-9}$
4	纵向和横向通道内控制手柄移动信号故障	全部	飞机控制失控	KC	$<10^{-9}$
5	脚蹬移动信号故障	全部	航向通道内控制变得极差。侧风情况下着陆变得复杂	AC	$<10^{-7}$
6	主控内角速度信号故障	全部	飞机稳定性变得极差	AC	$<10^{-7}$
7	主控内惯性导航系统（ИНС）信号故障	全 部（起飞、着陆阶段除外）	纵向通道控制变差。	CC	$<10^{-5}$
		起飞、着陆阶段	标准过载和角位置自动限制失灵。角位置稳定性丧失	AC	$<10^{-7}$
8	主控内大气信号系统（CBC）信号故障	全部	控制系统丧失对 Ma 数和速度的调制。迎角自动限制失灵。大迎角稳定性变差	CC/ AC	$<10^{-5}$ $<10^{-7}$

表 3.5　在分析功能故障基础上对信息处理和计算部分构架的建议

No	元　件	余　度	内部余度	类型数
1	数字计算机	两个或更多	两个或更多	1
2	数字计算机软件	两个或更多	两个或更多(检查通道研制级-A)	1
3	作动器电子控制装置(ACE)模拟组件	四个或更多	无	1
4	作动器电子控制装置(ACE)计算机	四个或更多	两个或更多	2
5	作动器电子控制装置(ACE)软件	四个或更多	两个或更多(检查通道研制级-A)	2
6	大气信号系统(CBC)	三个或更多	为保证检查的彻底,应该有	1
7	惯性导航系统(ИНС,БИНС)	三个或更多	为保证检查的彻底,应该有	1
8	驾驶盘移动传感器	四个或更多	可以存在	1
9	脚蹬移动传感器	三个或更多	可以存在	1

3.3　信息处理和计算部分构建方案

控制系统的概念和总体布局是在已经掌握的先进技术方案和规范文件的要求及建议基础之上形成的。为了降低技术风险,控制系统的构想选择和建立应考虑以前飞机的制造经验并使用基于成熟工艺的新的技术方案。从控制系统概念设计角度看,可以认为在国内外干线客机的发展中,向电传控制系统的过渡需要一个阶段。为了防止电传控制系统出现完全失效,作为应急备份系统,机械控制以最简单的形式保留下来。根据这一原则,建立了波音 B777 飞机、空客 A320 - 340 系列飞机和俄制图-204 飞机的控制系统。现代民机电传控制系统的状态具有高可靠性这一特征,如图 3.4 所示。

A320 飞机(1986 年)和后来的空客飞机、B777 飞机(1995 年)、俄罗斯的图-204 系列飞机(1990 年)等的多年使用证实,机械的应急控制系统也有可能引起故障的发生。所以,下一阶段的工作就是向无机械备份的全电传控制系统过渡。可以举 A320 和苏霍伊超级喷气 100 飞机作为例子。这种做法是可行的,它明显地提高了机载计算设备的可靠性,改善了电传控制系统的研制和试验的程序,积累了丰富的经验。

现在公认的电传控制系统架构如下:

—— 按照分层控制法建立电传控制系统,并且按不同的等级实现主回路、备份回路和应急回路,如图 2.1 和图 3.5 所示。

—— 电传控制系统的数字式主电传回路应保证控制的所有功能(能够保证给定

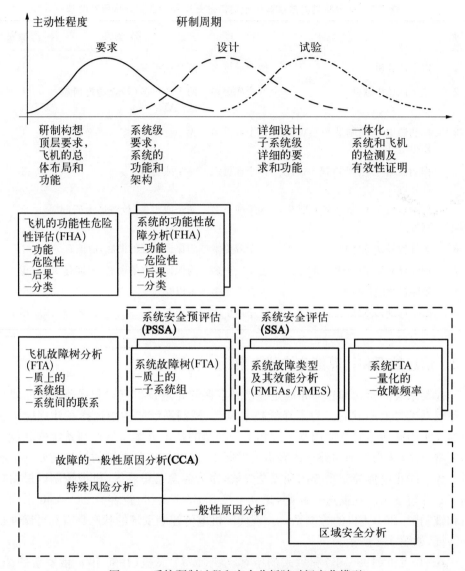

图 3.4　系统研制过程和安全分析随时间变化模型

的稳定和控制特性的驾驶功能,预警和限制功能以及舒适功能等)。为此,电传控制系统使用了大量的信息源,其中既有电传控制系统自身的传感器,也有全套机载设备信息系统。根据控制律形成的主回路信号进入作动装置控制组件内以作进一步处理。此外,在飞行中和地面滑行时,应不间断地检查电传控制系统及其相关的部件和系统的完好性,并自动检测、定位和隔离故障部件,将故障信息发送到信号设备和记录系统内。

　　备份回路可保证主回路出现故障情况下飞机的控制,并具有有限的控制功能组,能够保证飞机安全地完成飞行。通常,备份回路是通过作动装置的作动器电子控制装置组件来实现的(见图3.5),而备份控制律可利用最少的信号组并实现与驾驶杆的直接耦合,提供俯仰与偏航阻尼,根据襟翼位置进行配平和调参。

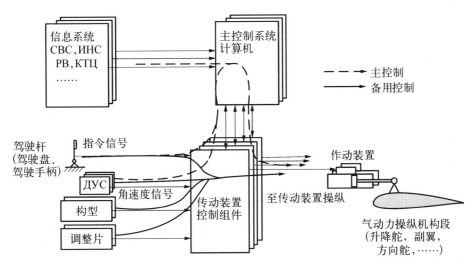

图3.5 无应急控制的电传控制系统构想

在主、备份回路出现故障情况下,应急回路应保证实现飞机最低的控制等级。应急回路以最简单的系统形式工作,只有在主、备份回路电传控制完全故障情况下,才向应急回路转换。

图3.5所示的是无应急机械或其他回路的电传控制系统的建立构想。

根据民航飞机机载设备和系统安全评估方法手册 SAE ARP - 4754 的建议[3.1,3.2],为了确定可接受的控制系统功能组和构建架构,必须在飞机和控制系统层面上进行分阶段的功能故障危险性分析(АФО)。为了得到功能故障危险性的结果,应使用数学模拟和半物理仿真手段,其中包括飞行员参加的品质模拟器飞行仿真。表3.2所示的是针对升降舵控制系统的功能故障危险性评估的某些结果的例子。

在针对不同系统的功能故障危险性评估结果基础上形成构建这些系统的建议。特别是在分析导致升降舵失效的故障危险性结果上,该故障作为"灾难性状态"来分类。如果只使用单段形式的升降舵要求,该故障出现的概率极低,$p < 10^{-9}$,实际上是不可能发生的,所以,无法证明是否有必要使用分段形式的升降舵。接下来,当一段升降舵处于无阻尼风标状态并导致这段升降舵发生颤振,这种故障作为"灾难性状态"来分类,也不合理。如果使用一个作动装置来偏转升降舵时,该故障可能会在作动装置与气动舵面机械分离时出现。所以,必须使用至少两个作动装置来偏转各段升降舵。对于副翼和方向舵通道,可以得到类似的结果。

关于建立各种气动力控制面的控制系统的建议实例如表3.3所示。

现在我们来研究图3.5所示的针对电传控制系统信息处理和计算部分的功能

故障危险性分析的例子。复杂的数字式控制系统非常重要的特点是在系统内运用软件和成熟的检测系统。一个版本的软件使用编程算法、说明程序技术任务书和编程时会存在潜在的共性错误的危险。做了许多工作来保证软件安全,其中主要有 DO－178B 手册[3.5]。针对电传控制系统计算机的不同通道,遵守 DO－178B 建议和使用不同种类的软件是公认的保证程序系统软件安全的方法。必须指出,软件的双余度可保证在检测系统有效工作条件下能够发现故障,但是,为了保持系统的工作能力,更高的软件余度是必要的。

　　在研制复杂的数字化控制系统时,检测系统的故障分析极其重要。检测系统的故障存在两种类型——漏报和误报。在软、硬件完好情况下,由主系统向备份系统和由备份系统向应急系统的转换被认为是故障状态并应满足相应的要求(见表3.1)。一般情况下,由主系统向备份系统的转换要作为"复杂情况"来研究,并且这种情况每飞行小时内出现的概率应不超过 10^{-5}。所以,导致向备份系统转换的检测系统误报也认为是"复杂情况",并且可靠性要求不变(见图 3.5)。检测系统的漏报可作为"灾难性情况"来研究,并且这种情况每飞行小时内出现的概率应不超过 10^{-9}。

　　表 3.4 所给出的是针对信息处理部分的功能故障危险性分析(АФО)的结果实例,它明确了信息处理部分的架构建立和余度等级的主要特点。所发现的主控制系统故障会导致向备份控制系统的转换,按"系统复杂性"分类,其每小时内出现的概率应不超过 10^{-5}。主控制不可查故障,即硬件或软件故障与检测系统漏报的结果,按"灾难性"情况分类,该情况的出现应该说概率极低($p < 10^{-9}/\text{h}$)。由此建议,主通道计算机需要使用两台或三台具有不同种类硬件和软件备份的计算机(见表3.5)。至少一个通道需要根据 A 级标准执行检测系统功能。可以认为,不同种类软硬件和成熟的检查算法可避免不可检查故障出现的危险并可保证所要求的安全。

　　除了主控计算机外,在控制系统内还有作动器电子控制装置计算组件。如果它们采用的是数字化技术,则设计人员面临的最大问题是共同原因引起的故障,首先是软件故障。不取决于被检查与否的备份控制系统故障会导致灾难性的情况出现,并且出现这种情况的概率应该说极低($p < 10^{-9}/\text{h}$)。所以说,在没有应急控制系统的情况下,双倍余度的软硬件不足以保证安全,因为共性原因引起的故障将会切断所有的控制和检测组件,也就是整个电传控制系统。因此建议使用两种类型作动器电子控制装置组件,其中的每一组件都是由带有不同种类的通道软、硬件检测对计算机布局建立的。一个通道执行检测功能,另一个通道执行控制功能。这样一来,对于所有的控制和检测组件,必须使用 4 种不同版本的不同类型的软件,甚至应具备不同种类的硬件。据此建立了控制全新的苏霍伊超级喷气 100 飞机的系统。空客构想甚至打算配置有 4 种不同版本软件的不同种类计算机构成的作动器电子控制装置。主控制面升降舵,副翼、方向舵的每一段应至少由两个伺服作动

器来控制,这些伺服作动器应由不同类型的控制组件和检测组件组成。在这种情况下,控制和检测组件的软、硬件中的任意故障,包括共同原因引起的故障会被发现,发生故障的控制和检测组件(或一种类型的控制和检测组件)会被断开,控制将由另外的或其他类型的控制和检测组件来执行。控制功能丧失的情况不会发生。

　　电传控制系统器件在试验台上的测试阶段,全套机载设备在"电鸟和/或铁鸟"试验台上集成和测试时,尤其是在试飞时,保证电传控制系统的故障安全和检测系统的有效工作,具有极其重要的意义。由于在首飞和试飞的初始阶段电传控制系统的算法和硬件还属于"未成熟产品",所以需要在试飞过程中进行"补加工"。在这种情况下,检测系统甚至带有缺陷,这就会导致其在工作中出现错误,即漏报和误报。

　　针对实际的飞行条件而言,带有算法和参数的检测系统可能会显得过于苛刻,见图3.6的外部椭圆,这些算法和参数是根据数学模拟和考虑了硬件工作模拟条件的试验台测试结果选择的。这会导致电传控制系统的检测系统在地面试验和飞行试验阶段出现次数众多的误报——部分过渡到备份系统。这可能是由于该特殊情形作为灾难性状态分类,设计人员比较担心检测系统漏报所导致的结果。可靠的电传控制系统的备份回路在每一种情况都是绝对必要的,由于在地面试验和飞行试验阶段,主系统的检测系统出现误报的数目众多,于是备份系统赢得了主角。可以称之为备份电传控制系统了。在经验不足的情况下测试电传备份控制系统时,必须安装备份机械回路。在地面试验和飞行试验过程中,电传控制系统的检测系统和算法要磨合到合乎标准的状态,以使故障区和检测系统动作区很接近(见图3.6),这是一个耗费极大人力、物力的过程。所以,在研制A350飞机时,提出了在飞行试验阶段极大地降低电传控制系统测试工作量的问题。并减少电传控制系统软件过渡版本的数目,以便缩短整个飞机和电传控制系统研制的时间并降低其成本。

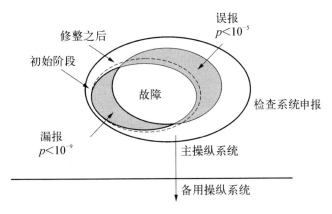

图3.6　电传控制系统故障和检测系统的申报

作为依据民航飞机机载设备和系统安全评估方法手册（SAE ARP‑4754/4761）等所建议的研制、安全评估、保障和适航认证的过程所建立的现代化的电传控制系统架构的实例，可以举苏霍伊超级喷气 100 飞机的升降舵通道内电传控制系统架构的例子，如图 3.7 所示。

电传控制系统可实现主控制和备份控制。主控制回路的计算核心是三台数字式主控计算机，它们可实现电传控制系统的所有功能。通过数据传输总线，计算机可直接相互联系、与伺服作动器组件和所有的交互系统联系。计算机具有控制通道和检测通道的成对架构。控制通道和检测通道的软、硬件设备不同，就是说，计算机架构可保证不同种类的硬件和软件备份，以便消除出现"共同"类型故障的可能性。这种构建可保证较高等级的可靠性，使出现不可检测故障的概率降为最低并且防止软件出错。计算机通道的功能既有主动模式，也有被动模式，转换和升级可通过专门的逻辑线路。

计算机与执行机构随动部分的控制部件——控制与检测组件（作动器电子控制装置，actuator control electronics）进行交互，这些控制器件对于主、备份控制回路而言是通用的。控制和检测组件的计算部分是按照两台计算机的布局设计的，就是说，它们具有检测通道和控制通道，并且带有不同种类的软、硬件，这可避免控制和检测组件出现无法检查故障。传动装置受力部分的检查根据与模型的比对原则实施。事先使用两种类型的控制和检测组件，以防止在控制和检测组件出现一般性故障，即由于控制通道或检测通道内的程序错误而使控制系统出现的故障，就是说，所选择的架构的建立既要避免出现不可检测的故障，又要避免出现"共模"类型的故障。

控制和检测组件收到来自于驾驶员脚蹬和侧杆的指令，使其转换为数字形式，并在主控制模式下将其发送给计算机，或在备份控制模式下利用其计算控制信号。利用替代模式下工作的两个作动装置（一个是主动的，另一个是被动的）来偏转主控制面，即升降舵和副翼。每个作动装置由一个控制和检测组件控制。当液压系统、控制信号或主动传动装置出现故障时，控制和检测组件会利用自己的检查设备发现这种情况并将主动作动装置转换为阻尼模式并通过交叉通信将信息发给被动作动装置的控制和检测组件。该控制和检测组件将被动作动装置转换为主动模式来控制舵面。

3.4 控制系统可靠性评估

根据民航飞机机载设备和系统安全评估方法手册（SAE ARP‑4761）的建议，可以使用下列方法对控制系统可靠性的特性进行定量分析：

— 故障树分析（fault tree analysis，FTA）；
— 逻辑回路分析关联图（dependency diagram，DD）；
— 马尔科夫链法（Markov analysis，MA）。

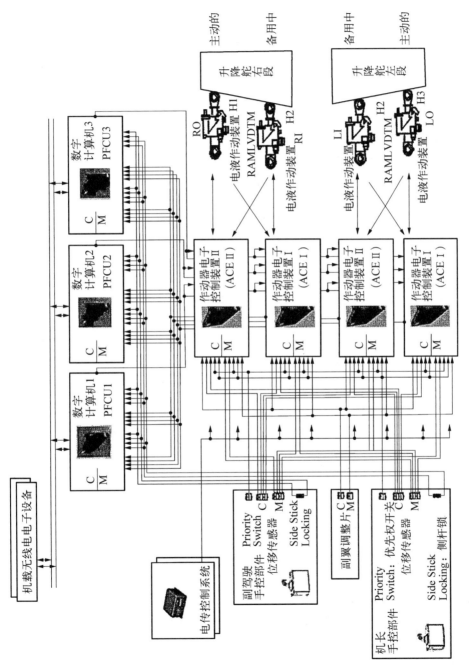

图 3.7　升降舵通道内的控制系统

故障树分析。这属于故障情况的演绎分析,这种情况下主要关注的是一个不好的顶级事件,即树根的确定,以及对导致该事件的原因的确定,即那些较低级的事件——树枝。故障树的建立以终端事件的确定而结束,也就是导致所分析的事件的单独器件故障——树叶的总和。该方法的主要优点在于,无论是对系统设计人员,还是对航空管理机构,图表表示的故障树可使有关安全和可靠性的分析结果直观易懂。

针对升降舵控制系统的故障树例子如图 3.8 所示,这是一种机械装置不出现连接断开或锁死的故障情况。

一般情况下,每个关键事件发生后,其发生的概率数值都会在故障树上体现出来,以便核对可靠性的计算结果,即检查计算的正确与否。

关联图分析。关联图(或关系曲线图)分析可作为给出安全和可靠性分析结果的非此即彼的方法来研究。为了进行概率计算,它是一种保证或提供可供选择的故障组合的图表式表达法。在这种情况下,每个关联图都是故障的顶级事件,即不好的事件,可利用矩形组件建立起导致所分析的高级事件发生的低级故障事件。这些矩形组件平行分布,并且同逻辑"与"或者直接同逻辑"或"对应。

图 3.9 所示的是针对图 3.7 上的控制系统的关系曲线图表。

本质上讲,故障树和关联图法是一样的,就是说,这是一个由逻辑关系"与"和"或"联系起来的以较低级事件总和形式表示的顶级事件,但是,图表形式表示的结果不同。利用这些方法可以计算出可靠性的主要特性——控制系统完全失效的概率或其飞行中和飞行小时内的某一功能。

马尔科夫链法是研究可靠性和安全的较复杂和较有效的数学方法。根据马尔科夫链理论的基本原理,系统可能处于概率为 $P_1, \cdots, P_N$ 的自身众多状态中的一种状态 $i = 1, \cdots, N$ 中。该概率随时间变化并且可写成微分方程

$$\frac{\mathrm{d}P_i}{\mathrm{d}t} = f_i(P_1, \cdots, P_N, t)$$

或差分方程

$$P_i(n+1) = f_i(P_1(n), \cdots, P_N(n), n)$$

给出飞行的初始条件并通过方程求积分,可以求出系统的某一故障状态在飞行或飞行阶段结束前的出现概率。

马尔科夫链法在故障树或关联图法不适用的情况下使用。这在(强调)故障(发生)顺序的重要性,即在不同顺序下出现的某些故障导致系统不同状态的情况下是可行的。甚至如果系统内出现恢复过程,即考虑子系统的重新起动程序,注意检测算法及确认时间和分析技术维护过程时,也可使用马尔科夫链。针对概率分析检测算法并使用确认时间的使用马尔科夫链的例子见第 5 章。

当今,用于计算可靠性的成熟的一系列适航认证软件包已经存在,它能够帮助

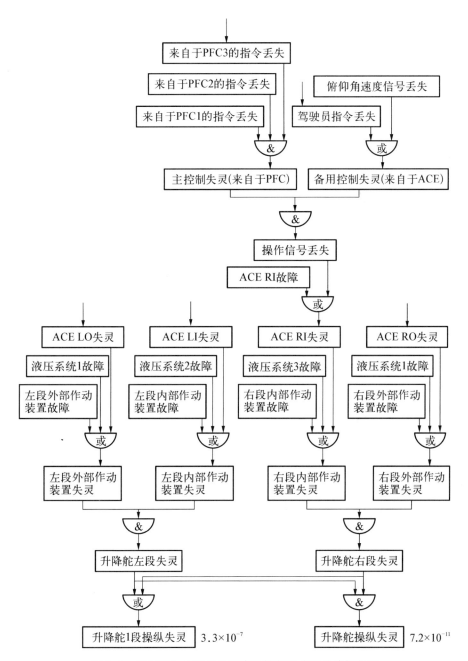

图 3.8 用于图 3.7 所示的升降舵控制系统的故障树例子

我们建立故障树并针对包括相当数量的由逻辑关系联系起来的组件的控制系统进行计算。在任务量增加情况下,所要求的计算资源的增加是可靠性计算所面临的问题。这会导致故障树变得极其庞大并且失去了直观性。为了定量计算可以使用其他办法。图 3.10 所示的就是在软件"RelCal"(reliability calculation)中使用的

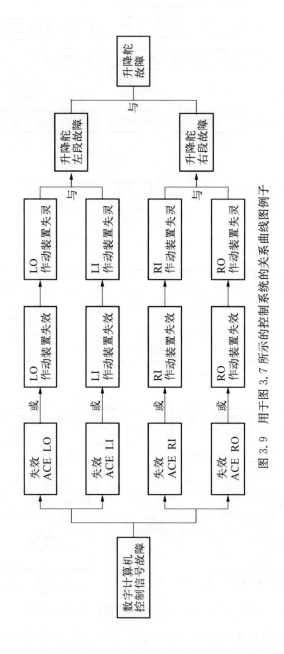

图 3.9　用于图 3.7 所示的控制系统的关系曲线图例子

可靠性计算方法之一。其主要原理如下：假设控制系统内有 N 个终端器件，就是说其中的每一个器件的状态不取决于其他器件的状态，那么状态或者为 1—完好，或者为 0—故障。

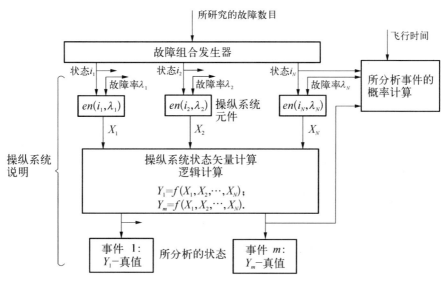

图 3.10 使用蒙特卡罗离散法进行的可靠性计算

故障发生时，其故障概率密度为 $\lambda_i, i = 1, \cdots, N$。此外，系统内存在器件集，其状态由终端器件的状态确定，并且使用逻辑关系来说明这些器件。甚至存在输出信号，这些信号值确定是否存在所分析事件。显然，整个系统的状态数为 $2N$，对于系统内的多数器件（约 50～60）而言，这会导致计算可靠性时的计算规模增大。然而，采取一系列方案之后，可以极大地缩小计算规模。显然，概率低于 $10^{-14} \sim 10^{-15}$ 的事件我们不感兴趣。因此，研究在 4～5 个以上的故障之和情况下发生的事件没有意义，因为这些事件发生的概率约为 10^{-16} 以下。所以，可以分析不是 $2N$ 方案，而是 $C_N^3 - C_N^4$ 方案，计算方案就少得多了。$C_N^3 - C_N^4$ 方案后，它们是故障组合 M，这会导致所分析的事件出现，形成故障集

$$\Omega = \{i_1^1, i_2^1, \cdots, i_N^1; i_1^2, i_2^2, \cdots, i_N^2; \cdots; i_1^M, i_2^M, \cdots, i_N^M\}$$

该故障集被存储起来，并接下来用于故障树的建立及其量化计算。尤其是针对因故障集 Ω 而出现的事件的概率计算，下列公式是正确的：

$$P(\Omega) = \sum_{m=1}^{M} \prod_{n=1}^{N} |(i_n^m - \lambda_n T_n)|, \ i_n^m \subset \Omega$$

就是说，这一原则是系统"RelCal"所具有的。控制系统可靠性计算的例子如图 3.11～图 3.13 所示。

针对图 3.7 所给系统图 3.11 给出了各段升降舵和整个升降舵的控制失效概率

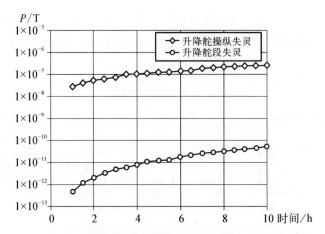

图 3.11 用于升降舵控制系统传统构成的飞行小时故障概率与
飞行持续时间的关系曲线

升降舵控制完全失效和各段升降舵失效的研究

随飞行时间的变化关系。各段升降舵的失效作为"复杂情况"分类,其概率不应超过 10^{-5} 次/小时。整个升降舵控制失效作为"灾难情况"分类,其概率不应超过 10^{-9} 次/小时。可以看出,只要这些要求得到满足,架构即可保证所要求的可靠性。还需要关注所求概率与飞行持续时间的关系。通常需要进行可靠性参数分析,即研究取决于控制系统参数且首先取决于器件故障率的某些事件发生概率的关系曲线,这是一件令人感兴趣和有益的事。根据这些关系曲线,可以求出参数的边界值,在所分析的事件概率中,器件就是从这一刻起开始起着关键的作用。

图 3.12 所示的是取决于电液舵机故障概率密度 $\lambda_{电液舵机}$ 的升降舵一段和整个升降舵的控制失效概率关系曲线。可以看出,在 $\lambda_{电液舵机} > 4 \times 10^{-5}$ 情况下,升降舵

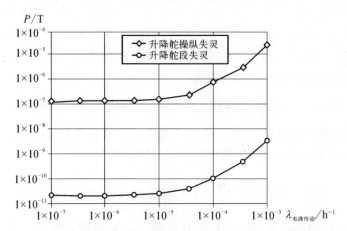

图 3.12 升降舵控制系统构建时使用的每飞行小时故障率随电液舵机
故障概率密度的关系曲线

升降舵控制完全失效和各段升降舵失效的研究

控制系统的可靠性可通过电液舵机的可靠性来确定。

使用电静液舵机(EHA)或电备份液压舵机(EBHA)以及局部液压系统的作动控制系统,这种必择其一的构型引起了人们极大的兴趣。图 3.13 所示的是系统的可靠性与这种构成的对比。可以看出,向使用两个液压系统和两个电力系统作为控制系统能源的 2H2E 架构过渡会使可靠性明显提高,因为这是向更高级的能源余度过渡。由 3 余度变成 4 余度。考虑到电源余度级的提高和液压主管路的缩短,局部液压系统的使用甚至可能使控制系统可靠性提高。

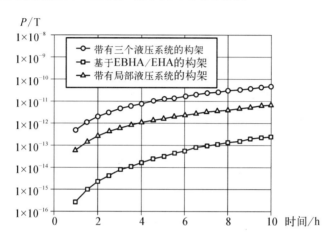

图 3.13 用于不同构成的升降舵控制系统的飞行小时完全失效概率与飞行持续时间的关系曲线

3.5 控制系统执行机构架构

现代飞机作动控制系统的构建方案具有如下几个特征,对电传控制系统而言,这些特征都是常规的:

— 分段升降舵和副翼与两个电静液舵机相连,它们采用交替工作方式,一个是主一,另一个是备一。

— 方向舵可采用单段方案,在这种情况下,方向舵与三个液压机械舵机或电静液作动器相连接,它们同时工作。

— 每段扰流片与处于随动共组状态的一个电静液作动器连接。

— 所有的双发干线飞机都使用三个独立的液压系统。

— 液压系统内的压力由安装在发动机上的液压泵和电泵提供。

— 涡轮泵是液压系统的组成之一,它由外部迎面气流起动应急空气涡轮。

— 为了提高作动控制系统的可靠性,用于偏转气动力面的先进的执行器件(传动装置)可以利用液压和/或电力系统来工作。

— 在电传控制系统内使用不同种类能源,包括液压源和电源,这一趋势已在各国的实践中出现并正在变为现实。

必须认清在干线飞机上使用的液压系统发展的一系列趋势。首先,需要指出,由于飞机尺寸的增大和飞行速度的提高,以及带有液压动力源的系统数目的增多,其功率必然增大。通常,液压系统功率的增大会导致其重量的增加,这显然属于负面因素。用于保证飞行安全的液压系统数是由其保障的功能系统的余度等级确定的,其中可分为:气动舵面控制、起飞-着陆增升装置的放下和收起、起落架的放下和收起以及空中和地面的制动。液压系统的完全故障造成上述功能的失效,进而出现灾难性情况。在完善飞机作动控制系统及其主要发展趋势方面,需要指出的是:

　　——完善中央液压系统的结构;

　　——采用改变压力和改变系统结构原则改变功能系统的工作状态;

　　——提高液压系统内的额定压力并同时使用新材料;

　　——使用自动舵机装置;

　　——使用机电作动器。

飞机各个功能系统对飞行安全的影响不一样,因为它们是由其所执行的功能特点确定的。在所有的功能系统中,控制系统占据特殊地位,因为它是唯一使用液压源的系统,没有液压源时,飞机无法继续飞行和着陆,甚至无法完成应急着陆。当然,这里指的是不可逆助力控制系统,它无法过渡到手动控制,这种系统在所有现代干线飞机上都使用。液压系统属于实现飞行所必需的飞机功能系统之一,其中最重要的是控制功能。根据对整个飞机及其控制系统所提出的要求,液压系统的设计途径和方法的选择就是由该因素决定的。

与评估和保证飞行安全的一般途径一样,存在一系列的在液压系统结构形成及其参数确定过程中扮演重要角色的特殊要求。在这里,系统的备份和余度数量问题是主要的。公认的途径是,余度数量的确定取决于根据经验确定的对控制性无影响的故障次数,并且广泛采用的余度原则是:允许发生一次故障并对控制性无影响。然而,飞机设计人员对这个问题的意见不一致:一部分人认同一次故障无影响的原则,另一部分人则要求两次故障后对控制性和稳定性均无不良影响。这些方案决定了液压系统的两个主要参数:可靠性和重量。

系统或各部件的选择随外部条件变化而变化,这一思想出现得相对较早,并且一直致力于两个主要目标。首先,在故障情况下可以使用加压模式。这样就可以完全或部分取消备份器件,因为液压系统内的增压可用于将特殊情形转为危险性较小的关键性等级。另一方面,系统在不需要额定功率的状态下进行无故障工作时,可以使系统卸载。由于这样的状态可能持续,考虑到液压系统内的压力降低可以从本质上提高该系统部件的寿命或补偿其在加力模式下工作的影响。大体上,考虑到工作适应模式的使用,可以得到较之传统系统更小的重量的系统和/或具有更好的可靠性和寿命指标,以及更小的热能释放。

提高航空液压系统内的额定工作压力的传统做法是提高系统的能效,这首先

就会导致其部件的体积和重量变小。目前,重型运输机和客机的工作压力在 21～
28 MPa 之间。至于说不同级别飞机的液压系统内的最佳压力级的选择,其最关键
的因素在于所使用的材料。例如,A330/340 和 C‐17 飞机上的增压管路使用钛合
金材料,其液压系统内的额定工作压力为 28 MPa。

　　重型飞机液压系统的巨大变化与主动控制系统的运用有关。研究这些系统所
执行的任务可以发现,阵风载荷减缓系统要求较高的控制面偏转速度。伊尔‐96‐
300 飞机使用了主动减缓系统后,要求副翼最大偏转速度达到 50°/s,而各段扰流片
的最大偏转速度则达到 70°/s。这会导致液压功率的提高和液压系统重量的增加。

　　中央液压系统作为干线飞机主要的能源已经得到了广泛推广,该能源可保证
控制面和增升装置的控制,以及起落架收放系统和其他功能系统的工作。应该承
认虽然中央液压系统相对重量不大,但却可以保证达到较高的可靠性指标。出现
在 20 世纪 60 年代末的自主舵机(АРП)是“中央液压系统‐电液传动装置”的必择
其一的联系纽带(VC‐10,伊尔‐62,伊尔‐76)。20 世纪 80 年代,人们对其兴趣增
加,并出现了使用基于钐‐钴、钕‐铁等合金的新型磁材料制造的电机[3.7]。这样的传
动装置既可用于军机,也可以用于运输机。于是,电静液舵机(EHA)和电备份液压
舵机(EBHA)都用在 A380 飞机上。自主舵机甚至用在俄‐乌的安‐148 飞机上(见
第 1 章)。

　　另一前景广阔的想必是所谓的“全电飞机”。近 30 年来,电传控制系统在所有
类型飞机上都得到了广泛的应用。电传控制系统的运用结果是,除了作动器外,所
有控制系统器件似乎全实现了电气化。现有的研究[3.7]表明,功率强大的稀土永久
磁铁已在运用,电压可提高至 270 V,半导体转换装置和微处理器控制的应用使我
们能够生产出比以前的大功率的液压机械作动器更具有竞争力的机电传动装置。
这将拓宽用于干线飞机控制功能的机电作动器的使用范围。

4 现代运输类飞机的电传
控制系统控制律

在形成具体飞机的电传控制系统控制律时,通常根据飞机战术技术要求对控制系统提出需求。根据这些需求确定:
— 控制系统的用途;
— 控制系统应具有的功能;
— 控制律的余度等级;
— 驾驶杆类型;
— 信息测量系统及其传感器的组成;
— 气动力控制面。

4.1 电传控制系统功能

现代运输类飞机的电传控制系统属于高度自动化的系统,它可以满足适航性对飞机控制性和稳定性特性提出的要求,并能够保证高水平的飞行安全及控制满意度[4.1]。高水准控制安全的获得,首先得益于有效预警控制律的使用,它可以防止飞机进入到临界状态。

通过汇总现代电传控制系统的研制经验,可以形成最新研制的运输类飞机的具有代表性的功能清单。所有功能主要可分三类:
— 控制功能;
— 保护功能;
— 舒适功能。

控制功能
控制功能属于能够保证形成和处理控制信号的常规功能:
— 由驾驶杆和转换开关产生控制飞机俯仰、滚转和航向的控制信号;
— 形成襟翼和前缘襟翼控制信号;
— 根据运输类飞机适航性标准(如 AΠ-25 和 FAR-25),保证在整个飞行包线内的飞机良好的控制性和稳定性特性。

提高飞行安全的功能
提高飞行安全和保证飞行安全的最高级功能分为限制功能和告警功能。

限制功能

可靠地保护飞机,防止其超出临界区域界限是必要的,尤其要限制这样的参数,它们超过限制值将有可能导致应急状态或机毁人亡事故发生。这样就可以防止飞机进入失速,避免在急剧下降时超出最大俯冲速度 V_D,在飞机起飞及着陆时还要防止飞机尾部、机翼或发动机短舱接触起飞或着陆跑道。对于运输类飞机,限制俯仰角、滚转角和侧滑角的问题非常重要。所以,现代运输类飞机的电传控制系统的控制律包括以下限制功能:

— 由控制律限制给定迎角值 α_{max};

— 由控制律限制法向过载的最小和最大值 $n_{y\,min} \leqslant n_y \leqslant n_{y\,man}$;

— 由控制律限制飞行表速和 Ma 数($V \leqslant V_D$ 和 $Ma \leqslant Ma_D$);

— 由控制律限制飞行中的俯仰角和滚转角;

— 起飞-着陆状态,防止后机身、机翼和发动机短舱接触起飞着陆跑道的控制律限制;

— 根据表速 $V_\text{表}$,自动限制方向舵偏转角。

告警功能

告警功能可保证向机组人员警告主要飞行参数接近使用范围界限情况。电传控制系统的控制律包括以下告警功能:

— 自动防止无意中超出数值为 $\alpha_{抖杆}$ 的迎角使用范围;

— 在 $V > V_{最大使用}$ 和 $Ma > Ma_{最大使用}$ 时,通过提高速度稳定性自动防止无意中超出飞行速度和 Ma 数的使用包线;

— 在 $|\gamma| \geqslant \gamma_{min}$ 情况下通过螺旋增稳功能自动防止飞机无意中超出滚转角的使用范围;

— 通过提高姿态稳定性自动防止飞机无意中超出俯仰角($\theta_{min} \leqslant \theta \leqslant \theta_{max}$)的使用包线。

此外,电传控制系统的控制律可以包括以下超过飞行安全的功能:

— 在接近失速状态下,自动提高发动机推力;

— 自动降低在接近地面时的飞机在滚转方面对脚蹬偏转的反应。

舒适功能

舒适功能保证高等级的控制舒适度。该功能包括:

— 在纵向通道自动配平飞机;

— 在无飞行员干扰控制情况下稳定飞机的角位置;

— 自动克服发动机故障时出现的扰动力矩;

— 在发动机推力和机翼增升装置位置变换时,补偿扰动力矩;

— 自动补偿盘旋中的飞机;

— 着陆滑跑和中断起飞时,自动放下扰流板和减速板以使飞机减速。

控制律余度等级

先进飞机的电传控制系统具有能够保证高可靠性和故障安全性的多层级控制律结构。最高等级是实现了上述所列的全部功能,并且在控制系统及其相互作用系统所有器件均无故障工作。在出现故障情况下,根据故障类型,自动向低等级转换。通常,先进的电传控制系统包含三个控制律余度等级(模态):主控模态,经简化的控模态和应急控制模态。

主控制状态由整个电传控制系统及其与之交互的系统的设备工作来保证。在控模态,所列的所有功能都在发挥作用,高精度地保证最佳的控制特性和控制舒适性。

简化的手动控模态可保证安全地继续飞行并最终完成飞行所必需的控制性和稳定性以及配平性。该状态在输入信号故障时自动启动。在电传控制系统控制律中,由于故障信号或根据其他信号得到恢复,或取给定的固定值,所以会出现改变构型情况。在这种情况下,电传控制系统主要功能的工作精度会有些下降或二级功能丧失。大体上,该状态在功能上接近主控模态。

在某些重要信号或电传控制系统器件发生故障,并且在这种情况下主控模态和简化的控制模态的工作无法继续进行时,会出现向应急控制模态过渡,这种过渡通常在某些计算机上实现,并具有简单而可靠的控制控制律。该状态的主要任务是保证可接受的飞机驾驶特性级,以保证安全地完成飞行。

信息保证

在设计控制律时要考虑可使用的信息信号组。现代飞机的机载设备自身组成中就包含有信息系统,该信息系统足可以保证有关飞机运动参数的全部信息。此外,电传控制系统本身包含有一组传感器,这些传感器可保证提供有关飞机运动参数及其所具有的控制系统工作参数方面的附加信息。

结合控制控制律的设计经验,可以列出实现上文所列功能所必需的信息信号清单。现代运输类飞机电传控制系统控制律,通常使用下列信息信号:

$X_{升降舵}$	俯仰驾驶杆偏转(手控部件或驾驶手柄);
$X_{副翼}$	滚转驾驶杆偏转(手控部件或驾驶手柄);
$X_{方向舵}$	脚蹬移动;
$\alpha_{发动机油门杆}$	油门杆偏转;
ω_x	机体坐标系内的滚转角速度;
ω_y	机体坐标系内的偏航速度;
ω_z	机体坐标系内的俯仰速度;
n_y	机体坐标系内的法向过载;
n_z	机体坐标系内的侧向过载;
γ	滚转角;
θ	俯仰角;
α	迎角;

β	侧滑角；
$V_{表'}$	表速；
$V_{真速度'}$	真速度；
Ma	马赫数；
$P_{静压}$	静压；
T_H, K	外部空气温度；
H	无线电高度信号；
$\delta_{襟翼}$	襟翼偏转角；
$\delta_{前缘襟翼}$	前缘襟翼偏转角；
ϕ	水平安定面偏转角；
G	实时重量；
$ШO_{左}$	主起左支柱压缩信号；
$ШO_{右}$	主起右支柱压缩信号；
$AП$	自动控制状态接通信号；
$\Delta n_{y给定\ 自动}$	给定过载形式的自动驾驶控制信号；
$\delta_{副翼\ 自动}$	滚转自动驾驶控制信号；
$\delta_{副翼\ 配平\ 自动}$	滚转自动驾驶配平信号；
$\delta_{方向舵\ 自动}$	偏航自动驾驶控制信号；
$\delta_{方向舵\ 配平\ 自动}$	偏航转自动驾驶配平信号；
$U_{调整片\theta}$	来自俯仰调整片按钮的信号；
$U_{调整片\ 副翼}$	来自副翼调整片按钮的信号；
$U_{调整片\ 方向舵}$	来自方向舵调整片按钮的信号；
$X_{手柄}$	减速板状态下扰流片控制柄信号；
$n_{1右}$	右发转速；
$n_{1左}$	左发转速；
$U_{反推\ 右}$	右发反推力装置接通信号；
$U_{反推\ 左}$	左发反推力装置接通信号；
$U_{慢车\ 右}$	右发"慢车"状态接通信号；
$U_{慢车\ 左}$	左发"慢车"状态接通信号。

电传控制系统控制律形成气动舵面控制信号。事实上，所有的现代运输类飞机都具有下列气动舵面：

— 用于纵向通道内配平飞机的水平安定面；

— 用于纵向控制和配平的升降舵；

— 用于偏航控制和配平的方向舵；

— 用于滚转控制和配平的副翼；

— 用于滚转控制和空中及地面滑跑时减速飞机的多功能扰流片；

— 用于在地面滑跑时减速飞机的减速板装置。

根据该气动舵面清单,电传控制系统控制律应形成下列控制信号:

$\delta_{升降舵}$	升降舵控制信号;
ϕ	水平安定面控制信号;
$\delta_{副翼\ 左}$	左侧副翼控制信号;
$\delta_{副翼\ 右}$	右侧副翼控制信号;
$\delta_{扰流片\ 左}$	左外翼上扰流片控制信号;
$\delta_{扰流片\ 右}$	右外翼上扰流片控制信号;
$\delta_{方向舵}$	方向舵控制信号;
$\delta_{减速板}$	减速板控制信号。

此外,为了实现在接近失速状态下自动增大发动机推力的功能,电传控制系统会形成一次性发动机推力控制信号:

μ_{FLOOR} 发动机自动转入起飞状态信号。

4.2 保证高水平控制特性的控制律

4.2.1 纵向通道控制

为了实现上文所列具有一定精度的限制功能,需要在纵向通道内使用综合控制律。国内外运输类飞机就是在纵向通道内使用综合控制律。

综合控制律在法向过载、俯仰角速度、迎角以及飞行速度方面的使用能够实现下列功能:

— 保证给定的静态控制特性 $X_{\text{В}}^{n_y}$, $P_{\text{В}}^{n_y}$ 以及具有必要精度范围的 $X_{\text{В}}^{\alpha}$, $P_{\text{В}}^{\alpha}$;

— 实现有效地警告有关迎角、过载、飞行速度、Ma 数和俯仰角接近使用区界限情况;

— 硬限制控制律,限制给定的迎角最大值 $\alpha_{\max}$,给定的法向过载的最小和最大值 $n_{y\,\min} \leqslant n_y \leqslant n_{y\,\max}$,以及飞行速度 V 和 Ma 数;

— 保证纵向通道内的自动配平。

保证控制性和稳定性

通常,先进的干线飞机具有不令人满意的控制性和稳定性。

在飞行状态包线内,法向过载增量 Δn_y 是主要的纵向运动控制参数。飞行员的控制信号以给定的应由控制系统处理的过载的形式形成。飞行员信号或者是由飞行员施加到纵向驾驶杆(驾驶手柄或手动操作模块)上的力的传感器信号,或者是驾驶杆位移传感器信号。这里以及接下来将研究建立在位移传感器信号上的系统。驾驶杆偏离配平位置 $X_{\text{В}} - X_{\text{В配平}}$ 是为了将飞机引入到给定法向过载值。飞机完全自动配平功能的实现,即无须飞行员实施与调整驾驶杆配平位置有关的动作,仅在驾驶杆配平位置固定情况下实现,并且与飞行状态无关。在可实现完全自动配平功能的现代运输类飞机的电传控制系统中,取零位置 $X_{B配平} = 0$ 作为驾驶杆配平位置。所以,结合给定的梯度值 $X_{B给定}^{n_y}$,作为驾驶杆偏离中心位置,求出给定过载:

$$\Delta n_{y给定} = \frac{X_B}{X_{B给定}^{n_y}}$$

通常,在现代运输类飞机的电传控制系统中,为了保证在飞行状态包线内的给定的控制性和稳定性,使用过载和俯仰角速度反馈信号。控制性和稳定性的保证回路如图 4.1 所示。

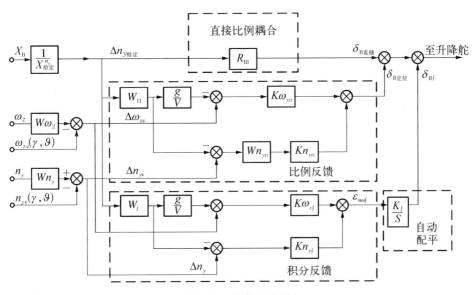

图 4.1 升降舵控制

一般情况下,升降舵偏转信号形成规律可写成如下形式:

$$\delta_B = \delta_{B直接} + \delta_{B比例} + \delta_{B\int}$$

式中:$\delta_{B直接}$ 为直接控制信号;$\delta_{B比例}$ 为比例反馈控制信号;$\delta_{B\int}$ 为积分控制信号。

直接耦合作为驾驶员直接控制信号:

$$\delta_{B直接} = R_{III} \cdot \Delta n_{y给定} = R_{III} \frac{X_B}{X_{B给定}^{n_y}} \tag{4.2.1}$$

利用俯仰角速度 ω_z 与法向过载 n_y 信号的积分反馈控制,原则上可保证给定的控制梯度 $X_B^{n_y}$,甚至不需要直接控制信号 $\delta_{B直接}$,但是在这种情况下,难以保证达到令人满意的动力学特性。所以,直接控制信号 $\delta_{B直接}$ 是必需的,它应以某种近似程度大体上保证给定的控制梯度 $X_B^{n_y}$,而积分反馈控制信号 $\delta_{B\int}$ 可保证必要的精度。在这种情况下,直接控制信号 $\delta_{B直接}$ 保证给定的静力学特性越精准,那么,保证必要的动力学特性就越容易。

为了使飞机达到给定的法向过载值，必须使升降舵偏离配平位置为如下数值：

$$\Delta \delta_{\text{в}} = \delta_{\text{в}}^{n_y} \cdot \Delta n_{y\,\text{给定}'}$$

式中：$\delta_{\text{в}}^{n_y}$ 为升降舵单位过载梯度。

这个公式在线性气动力特性范围内是成立的。

接下来，应调整系数 R_{III} 以保证下列等式成立：

$$R_{\text{III}} \approx \delta_{\text{в}}^{n_y}$$

为了调整 R_{III}，在现代系统内使用水平安定面配平位置信号 ϕ、真速信号 $V_{\text{真速度}}$、副翼位置 $\delta_{\text{副翼}}$ 和前缘襟翼位置 $\delta_{\text{前缘襟翼}}$。也使用其他可提高梯度 $\delta_{\text{в}}^{n_y}$ 评估精度的信号：

$$R_{\text{III}} \approx f(\phi, \delta_{\text{副翼}}, \delta_{\text{前缘襟翼}}, V_{\text{真速度}}, \cdots)$$

对于保证给定的系统"飞机＋电传控制系统"的动力学特性所必需的比例信号，下列表达式是成立的：

$$\delta_{\text{в 比例}} = \varepsilon_{\text{n 比例}} + \varepsilon_{\omega\,\text{比例}}$$

由法向过载确定的分量可用下列表达式描述：

$$\varepsilon_{\text{n 比例}} = K_{n\,y\text{п}}[\Delta n_y - W_{\text{п}}(s) \cdot \Delta n_{y\,\text{给定}}] W_{n_y\text{п}}(s) \tag{4.2.2}$$

式中：$W_{\text{п}}(s)$ 为考虑了飞机对直接控制作用反应延迟的动态环节。通常取非周期环节 $W_{\text{п}}(s) = \dfrac{1}{T_{\text{п}}s+1}$ 作为该环节；

$W_{n_y\text{п}}(s) = \dfrac{1}{T_{n\,y\text{п}}s+1}$ 为法向过载信号的非周期滤波器环节；

$K_{n_y\text{п}}$ 为法向过载增量的比例反馈系数。

给定的俯仰角速度值 $\omega_{z\,\text{给定}} \approx \dfrac{g}{V}\Delta n_{y\,\text{给定}}$（当 $\gamma = 0$ 时）将与给定值 $\Delta n_{y\,\text{给定}}$ 对应。所以，俯仰角速度的比例耦合具有如下形式：

$$\varepsilon_{\omega\,\text{比例}} = K_{\omega_z\text{п}} \cdot \left(\omega_z - \frac{g}{V}W_{\text{п}}(s)\Delta n_{y\,\text{给定}} \right) \tag{4.2.3}$$

积分反馈控制 $\delta_{\text{в}\int}$ 可在规定状态下得到具有一定精度的法向过载给定值 $\Delta n_y = \Delta n_{y\,\text{给定}}$，并且可保证给定的静态特性 $X_{\text{в}}^{n_y} = X_{\text{в}\,\text{给定}}^{n_y}$：

$$\delta_{\text{в}\int} = \frac{K_\int}{s}\varepsilon_{\text{n}\omega\int} \tag{4.2.4}$$

$$\varepsilon_{\text{n}\omega\int} = \varepsilon_{\text{n}\int} + \varepsilon_{\omega\int} \tag{4.2.5}$$

式中：

$$\varepsilon_{\mathrm{n}\int} = K_{n_y\int}\left[\Delta n_y - W_\int(s)\Delta n_{y\,\text{给定}}\right] \tag{4.2.6}$$

$$\varepsilon_{\omega\int} = K_{\omega_z\int}\left(\omega_z - \frac{g}{V}W_\int(s)\Delta n_{y\,\text{给定}}\right) \tag{4.2.7}$$

其中 $W_\int(s)$ 为考虑了飞机对直接控制作用反应延迟的动态环节。通常当位置回路为 $W_\mathrm{n}(s)$ 时，取非周期环节 $W_\int(s) = \dfrac{1}{T_\int s + 1}$ 作为该环节。

这里必须指出，进入控制系统的法向过载 n_y 和俯仰角速度 ω_z 信号是在机体坐标系内测量的。在俯仰和滚转角非零情况下的配平位置，法向过载 $n_y \neq 0$ 和俯仰角速度 $\omega_z \neq 0$。在这种情况下，如果取 $\Delta n_y = n_y - 1$，那么，对于具有上述控制律的综合系统，将不能保证驾驶杆处于中立位置、俯仰角及滚转角处于非零状态下飞机的配平位置。所以，在控制律内使用修正信号：

$$n_{\text{设定}} = \frac{\cos\vartheta}{\cos\gamma} \tag{4.2.8}$$

$$\omega_{zc} = \frac{g}{V}\cdot\cos\vartheta\cdot\tan\gamma\cdot\sin\gamma \tag{4.2.9}$$

其可保证法向过载增量

$$\Delta n_{\text{设定}} = n_y - \frac{\cos\vartheta}{\cos\gamma} \tag{4.2.10}$$

和俯仰角速度增量

$$\Delta\omega_{zc} = \omega_{zc} - \frac{g}{V}\cos\vartheta\cdot\tan\gamma\cdot\sin\gamma \tag{4.2.11}$$

在驾驶杆处于中立位置时，飞机处于稳态平衡状态。

在这种情况下，比例信号和积分信号可写成如下形式：

$$\varepsilon_{n\,\text{比例}} = K_{n_y\mathrm{n}}\left[\Delta n_{\text{设定}} - W_\mathrm{n}(s)\Delta n_{y\,\text{给定}}\right]\cdot W_{n_y\mathrm{n}}(s) \tag{4.2.12}$$

$$\varepsilon_{\omega\,\text{比例}} = K_{\omega_z\mathrm{n}}\left[\Delta\omega_{zc} - \frac{g}{V}W_\mathrm{n}(s)\Delta n_{y\,\text{给定}}\right] \tag{4.2.13}$$

$$\varepsilon_{n\int} = K_{n_y\int}\left[\Delta n_{\text{设定}} - W_\int(s)\Delta n_{y\,\text{给定}}\right] \tag{4.2.14}$$

$$\varepsilon_{\omega\int} = K_{\omega_z\int}\left[\Delta\omega_{zc} - \frac{g}{V}W_\int(s)\Delta n_{y\,\text{给定}}\right] \tag{4.2.15}$$

为了保证令人满意的静态和动态特性，位置和积分反馈控制参数 $K_{n_y\mathrm{n}}$，$K_{\omega_z\mathrm{n}}$，

$K_{n_y\!\!\int}$，$K_{\omega_z\!\!\int}$ 随飞行状态变化。在通常情况下，它们是随表速变化的关系曲线。可以使用更加复杂的参数变化控制曲线，诸如随表速、Ma 数和增升装置位置变化的曲线。

自动配平控制律

自动配平控制律（见图 4.2）形成了升降舵综合控制信号 $\delta_{B\!\int}$ 和水平安定面控制信号，目的是为了在所设定的飞行状态下，在升降舵处于中立位置时，飞机可以通过水平安定面实现配平。

积分反馈控制信号 $\varepsilon_{n\omega\!\int}$（见图 4.2）是该模块的输入信号。升降舵积分控制信号 $\delta_{B\!\int}$ 和水平安定面控制信号 $\dot\phi$（其与水平安定面移动速度成比例）是该模块的输出信号。

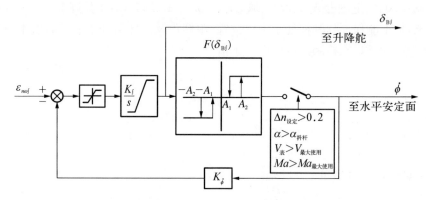

图 4.2　自动配平控制律、水平安定面控制

如果飞行在使用包线范围内（$\alpha < \alpha_{抖杆}$；$V(\alpha_{抖杆}) < V < V_{最大使用}$；$Ma < Ma_{最大使用}$）实现，并且在这种情况下实现法向过载增量 $|\Delta n_{yc}| \leqslant 0.2$，那么，自动配平状态可通过水平安定面接通。在这种状态下，升降舵积分控制信号 $\delta_{B\!\int}$ 趋向零值，而水平安定面则向配平位置移动。升降舵积分控制信号 $\delta_{B\!\int}$ 在模数上正好为较小值 A_1 时，水平安定面控制信号则为零值，水平安定面停止并且接下来的飞机配平在信号变化 $|\delta_{B\!\int}| \leqslant A_2$ 范围内通过升降舵实现。在 $|\delta_{B\!\int}| > A_2$ 情况下，水平安定面控制信号被激活。自动配平控制过程见图 4.3，该图给出了在法向过载接近 $n_y \approx 1$ 情况下飞机先加速然后是减速状态。可以看出，在加速和减速过程中，水平安定面跟踪着接近于配平位置的位置，在这种情况下，升降舵位于给定范围 $|\delta_B| \leqslant A_2 = 0.5°$。

俯仰角配平控制律

先进的自动控制系统中就包括所谓的联合控制。在飞行员停止干预控制情况下，飞机角位置向配平状态的自动过渡。但该状态仅在接通自动驾驶仪情况下被激活。联合控制可以明显地提高驾驶舒适度。所以最近该状态开始进入手动控制系统控制律之列。通常，先进的电传控制系统存在有无驾驶员干预控制情况下的飞机角位置配平功能。

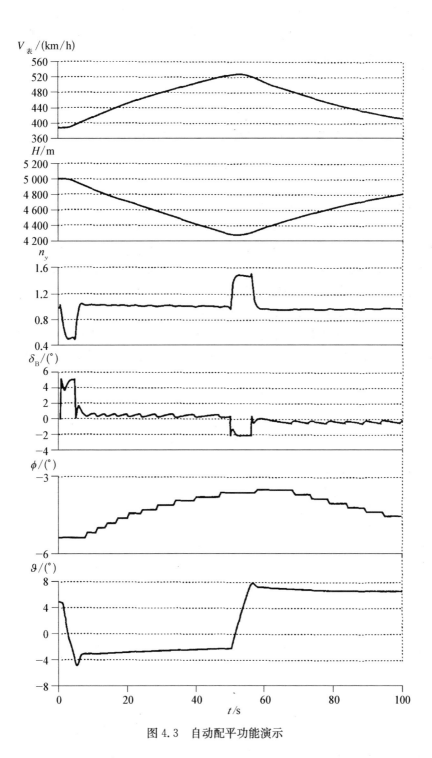

图 4.3 自动配平功能演示

　　由于在上文的研究中提到的升降舵控制系统中，给定的过载增量 $\Delta n_{y\,给定}$ 属于主要的控制信号，所以，为了配平俯仰角，必须在误差 $\Delta\vartheta=\vartheta-\vartheta_{给定}$ 基础上形成信号 $\Delta n_{y\,给定\vartheta}$，例如，为如下形式：

$$\Delta n_{y\,给定\vartheta}=K_{\vartheta}\Delta\vartheta$$

　　为了消除 Δn_y 和 ω_z 测量值（传感器值不为零）的误差影响，并保证 ϑ 稳定时无静差，在俯仰角稳定律中引入积分分量 $K_{\vartheta_\int}\Delta\vartheta$ 是合理的：

$$\Delta n_{y\,给定\vartheta}=\left(K_{\vartheta}+K_{\vartheta_\int}\frac{1}{s}\right)\Delta\vartheta \tag{4.2.16}$$

通常，系数值 $K_{\vartheta_\int}$ 大约为 K_{ϑ} 的 $1/10$。

　　接通和断开俯仰角 ϑ 的稳定状态取决于驾驶员的控制干预。驾驶员是否进行控制干预，取决于驾驶杆偏离中立位置的情况。如果在某一给定时间 $\tau>\tau_{0\vartheta}$ 内驾驶杆偏离值大于界限值 $X_{B界限}$，那么，系统就会记录驾驶员对控制干预这一事实（机动标识符 $Ct_{\vartheta}=0$ 会出现），设俯仰角给定值 $\vartheta_{给定}$ 等于即时值 $\vartheta(\vartheta_{给定}=\vartheta)$，稳定信号为零，$\Delta\vartheta=0$，并且系统过渡到处理飞行员信号的机动状态。

　　在驾驶杆回到中立位置和执行条件 $|X_B|<X_{B界限}$ 时，在时间 $\tau_{1\vartheta}$ 内俯仰角给定值 $\vartheta_{给定}$ 形成，机动标识符 $Ct_{\vartheta}=1$ 出现并且系统过渡到所形成的俯仰角稳定状态。

　　俯仰角稳定律框图如图 4.4 所示。

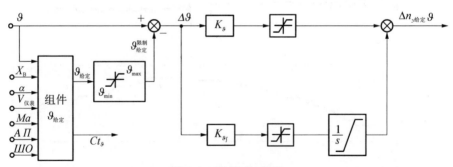

图 4.4　俯仰角稳定

$$Ct_{\vartheta}=\begin{cases}0——机动\\1——稳定\end{cases}; A\Pi——自动驾驶仪；\Pi\!\Pi\!O——起落架压缩$$

俯仰角稳定仅在飞行使用范围内实现。满足下列条件是该稳定的标识符：

$$\alpha\leqslant\alpha_{抖杆}$$

$$V_{表}<V_{最大使用}$$

$$Ma<Ma_{最大使用}$$

在超出飞行使用范围，即这些条件中的一个条件被破坏，配平状态会被断开，

标识符 $Ct_\vartheta = 0$ 会出现，并且系统过渡到机动状态。稳定状态甚至在出现起落架压缩信号（$ШO = 0$）或自动驾驶接通信号（$АП = 0$）时断开。

4.2.2　侧向控制通道

在现今绝大多数干线飞机的电传控制控制系统中，侧向通道控制律所使用的反馈都是常规的滚转角速度和偏航角速度、滚转角和侧向过载。在某些最新控制系统中使用侧滑角反馈，如果这一点是必需的话。除了保证达到令人满意的控制性和稳定性特性之外，预先设置了如下功能：飞行中超出给定滚转角的告警功能、滚转角限制功能、使用组合控制并在无驾驶员干预控制情况下滚转角稳定功能、发动机故障时消除侧向扰动力矩功能。

方向舵控制通道

为了保证达到令人满意的航向控制品质和侧向振荡特性，在国内外先进的干线飞机电传控制控制系统内通常采用比例控制律，该控制律使用的滚转角速度 ω_x、偏航 ω_y、侧向过载 n_z 和侧滑角（如果系统内有侧滑角传感器）作为反馈信号。方向舵控制信号的形成如图 4.5 所示。

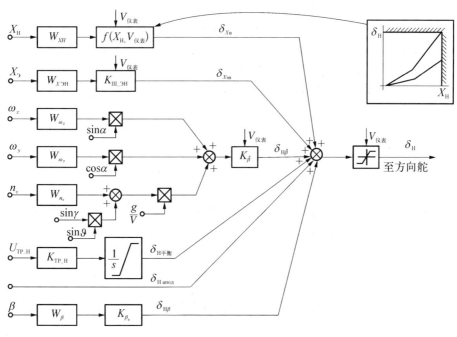

图 4.5　方向舵控制

控制控制律可写成如下形式：

$$\overline{\delta}_{\text{н}} = \delta_{\text{x}_{\text{н}}} + \delta_{\text{x}_{\text{эн}}} + \delta_{\text{н}\dot{\beta}} + \delta_{\text{нАПОД}} + \delta_{\text{н}_{\text{配平}}} + \delta_{\text{н}\beta} \tag{4.2.17}$$

输出信号 $\delta_{\text{н}}$ 根据强度条件限制数值为 $\delta_{\text{н max}}$，该数值为表速函数：

$$\delta_{\text{н}} = \begin{cases} \bar{\delta}_{\text{н}}, & \text{当 } |\bar{\delta}_{\text{н}}| < \delta_{\text{н max}} \\ \delta_{\text{н max}} \cdot \text{sign } \bar{\delta}_{\text{н}}, & \text{当 } |\bar{\delta}_{\text{н}}| > \delta_{\text{н max}} \end{cases} \qquad (4.2.18)$$

$\delta_{x_{\text{н}}}$ 为直接控制信号，其形成要考虑对方向舵最大偏转$\delta_{\text{н max}}$的限制；

$$\delta_{x_{\text{н}}} = f(X_{\text{н}}, V_{\text{表}})$$

$$f(X_{\text{н}}, V_{\text{表}}) = \begin{cases} K_{\text{ш н}} \cdot X_{\text{н}}, & \text{当 } |X_{\text{н}}| \leqslant X_{\text{н1}} \\ K_{\text{ш н}} \cdot X_{\text{н}} + R_{X_{\text{н}}}(X_{\text{н}} - X_{\text{н1}} \text{sign } X_{\text{н}}), & \text{当 } |X_{\text{н}}| > X_{\text{н1}} \end{cases}$$

$$(4.2.19)$$

$$R_{X_{\text{н}}} = \frac{\delta_{\text{н max}} - K_{\text{ш н}} X_{\text{н1}}}{X_{\text{н max}} - X_{\text{н1}}}$$

$f(X_{\text{н}}, V_{\text{表}})$ 为非线性函数，借助于它可形成来自于脚蹬的方向舵控制信号，以便保证脚蹬小幅和中幅移动情况下令人满意的方向舵控制特性，并在脚蹬完全偏转情况下保证方向舵的最大偏度，这个最大偏度随飞行速度变化。参数 $K_{\text{ш н}} = f(V_{\text{表}})$ 和$\delta_{\text{н max}} = f(V_{\text{表}})$取决于表速。

$\delta_{x_{\text{эн}}} = K_{\text{ш эн}} X_{\text{副翼}}$ 为来自驾驶杆的关于滚转的方向舵交叉信号。该交叉信号可以建立偏航力矩来改善滚转控制特性，实现无侧滑单纯滚转运动。为此目的，在飞机滚转时必须保证机头向发生倾斜的机翼一侧扭转。通常，该交叉信号根据判据 λ^2 来确定，它的数值应接近 1。由此，应利用如下表达式[4.1]来选取系数$K_{\text{ш эн}}$：

$$K_{\text{ш эн}} \approx -\frac{m_y^{\delta_{\text{副翼}}} + \dfrac{J_y}{J_x} \cdot \tan\alpha \cdot m_x^{\delta_{\text{副翼}}}}{m_y^{\delta_{\text{н}}} + \dfrac{J_y}{J_x} \cdot \tan\alpha \cdot m_x^{\delta_{\text{н}}}} \cdot K_{\text{ш э}} \qquad (4.2.20)$$

信号 $\delta_{\text{н}\dot\beta} = K_{\dot\beta}\dot\beta$ 用于有效地阻尼偏航振荡。代入角速度 ω_x 和 ω_y 以及侧向过载 n_z 后，就可以通过下列方式求出任意侧滑 β 角的数值：

$$\dot\beta = \omega_x \cdot \sin\alpha + \omega_y \cdot \cos\alpha + (n_z + \sin\gamma \cdot \cos\vartheta)\frac{g}{V} \qquad (4.2.21)$$

$\delta_{\text{н АПО传感器}}$ 为发动机故障引起的扰动自动消除（减）装置信号，详见 4.3.8 节。

配平信号 $\delta_{\text{н 配平}} = K_{\text{тр н}} \dfrac{u_{\text{тр н}}}{S}$，由中央控制面板上的配平开关信号积分形成。系数$K_{\text{тр н}}$可调节方向舵的位移速度。

为了改善侧向运动特性，在机上有侧滑角信息情况下，最好使用侧滑角作为反馈：

$$\delta_{\text{н}\beta} = K_{\beta_{\text{н}}}\beta$$

示意图中存在输入信号滤波器。控制信号 $X_н$ 和 $X_{副翼}$ 滤波器可调节角加速度。这是必要的,这些滤波器的参数必须根据试验台研究结果并在试飞员参与的情况下才能确定。反馈信号滤波器已事先规定作为抑制高频噪声和弹性振荡滤波器。

副翼控制通道

为了保证令人满意的横向控制品质,在国内外先进的干线飞机电传控制系统内通常采用图 4.6 所示的比例式控制律。

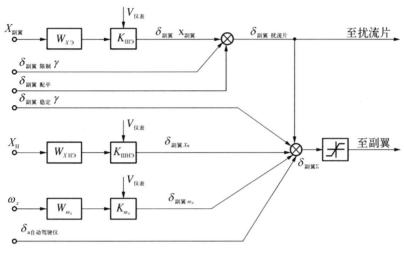

图 4.6　副　翼　控　制

控制律使用滚转角速度 ω_x、滚转角和侧滑角作为反馈信号。控制控制律可以下列形式给出:

$$\delta_{副翼\Sigma} = \delta_{副翼扰流片} + \delta_{副翼X_н} + \delta_{副翼\omega_x} + \delta_{副翼稳定\gamma} + \delta_{副翼自动驾驶仪}$$

$$\delta_{副翼扰流片} = \delta_{副翼X副翼} + \delta_{副翼限制\gamma} + \delta_{副翼配平}$$

式中: $\delta_{副翼X副翼} = K_{Ш} \cdot W_{X副翼} \cdot X_{副翼}$ 为滚转控制信号; $K_{Ш}$ 为滚转驾驶杆移向副翼的传递系数; $\delta_{副翼限制\gamma}$ 为滚转角限制信号; $\delta_{副翼配平}$ 为在滚转角稳定模块中形成的配平信号; $\delta_{副翼扰流片}$ 为作为副翼使用时的扰流片的控制信号; $\delta_{副翼X_н} = K_{Ш нэ} W_{X нэ} X_н$; $K_{Ш нэ}$ 为脚蹬上副翼位移的传递系数。

为了保证脚蹬位移引起的飞机滚转反应为期望值,副翼也需要根据脚蹬位移信号进行相应偏转。

$\delta_{副翼\omega_x} = K_{\omega_x} \omega_x$ 为滚转阻尼器信号; K_{ω_x} 为滚转角速度反馈系数;系数 $K_{Ш}$、$K_{Ш нэ}$、K_{ω_x} 随飞行状态变化,通常这些系数是表速的函数; $\delta_{副翼配平\gamma}$ 为滚转角稳定模块中形成的配平信号; $\delta_{副翼自动驾驶仪}$ 为自动驾驶仪控制信号。

扰流片和减速板控制通道

在副翼控制状态,该控制律形成扰流片控制信号;在起飞和着陆滑跑减速状态,形成减速板控制信号。在减速状态,飞行员可以利用减速控制手柄(РУТ)偏转扰流片,也可在速度 $V_\text{表} > V_{\text{最大使用}}$(或 $Ma > Ma_{\text{最大使用}}$)时,或在起飞和着陆滑跑状态下根据起落架压缩信号 $ШO = 1$ 实现自动偏转。扰流片仅在起飞着陆滑跑状态下才作为减速板,并根据起落架压缩信号自动偏转。扰流片和减速控制通道如图 4.7 所示。

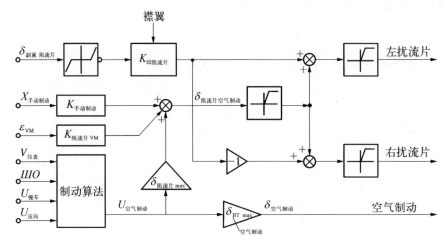

图 4.7　扰流片和减速控制

$\delta_{\text{副翼扰流片}}$ 为副翼状态下扰流片控制信号形成于副翼控制模块(见图 4.6),进入非线性模块,该模块属于宽度为 $\delta_{\text{副翼}}$ 的非敏感区。

$$\delta_{\text{扰流片зи}} = \begin{cases} 0, & \text{当} \mid \delta_{\text{副翼 扰流片}} \mid \leqslant \delta_{\text{副翼 max}} - \Delta_{\text{副翼}} \\ \delta_{\text{副翼 扰流片}} - (\delta_{\text{副翼 max}} - \Delta_{\text{副翼}}) \cdot \mathrm{sign}\, \delta_{\text{副翼 扰流片}}, & \text{当} \mid \delta_{\text{副翼 扰流片}} \mid > \delta_{\text{副翼 max}} - \Delta_{\text{副翼}} \end{cases}$$

$$(4.2.22)$$

非敏感区宽度应当这样选择,当小幅或中幅横向偏转驾驶杆时,仅依靠副翼实现滚转控制并保证最佳的控制品质。当驾驶杆横向偏转幅度较大情况下,则副翼和扰流片一起使用,并且保证必要的横向控制品质。

$$\delta_{\text{减速板}} = \delta_{\text{减速板 max}} U_{\text{减速板}}$$

式中:$\delta_{\text{减速板}}$ 为起飞着陆滑跑状态下的减速板自动控制信号;$U_{\text{减速板}}$ 为起飞着陆滑跑状态下扰流片和减速板的自动偏转标识符。该标识符($U_{\text{减速板}} = 1$)出现的条件是:起落架压缩($ШO = 1$)、发动机油门杆位于接近"慢车"位置的地方,反推力装置未开启,给定的较大减速速度的运动速度为 V_T。

$$\delta_{\text{扰流片 减速}} = \delta_{\text{扰流片 max}} U_{\text{减速板}}$$

式中:$\delta_{\text{扰流片 减速}}$ 为起飞着陆滑跑时减速状态下扰流片的自动控制信号;

$$\delta_{扰流片\ 手柄} = K_{手柄} X_{手柄}$$

式中：$\delta_{扰流片\ 手柄}$为减速状态下扰流片的手动控制信号；

$$\delta_{扰流片\ VM} = K_{扰流片\ VM}\ \varepsilon_{VM}$$

式中：$\delta_{扰流片\ VM}$为在速度 $V_表 > V_{最大使用}$（或 $Ma > Ma_{最大使用}$）时减速状态下扰流片的自动控制信号；

$$\bar{\delta}_{扰流片\ 减速板} = \delta_{扰流片\ avt} + \delta_{扰流片\ 手柄} + \delta_{扰流片\ VM}$$

$$\delta_{扰流片\ 减速板} = \begin{cases} \delta_{扰流片\ 减速板}, & 当\ |\bar{\delta}_{扰流片\ 减速板}| \leqslant \delta_{扰流片\ max} \\ \delta_{扰流片\ max}, & 当\ |\bar{\delta}_{扰流片\ 减速板}| > \delta_{扰流片\ max} \end{cases}$$

式中：$\delta_{扰流片\ 减速板}$为减速状态下扰流片的控制信号；

$$\delta_{扰流片\ хэ} = K_{ш\ 扰流片}\delta_{扰流片\ зи}$$

式中：$\delta_{扰流片\ хэ}$为副翼状态下扰流片的控制信号；

$$\delta_{扰流片\ 左} = \delta_{扰流片\ хэ} + \delta_{扰流片\ 减速板}$$

$$\delta_{扰流片\ 右} = \delta_{扰流片\ хэ} + \delta_{扰流片\ 减速板}$$

滚转角稳定控制律

滚转角稳定控制律与俯仰角稳定控制律类似，并且根据驾驶员干预控制的标识符起动。根据驾驶杆的横向偏移或脚蹬偏离中立位置的位移来确定驾驶员是否干预控制。如果在某一给定时间内 $\tau > \tau_{0\gamma}$，驾驶杆（或脚蹬）横向偏移的数值大于界限值 $X_{副翼界限}$（或 $X_{н\ 界限}$），那么，系统会记录飞行员干预控制这一事实（机动的标识符 Ct_γ 会出现），取给定的滚转角值 $\gamma_{给定}$ 等于即时值 $\gamma(\gamma_{给定} = \gamma)$，稳定信号为零值，$\Delta\gamma = 0$，并且当驾驶员信号起作用时，系统过渡到机动状态。

在横向驾驶杆和脚蹬返回到中立位置并且满足条件 $|X_{副翼}| < X_{副翼\ 界限}$ 和 $|X_н| < X_{н界限}$，在时间 $\tau_{1\gamma}$ 内给定滚转角值被记录，稳定标识符 $Ct_\gamma = 1$ 起作用并且系统过渡到所记录的滚转角稳定状态。

滚转角稳定律如图 4.8 所示。

为了满足滚转自动配平和自动消除飞机不对称性的条件，稳定控制律使用的是无静差控制律。结果生成两个信号：配平信号 $\delta_{副翼\ 配平}$ 和稳定信号 $\delta_{副翼\ 稳定\gamma}$：

$$\delta_{副翼\ 稳定\gamma} = K_{\gamma s}\ \Delta_\gamma$$

$$\delta_{副翼\ 配平} = K_{\gamma s\int}\ \frac{1}{s}\Delta_\gamma$$

系数 $K_{\gamma s}$ 和 $K_{\gamma s\int}$ 是 $V_表$ 的函数。为了改善转换过程的动力学特性，通常需要增加飞机处于稳定状态时的滚转阻尼。

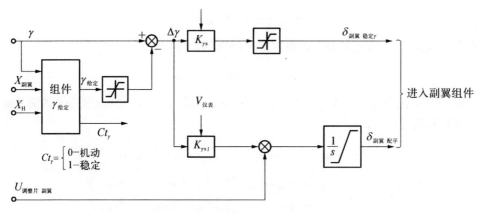

图 4.8　滚转角稳定控制律

4.3　保证飞机飞行包线的控制律

4.3.1　飞行中俯仰角的限制

通常在现代运输类飞机的电传控制系统中,实现飞行中俯仰角的限制需要考虑接入俯仰角附加反馈。如图 4.4 所示,接入俯仰角附加反馈的可行方法之一,是在俯仰角稳定控制律中给出俯仰角限制值 $\vartheta_{给定}$:

$$\vartheta_{给定}^{限制} = \begin{cases} \vartheta_{min}, & 当 \vartheta_{给定} < \vartheta_{min} \\ \vartheta_{给定}, & 当 \vartheta_{min} \leqslant \vartheta_{给定} < \vartheta_{max} \\ \vartheta_{max}, & 当 \vartheta_{给定} \geqslant \vartheta_{max} \end{cases}$$

在驾驶员不干预控制情况下,俯仰角稳定控制律可以按照 $\vartheta_{min} \leqslant \vartheta = \vartheta_{给定}^{限制} \leqslant \vartheta_{max}$ 条件保持给定的俯仰角值,并且俯仰角将处于 $\vartheta_{min} \leqslant \vartheta \leqslant \vartheta_{max}$ 范围内。在飞行员干预控制情况下并且 $\vartheta_{min} \leqslant \vartheta \leqslant \vartheta_{max}$ 时,取给定的俯仰角值等于即时值 ϑ,稳定信号为零值 $\Delta \vartheta = \vartheta - \vartheta_{给定}^{限制} = 0$,并且,当飞行员信号起作用时,系统过渡到机动状态。

在飞行员控制情况下,当俯仰角超出所规定的限制 ϑ_{min} 或 ϑ_{max} 时,会出现俯仰角反馈 $\Delta \vartheta = \vartheta - \vartheta_{给定}^{限制} \neq 0$,它阻止俯仰角在 $\vartheta \geqslant \vartheta_{max}$ 时的继续增大,或者阻止 $\vartheta < \vartheta_{min}$ 时的俯仰角减小。该限制并非硬性规定,它允许超出给定限制值。$\Delta \vartheta_{max} = \vartheta - \vartheta_{max}$ 或 $\Delta \vartheta_{min} = \vartheta - \vartheta_{min}$ 的超出值取决于俯仰角反馈系数 K_ϑ。在系数 K_ϑ 为实际值时,如果前后最大限度推拉驾驶杆,俯仰角的超出值为 $\Delta \vartheta \approx 5° \sim 8°$。

4.3.2　法向过载限制控制律

上文所给出的升降舵积分控制律,可保证稳态法向过载为给定值 $\Delta n_{y给定} = \Delta n_y$。法向过载限制基于法向过载给定值的形成方法,其目的是为了在驾驶杆最大偏转情况下法向过载给定值与最大值一致。静态特性举例如图 4.9 所示。

在驾驶杆移动区间 $X_{B抖杆} \leqslant X_B \leqslant X_{B0}$ 范围内可实现给定的杆力梯度

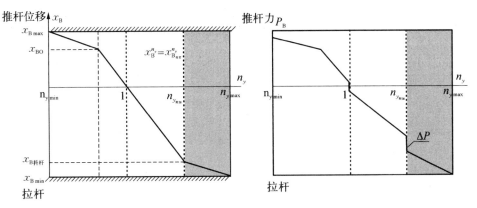

图 4.9　法向过载限制控制律

$X_{\text{B}}^{n_y} = X_{\text{B给定}}^{n_y}(V_{\text{表}})$，其可保证令人满意的控制品质。给定的杆力梯度随飞行状态变化，通常随表速 $X_{\text{B给定}}^{n_y}(V_{\text{表}})$ 变化。数值 $X_{\text{B抖杆}}$ 与驾驶杆的"拉杆"位置对应，在这种情况下，飞机或者达到了迎角使用区边界（$\alpha \approx \alpha_{\text{抖杆}}$），或者达到了过载使用区界限 $n_{y\text{附加}}$。X_{B0} 为给定的常量，其相当于驾驶杆最大"推杆量"的 $50\% \sim 70\%$：$X_{\text{B0}} = (0.5 \sim 0.7) X_{\text{B max}}$（下标"抖杆"指驾驶杆出现"抖动信号"）。

　　超出这个范围后，静态特性 $X_{\text{B}}(n_y)$ 的变化要保证实现所要求的使用过载范围，即 $n_{y\,\min} \leqslant n_y \leqslant n_{y\,\max}$。在这种情况下，飞机承受的最大过载 $n_y = n_{y\,\max}$ 要与达到物理限动点，即驾驶杆最大拉杆 $X_{\text{B}} = X_{\text{B min}}$ 相对应，而飞机承受的最小过载 $n_y = n_{y\,\min}$ 要与达到物理限动点 $X_{\text{B}} = X_{\text{B max}}$，即驾驶杆最大"推杆"相对应。

　　在驾驶杆"拉杆"量为 $X_{\text{B抖杆}}$ 情况下，通过明显增大驾驶杆力的办法可实现预防接近法向过载使用限制值的功能。在这种情况下，在驾驶杆"拉杆"至与飞机承受的过载 $n_y = n_{y\text{附加}}$ 对应的位置 $X_{\text{B}} = X_{\text{B抖杆}}$ 时，就会产生一个附加杆力 ΔP，这个力是防止超过给定过载 $n_{y\text{附加}}$ 的有效手段。关系曲线 $P_{\text{B}} = f(n_y)$ 的例子如图 4.9 所示。

4.3.3　迎角限制控制律

　　迎角限制控制律可通过接入一个专门的迎角附加积分回路来实现。在调整迎角限制控制律的参数时，要保证驾驶杆最大拉杆状态 $X_{\text{B}} = X_{\text{B min}}$ 时，飞机的迎角不超出给定的最大值 $\alpha_{\max}$。通常，给定的最大迎角值取 $\alpha_{\max} \leqslant \alpha_{\text{失速}}$，式中，$\alpha_{\text{失速}}$ 为失速迎角，它是迎角的临界值。

　　迎角限制控制律如图 4.10 所示。

　　在 $\alpha_{\text{接通}} \leqslant \alpha_{\text{抖杆}}$ 情况下，接通迎角附加综合回路；$\alpha_{\text{抖杆}}$ 为迎角，它是迎角使用限制值的范围。接下来，取 $\alpha_{\text{接通}} = \alpha_{\text{抖杆}}$。

$$\Delta \alpha_{\text{f}} = \begin{cases} 0, & \text{当 } \alpha \leqslant \alpha_{\text{抖杆}} \\ \alpha - \alpha_{\text{抖杆}}, & \text{当 } \alpha > \alpha_{\text{抖杆}} \end{cases}$$

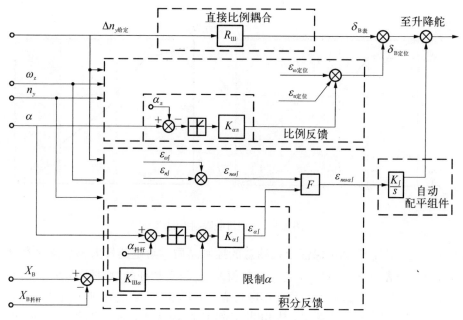

图 4.10 迎角限制控制律

$$\varepsilon_{\alpha\int} = \left[K_{\text{III}\alpha} \cdot (X_{\text{B}\int} - X_{\text{B}信号}) + \Delta\alpha_\int\right] K_{\alpha\int}$$

$$\varepsilon_{n\omega\int} = K(\varepsilon_{n\omega\int}, \varepsilon_{\alpha\int}) \tag{4.2.23}$$

在选择传递系数 $K_{\text{III}\alpha}$ 时,要保证驾驶杆拉杆到限动点 $X_\text{B} = X_{\text{B min}}$ 时飞机能够达到的迎角为 $\alpha_{\max}$。这里同前面一样,$X_{\text{B}抖杆}$ 对应驾驶杆拉杆最大位置,在这种情况下,飞机达到迎角使用限制区($\alpha = \alpha_{抖杆}$)。

函数 $F(\varepsilon_{n\omega\int}, \varepsilon_{\alpha\int})$ 这样形成:在迎角使用范围内,当 $\alpha < \alpha_{抖杆}$ 时,函数 $F(\varepsilon_{n\omega\int}, \varepsilon_{\alpha\int}) = \varepsilon_{n\omega\int}$,在迎角由 $\alpha_{抖杆}$ 向 $\alpha_{\max}$ 增大时,信号 $\varepsilon_{n\omega\int}$ 变小,而信号 $\varepsilon_{\alpha\int}$ 变大;并且在 $\alpha = \alpha_{\max}$ 情况下函数 $F(\varepsilon_{n\omega\int}, \varepsilon_{\alpha\int}) = \varepsilon_{\alpha\int}$。结果形成了如图 4.11 所示的静态关系曲线 $X_\text{B}(\alpha)$。

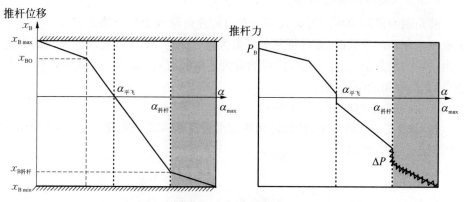

图 4.11 迎 角 限 制

为了改善动力学特性,必须向积分回路再接入关于迎角的附加位置比例反馈。在 $\alpha > \alpha_{凹}$ 情况下接入迎角位置反馈,其中,$\alpha_{凹}$ 为俯仰力矩特性曲线 $m_z(\alpha)$ 中出现"凹勺"的初始迎角,或关系曲线 $C_y(\alpha)$ 出现下降的初始迎角,在这里,过载反馈弱化:

$$\Delta\alpha_{凹} = \begin{cases} 0, & \text{当 } \alpha \leqslant \alpha_{凹} \\ \alpha - \alpha_{凹}, & \text{当 } \alpha > \alpha_{凹} \end{cases}$$

$$\varepsilon_{\alpha\,比例} = K_{\alpha\Pi}\Delta\alpha_{凹}$$

$$\delta_{B\,比例} = \varepsilon_{n\,比例} + \varepsilon_{\omega\,比例} + \varepsilon_{\alpha\,比例} \tag{4.2.24}$$

所给的这些控制律可保证飞机在进行机动和减速时有效地限制迎角。在迎角 $\alpha < \alpha_{抖杆}$ 范围内机动时,驾驶杆位移与过载成比例变化。在飞机进入迎角 $\alpha = \alpha_{抖杆}$ 时,接通迎角附加反馈,可保证从过载控制向迎角控制的平稳过渡。在这种情况下,形成这样的静态特性 $X_B = f(\alpha)$,飞机达到最大迎角 α_{max} 与驾驶杆拉杆到最大位置 $X_{B\,min}$ 相对应,并且可保证迎角的限制功能。在使用常值杆力梯度 P^z 的弹簧加载机构时,杆力静态特性 $P_B = f(\alpha)$ 的变化规律,实际上与关系曲线 $X_B = f(\alpha)$ 相同。

当使用载荷机构作为告警装置时,当 $\alpha \geqslant \alpha_{抖杆}$ 时,会形成一道"杆力墙"或(和)伴随驾驶杆抖动,这就更有效地实现了临近失速告警功能。图 4.11 所示为 $n_y(\alpha_{max}) < n_{y\,max}$ 情况下,飞机进行机动时电传控制系统所实现的静态关系曲线 $X_B = f(\alpha)$ 和 $P_B = f(\alpha)$ 类型。

为了使用图解法说明有关迎角、法向过载和俯仰角的告警和限制功能的工作情况,图 4.12 和图 4.13 给出了驾驶杆从一个限动点偏转到另一个限动点时飞机的响应计算结果。图上记录了有关俯仰角 ϑ、迎角 α、法向过载 n_y、表速 $V_表$ 和飞行高度 H 的过渡过程。并给出了迎角限制值 $\alpha_{抖杆}$ 和 α_{max}。在驾驶杆"推杆"到限动点时,飞机达到过载 $n_y \approx n_{y\,min} \approx 0$。在驾驶杆"拉杆"到最大值(限动点)时,飞机或者进入最大迎角 $\alpha \approx \alpha_{max}$ (见图 4.12),或者达到最大过载 $n_y \approx n_{y\,max} = 2.5$(见图 4.13)。

最大迎角或最大过载可保持到俯仰角超出给定值 $\vartheta_{给定\,max} = 20°$ 为止。在 $\vartheta \geqslant \vartheta_{给定\,max}$ 情况下接通俯仰角附加反馈,就可阻止其继续增大。所以,尽管驾驶杆已经位于最大"拉杆"位置,但飞机都要离开最大迎角或最大过载区域。如果在减速过程中驾驶员不干预控制(见图 4.14),那么,在达到迎角 $\alpha \approx \alpha_{抖杆}$ 情况下,接通迎角反馈,防止其继续增大。

4.3.4　飞行速度限制控制律

通常在形成飞机超出最大飞行速度 $V_{max}(Ma_{最大使用})$ 和限制速度 $V_D(Ma_D)$ 的告警功能时,需要接通升降舵和扰流片附加反馈来实现:

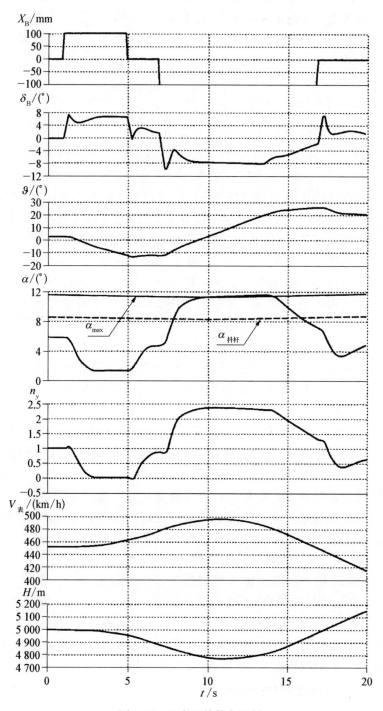

图 4.12 迎角和俯仰角限制

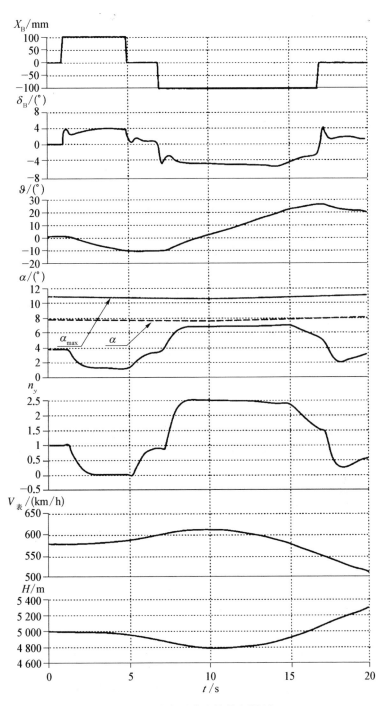

图 4.13 法向过载和俯仰角限制

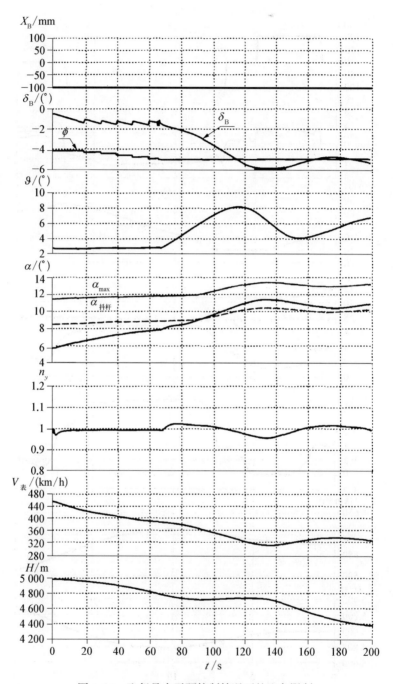

图 4.14　飞行员未干预控制情况下的迎角限制

$$\varepsilon_{VM} = \begin{cases} \varepsilon_V, & \text{当}\varepsilon_V \geqslant \varepsilon_M \\ \varepsilon_M, & \text{当}\varepsilon_V < \varepsilon_M \end{cases} \tag{4.2.25}$$

式中：$\varepsilon_V = K_V \Delta V_{\text{表}}$

$$\Delta V_{\text{表}} = \begin{cases} 0, & \text{当}V_{\text{表}} < V_{\max} \\ V_{\text{表}} - V_{\max}, & \text{当}V_{\text{表}} \geqslant V_{\max} \end{cases} \tag{4.2.26}$$

$$\varepsilon_{Ma} = K_{Ma} \Delta Ma$$

$$\Delta Ma = \begin{cases} 0, & \text{当}Ma < Ma_{\text{最大使用}} \\ Ma - Ma_{\text{最大使用}}, & \text{当}Ma \geqslant Ma_{\text{最大使用}} \end{cases} \tag{4.2.27}$$

给定的最大速度取决于机翼增升装置的位置，对于巡航形态，$V_{\max} = V_{\text{最大使用}}$。

正如图 4.15 所示的那样，信号 ε_{VM} 可接入到升降舵控制回路，也可接入到扰流片控制回路（见图 4.7）。

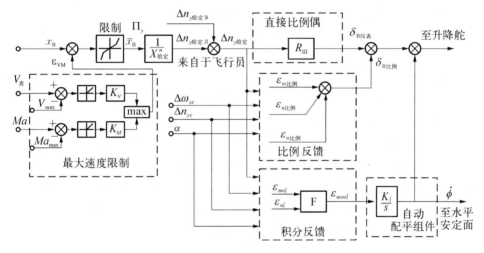

图 4.15 最大速度和 Ma 数限制

参数 K_V，K_M，$K_{\text{扰流片 VM}}$ 应当这样选择，使得飞机按飞行品质规范完成规定的机动动作时，不会超过速度 V_D 或马赫数 Ma_D 的限制。

有关接近失速速度的预告功能和最小速度限制功能，则通过迎角限制控制律实现。正如上文所指出的那样，自动配平功能是在速度使用范围 $V_{\text{抖杆}} \leqslant V_{\text{表}} \leqslant V_{\text{最大使用}}$ 内被激活的。在该速度范围内，驾驶杆的配平位置与中立位置相对应，即保持零梯度的杆力和速度位移梯度 $P_B^V = 0$，$X_B^V = 0$。超出使用范围后，在 $\alpha > \alpha_{\text{抖杆}}$ 情况下接入迎角附加反馈，在 $V_{\text{表}} \geqslant V_{\text{最大使用}}$ 或 $Ma > Ma_{\text{最大使用}}$ 情况下接入飞行速度或 Ma 数附加反馈，进一步提高速度稳定性（$P_B^V > 0$，$X_B^V > 0$）。图 4.16 所示为减速状态下电传控制系统实现的静态特性 $X_B = f(V)$ 和 $P_B = f(V)$。

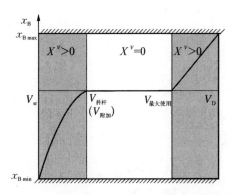 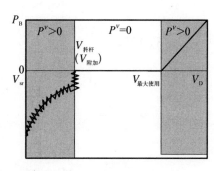

图 4.16　速　度　限　制

提高稳定性可防止飞机突然超出速度和 Ma 数的使用限制区域,并同时执行向驾驶员告警功能。违反速度使用包线左边界的情况,仅在驾驶员有意识拉驾驶杆来继续减速才有可能出现。"杆力墙"或(和)驾驶杆抖动可更有效地实现临近失速告警功能。当继续偏转驾驶杆,并将驾驶杆拉到底 $X_{B\,min}$,则飞行速度将从 $V_{信号}$ 减小至与迎角 α_{max} 对应的最小飞行速度 V_{min}。保持驾驶杆在限动位置不动,即 $X_B = X_{B\,min}$,速度会维持在 $V = V_{min}$。

违反速度包线右边界的情况,也是仅在驾驶员有意识地通过推杆来继续加速时才有可能出现,并且在 $X_B = X_{B\,max}$(物理限动器)情况下,速度不应超过完成规定机动动作所允许的临界速度 V_D。

为了图解说明飞行速度限动器的工作,在图 4.17 上模拟演示了规范文件 FAR - 25 分部和 AП - 25 中所规定的机动动作。该机动动作假设飞机应以速度 $V_{最大使用}/Ma_{最大使用}$ 改出所设定的飞行状态,并且在 20 s 的时间内以低于初始轨迹 7.5°倾角的轨迹飞行,接下来以 $1.5g$ 过载(过载增量为 $0.5g$)拉起。在这种情况下,发动机推力不应超过保持速度 $V_{最大使用}/Ma_{最大使用}$ 所需要的推力值。在执行该机动动作时,不被超过速度 V_D/Ma_D。在超出速度 $V_{最大使用}/Ma_{最大使用}$ 情况下,自动接通升降舵和扰流片,使飞机上仰,以阻止速度增大。在执行这样的机动并且正确调节限动器参数情况下,速度不会超过 V_D/Ma_D。

4.3.5　起飞阶段俯仰角限制控制律

飞机在起飞和着陆时,后机身擦碰跑道问题是一个与飞行安全相关的最重要问题。这些擦碰可能带来与昂贵的维修费用和被迫停飞相关的严重的经济损失,并且在未及时发现情况下会造成飞行安全威胁。据国外公开的资料,该问题已引起所有航空公司的不安和重视。例如,在 1984—1994 年期间,B757 飞机已经发生了八十起左右后机身与起飞着陆跑道接触事件。

起飞和着陆时后机身与跑道擦碰的主要原因——所建议的驾驶方法与实际情况有偏差。

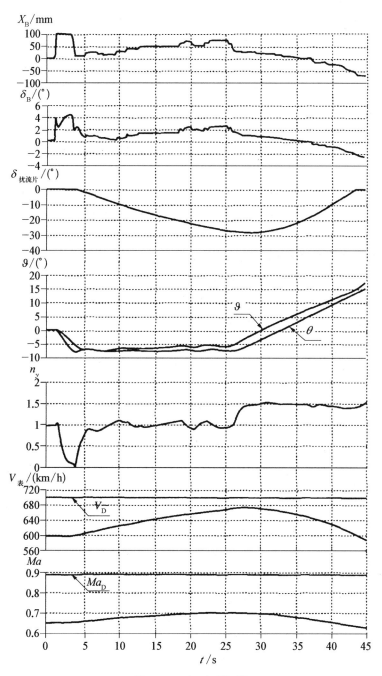

图 4.17 表 速 限 制

起飞时：

—— 抬起前轮时的飞行速度低于所建议的速度；

—— 前轮抬起速度过急；

—— 水平安定面的调整不正确。

着陆时：

—— 以低于所建议的速度拉平；

—— 着陆过晚；

—— 主起落架机轮与起飞着陆跑道接触后前轮放下过晚。

可见，出现这些偏差主要原因有：以低于所建议的速度进行起飞和着陆机动，起飞时前轮抬起速度过快。

另一方面，出现偏差还会导致其他后果，例如，以高于所建议的速度完成起飞和着陆机动，或以较低的抬前轮速度进行起飞，这些都会导致起飞和着陆距离明显增加。所以，尽管允许存在某些偏差，但必须严格遵守所建议的驾驶方法。此外，在拟定所建议的驾驶方法时，后机身擦碰跑道的危险性迫使我们以损失滑跑距离为代价来满足要求。尤其是它涉及起飞时抬前轮速度的选择。通常，前轮抬起的角速度为 $2°/s\sim3°/s$ 并且飞机离地时刻的俯仰角低于临界角 $3°\sim4°$。在这里，为了缩短起飞距离，就要明显地压缩所留的余量。

所以，在进行起飞和着陆时，应严格遵守所建议的驾驶方法，这样既不会导致后机身擦碰起飞着陆跑道，也不会出现滑跑距离的突然增大。

这一问题可通过使用限制起飞时的俯仰角的自动设备来解决。自动限制俯仰角可降低对保持所建议的驾驶方法精度的硬性要求，同时可改变驾驶方法本身也就缩短了起飞和着陆滑跑距离。

第 4.3.1 节所描述的飞行中俯仰角限制控制律不是硬性要求，它首先具有告警功能，不允许俯仰角超出给定的最大值。但是，起飞时的俯仰角限制是硬性要求，不允许明显超出给定最大值。所以，为了限制起飞时的俯仰角，需要使用另一控制律，该方法可实现硬性限制俯仰角这一原则。在这个限制俯仰角控制律中，当出现超出给定最大俯仰角的危险情况时，可将飞行员的俯仰控制信号 X_B 转换为给定的最大俯仰角稳定信号 $\vartheta_{\max 起飞}$。限制起飞俯仰角原则在图-214 飞机电传控制系统控制律内得以应用[4,5]。

飞行员控制信号以给定角速度值的形式形成：

$$\omega_z^{驾驶员} = \frac{X_B}{X_{B给定}^{\omega_z}}$$

式中：$X_{B给定}^{\omega_z} = \dfrac{V}{g} X_{B给定}^{n_y}$，以及给定最大俯仰角的稳定信号 $\omega_z^{\vartheta} = K_{\vartheta 限制}(\vartheta_{\max 起飞} - \vartheta) + K_{\omega_z \vartheta 限制} \omega_z$，$\vartheta_{\max 起飞}$ 是飞行高度的函数，首先由飞机的几何形状来确定。

接下来,借助于逻辑功能F_ϑ确定最关键的信号

$$\omega_{z\,给定} = F_\vartheta(\omega_z^{驾驶员},\ \omega_z^\vartheta)$$

该信号进入到控制系统:

$$X_{B\,限制} = X_{B\,给定}^{\omega_{z\,给定}}\ \omega_{z\,给定}$$

在飞机脱离起飞着陆跑道后的 Δt 时间后,限制信号断开。起飞时俯仰角限制控制律如图 4.18 所示。

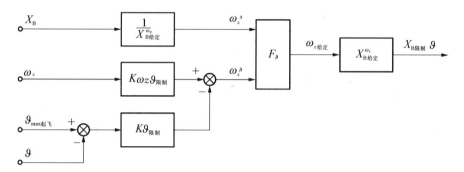

图 4.18　起飞时的俯仰角限制

4.3.6　飞行中滚转角限制

飞行中的滚转角限制方法包括:明显提高飞机在 $|\gamma| > \gamma_{\min\,满偏}$ 时的螺旋稳定性,并且在副翼和扰流片控制中加入滚转角反馈:

$$\delta_{副翼\,限制\gamma} = K_\gamma f(\gamma)$$

两种方式都可以形成信号 $f(\gamma)$。

第一种方式:

$$f(\gamma) = \begin{cases} 0, & 当\ |\gamma| < \gamma_1 \\ \gamma - \gamma_1 \cdot \mathrm{sign}(\gamma), & 当\ |\gamma| \geqslant \gamma_1 \end{cases}$$

此时函数 $f(\gamma)$ 属于死区形式。在滚转角 $-\gamma_1 \leqslant \gamma \leqslant \gamma_1$ 范围内(不敏感区宽度),可保证常规形式的滚转控制,此时滚转角速度与驾驶杆的偏转一致,无滚转反馈:$\delta_{副翼\,限制\gamma} = 0$。接下来,在滚转角 $|\gamma| \geqslant \gamma_1$ 增大时,接通反馈 $\delta_{副翼\,限制\gamma} = K_\gamma(\gamma - \gamma_1\,\mathrm{sign}\,\gamma)$,在这种情况下,滚转驾驶杆的偏转与滚转角的增量 $\Delta\gamma = \gamma - \gamma_1\,\mathrm{sign}\,\gamma$ 成比例。在滚转驾驶杆偏转 $X_{副翼\,\max}$ 最大情况下可实现最大滚转角 $\gamma_{\max\,满偏}$,该数值取决于反馈系数 K_γ:

$$\gamma_{\max\,满偏} = \frac{K_{III\,副翼}}{K_\gamma} X_{副翼\,\max} + \gamma_1$$

飞机受到保护,以免其意外地进入滚转角 $|\gamma| > \gamma_1$。在驾驶杆处于中立位置,无驾驶员干预控制情况下,滚转角不超过 γ_1。仅在驾驶员干预控制的情况下才出现超过 γ_1 的情况。这个回路可利用驾驶杆力来保证有超过 γ_1 的告警功能,还可保证通过滚转驾驶杆完全偏转 $X_{副翼\,max}$ 情况下的数值 $\gamma_{max\,满偏}$ 来保证滚转角的限制功能。这种限制滚转角的方法首先在空客 A320 等飞机和俄罗斯的 SSJ - 100 飞机上得以实现。

第二种方式:

$$f(\gamma) = \begin{cases} 0, & \text{当} \ |\gamma| < \gamma_1 \\ \gamma - \gamma_1 \operatorname{sign} \gamma, & \text{当} \ \gamma_1 < |\gamma| < \gamma_2 \\ (\gamma_2 - \gamma_1) \operatorname{sign} \gamma, & \text{当} \ |\gamma| \geqslant \gamma_2 \end{cases}$$

在这种情况下,函数 $f(\gamma)$ 属于受到限制的不敏感区。与第一种情况一样,在滚转角 $|\gamma| \leqslant \gamma_1$ 范围内(不敏感区宽度)可保证常规形式的滚转控制,在这种情况下,滚转角速度与驾驶杆偏转一致。在滚转角 $|\gamma| \geqslant \gamma_1$ 情况下,滚转驾驶杆的偏转与滚转角的增量 $\Delta\gamma = \gamma - \gamma \operatorname{sign} \gamma$ 成比例。最终,在对应 $|\gamma| > \gamma_2$ 的最大驾驶杆偏转情况下,驾驶杆的偏转又与滚转角速度成比例,并且具有较小的比例系数。在这种情况下,保持有关超出 γ_1 的告警功能。在临界状态下,必要时,它可使飞机产生较大的滚转角。这种方式在俄罗斯的图- 204 和图- 334 飞机上使用过。

4.3.7　起飞和着陆阶段滚转角限制控制律

上文的研究考虑了接通滚转角附加反馈的滚转角限制方法不是硬性的。在动力学中,超出给定的最大值是可能的。此外,滚转角最大值 $\gamma_{max\,满偏}$ 取决于反馈系数 K_γ。仅在反馈系数值 K_γ 较大情况下,才能达到防止机翼擦碰跑道所要求的约为 $10°$ 的 $\gamma_{max\,满偏}$ 的较小值,根据稳定性条件,这是不可能实现的。

所以,为了限制起飞着陆状态下飞机的滚转角,可以使用上文所描述的控制原则,起飞时俯仰角限制器就是基于此原则。该原则的基本思想是:在出现超出给定的最大滚转角危险情况时,可将飞行员的滚转控制信号 $X_{副翼}$ 转换为给定最大滚转角稳定信号 $\gamma_{max\,起飞}$。

给定的最大滚转角 $\gamma_{max\,起飞}$ 取决于飞行高度并首先由飞机的几何形状来确定。为了减小飞行高度急剧变化时的静态误差,可借助均衡环节来修正给定的最大滚转角:

$$\gamma_{max} = \gamma_{max\,起飞}(H) + K_{\gamma i} \cdot W(s)_{\gamma i} \gamma_{max\,起飞}(H)$$

式中:$W(s)_{\gamma i}$ 为类型如下的均衡环节:

$$W(s)_{\gamma i} = \frac{T_{\gamma i} s}{T_{\gamma i} s + 1}$$

形成驾驶员控制信号

$$\delta_{X_9} = K_{\text{Ⅲ副翼}}\, X_{\text{副翼}}$$

和给定最大滚转角稳定信号

$$\delta_{\gamma-} = K_{\gamma}^{\text{限制}}(\gamma - \gamma_{\max}) + K_{\omega_x}^{\text{限制}}\,\omega_x$$

$$\delta_{\gamma+} = K_{\gamma}^{\text{限制}}(\gamma + \gamma_{\max}) + K_{\omega_x}^{\text{限制}}\,\omega_x$$

由于驾驶杆横向正偏度对应负的滚转负角速度或者相反,它取决于驾驶杆横向偏度 $X_{\text{副翼}}$ 的符号规定,或者使用 $\delta_{\gamma+}$ 或者使用 $\delta_{\gamma-}$。信号 $\delta_{x\text{副翼}}$、$\delta_{\gamma+}$、$\delta_{\gamma-}$ 和脚蹬移动信号 $X_{\text{н}}$ 进入逻辑模块 F_γ,在该逻辑模块内确定最关键的信号。结果是,形成不会导致超出给定最大滚转角 $\gamma_{\max}$ 的控制信号 $X_{\text{副翼限制}\gamma}$。

所研究的限制器简化框图如图 4.19 所示。

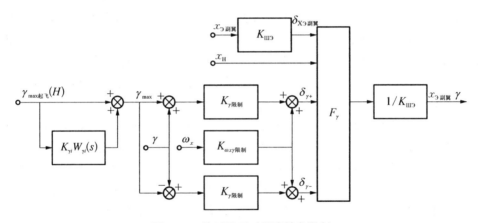

图 4.19　接近地面时的滚转角限制

必须指出,所研究的限制器有效地限制了驾驶盘或侧杆横向控制时能够达到的滚转角。在正确选择限制器参数情况下,最大限度横向偏转驾驶盘(杆)时滚转角的超调量和静态误差不超过约 ±1°。但是,在蹬舵时,该限制器的效能会降低。由于侧滑角对飞机滚转力矩有明显影响,所以产生了较大的静态误差。通过在横向控制机构内引入侧滑角附加反馈或将脚蹬与横向控制机构交联,可达到减小静态误差的目的。这样的耦合可使飞机对蹬舵或侧风引起的滚转响应水平降低。这就使得静态误差降至可接受的数值。

4.3.8　发动机故障扰动自动排除装置

起飞和着陆状态是飞机最复杂的飞行状态之一,其特点是,驾驶员的驾驶负荷较大。如果在这些状态突然出现单发故障,驾驶员的负荷会因为必须排除在这种情况下所出现的扰动力矩而增大。发动机故障扰动自动排除装置(АПОД)可从本质上提高飞机在发动机出现故障情况下,尤其是起飞和复飞阶段的飞行安全(此时的发动机推力最大),同时可及时消除大部分的扰动偏航力矩。由于发动机故障对飞机滚转和俯仰引起的力矩较小,其补偿交给驾驶员处理。发动机故障自动消除装置的使用可从根本上减小在发动机出现故障情况下驾驶员监视飞机的负荷,并可提高飞机的轨迹控制精度。实际上,在所有先进的国内外干线飞机上正在使用某种类型的发动机故障自动消除装置。在发动机故障扰动自动消除装置控制律的研制中贡献较大的是 B. Φ. 布拉加津[4.6]。B. Φ. 布拉加津研制的发动机故障扰动自动消除装置控制律已在俄罗斯的图-204 和 SSJ-100 飞机的电传控制系统中使用。

我们来研究一个普通的双发飞机的发动机故障扰动自动消除装置方案,在该方案中,为了补偿发动机故障引起的扰动,只使用方向舵。在先进的涡轮喷气发动机中没有推力的直接测量装置。对其数值的判断可以间接地根据来自发动机控制系统(发动机电传控制软件或 FADEC)的信息。发动机的低压涡轮或高压压气机涡轮转速以及压比(engine pressure ratio)参数,即压气机入口处压力和喷管出口处的压力比,这些信息均可用于判断发动机是否有故障。压比参数与发动机推力的一致性很高,但是,并非所有的发动机控制系统都可以提供这一信息。所以,在发动机故障自动消除装置控制律中经常使用发动机低压涡轮转速信息,在动力学特性方面,发动机低压涡轮转速变化要比高压压气机涡轮转速变化更接近发动机的推力变化。

在建立发动机故障扰动自动消除装置控制律时,发动机每分钟的转速差与消除侧滑的方向舵偏度相关联。图 4.20 给出了涡轮喷气发动机低压涡轮转速和相对推力随时间变化的典型关系曲线,当时发动机发生了"停止供油"故障,发动机开始由起飞状态向自转过程过渡。对推力和转速关系曲线的分析表明,故障后发动机转速的下降速度低于推力的下降速度,在这种情况下,达到所设定的自转转速的时间很长。所以,为了保证快速偏转方向舵,消除发动机故障引起的侧滑,在发动机故障扰动自动消除装置控制律中使用转速随时间变化的关系曲线的初始限制段,如图 4.20 所示。

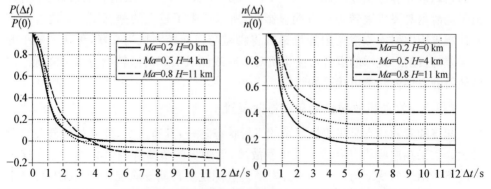

图 4.20　发动机出现故障后低压涡轮相对推力和转速随时间变化关系曲线

根据左右发动机的低压涡轮转速差的变化 Δn,可以给出发动机故障扰动自动消除装置中所需的方向舵偏度,以消除偏航扰动力矩。如果转速差模数不超过给定的数值 Δn_0,方向舵则不会出现偏转。这是在左右发动机转速小幅失调情况下,断开发动机故障自动消除装置工作所必需的。在转速差 $|\Delta n| > \Delta n_0$ 情况下,发动机故障自动消除装置所需的方向舵偏度与该差值成比例。如果发动机推力在故障发生时小于起飞推力,那么,也没必要接通发动机故障扰动自动消除装置。所以,如果发动机转速小于某一数值 n_d,其在发动机故障自动消除装置内可忽略不计。

在飞机起飞和着陆滑跑、离地起飞并爬高阶段,为排除故障所需的方向舵偏度由相应的配平关系曲线 $\delta_\text{H} = f(V_\text{表})$ 的计算来确定。为了在发动机故障自动消除装置内使用,方向舵偏度配平关系曲线通过关系曲线 $\Delta\delta_\text{нАПОД} = k(V_\text{表})$ "取平均值"。低速运动时数值 $\Delta\delta_\text{нАПОД}$ 受到限制。需要指出,在选择关系曲线 $\Delta\delta_\text{нАПОД} = k(V_\text{表})$ 时,为了使飞行员能够正确对待所发生的故障,允许利用发动机故障自动消除装置来不完全补偿偏航扰动力矩是合理的,在使用完好的发动机反推力装置时,为了在中断起飞情况下使飞机减速,来自发动机故障扰动自动消除装置的信号为零值。此外,在 $V_\text{表} \leqslant V_0$(V_0 通常取 $\approx 100\text{ km/h}$)情况下,飞机起飞和着陆低速滑跑运动时,来自发动机故障扰动自动消除装置的信号为零值。

用于双发飞机的发动机故障扰动自动消除装置结构如图 4.21 所示。

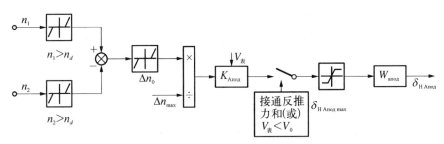

图 4.21 发动机故障扰动自动消除装置结构

Aпод—发动机故障自动消除装置

来自发动机故障自动消除装置的方向舵偏转信号 $\delta_\text{н АПОД}$ 根据下列关系式形成:

(1) $\bar{n}_i = \begin{cases} n_i - n_\text{d}, & \text{当} n_i - n_\text{d} > 0, \\ 0, & \text{当} n_i - n_\text{d} \leqslant 0, \end{cases}$ 式中: $i = 1, 2$ 为发动机编号;

(2) $\Delta\bar{n} = \bar{n}_1 - \bar{n}_2$;

(3) $\Delta n = \begin{cases} \Delta\bar{n} - \Delta n_0 \cdot \text{sign}\,\Delta\bar{n}, & \text{当} |\Delta\bar{n}| > \Delta n_0 \\ 0, & \text{当} |\Delta\bar{n}| \leqslant \Delta n_0; \end{cases}$

(4) $\varepsilon_\text{н} = K_\text{АПОД} \cdot \dfrac{\Delta n}{\Delta n_\text{max}}$,系数 $K_\text{АПОД}$ 取决于表速;

(5) $\varepsilon_\text{нV} = \begin{cases} \varepsilon_\text{н}, & \text{当} V \geqslant V_0 \text{ 和无反推力装置} \\ 0, & \text{当} V < V_0 \text{ 或接通反推力装置}; \end{cases}$

(6) $\varepsilon_{\text{нт}} = \begin{cases} \varepsilon_{\text{HV}}, & \text{当} \mid \varepsilon_{\text{HV}} \mid \leqslant \delta_{\text{н АПОД max}} \\ \delta_{\text{н АПОД max}} \cdot \text{sign}\, \varepsilon_{\text{HV}}, & \text{当} \mid \varepsilon_{\text{HV}} \mid > \delta_{\text{н АПОД max}} ; \end{cases}$

(7) $\delta_{\text{н АПОД}} = W_{\text{АПОД}}(s) \cdot \varepsilon_{\text{нт}}$, $W_{\text{АПОД}}(s) = \dfrac{T_{\text{АПОД}} \cdot s}{T_{\text{АПОД}} \cdot s + 1}$, 式中: s 为拉普拉斯算子; $T_{\text{АПОД}}$ 为洗出滤波器时间常数。

我们将对发动机故障自动消除装置的工作及其参数选择做出最终评价。关于发动机故障后飞行员干预飞机控制问题存在两种意见。根据第一种意见,为了使飞行员控制蹬舵方向与对所发生的故障的正确反应相一致,特别是在发动机故障发生后的第一时间,允许借助于发动机故障自动消除装置来部分补偿偏航扰动力矩是合理的。接下来,允许飞行员逐渐地用驾驶装置自己控制飞机,为此,在控制律中预先规定了洗出滤波器 $W_{\text{АПОД}}(s)$,用以匹配发动机自动消除装置向方向舵发出的自动偏转信号与飞行员对方向舵的控制信号。用于确定信号匹配频率的洗出滤波器时间常数 $T_{\text{АПОД}}$ 的选择在品模台上完成是合理的。

根据第二种意见,不完全补偿干扰力矩和驾驶员主动干预控制,但仅在故障发生后的最初时刻是允许的。在空中轨迹段,在建立了工作发动机所必须的滚转角之后,由发动机故障自动消除装置完全补偿偏航力矩是合理的。在这种情况下,从飞机信息系统得到关于发动机所发生故障的信息是必要的。对力矩的完全补偿会减少驾驶员为了消除飞机的失衡而使用调整片来干预控制的次数,并可提前接通自动驾驶仪来保证品模的舒适条件。在完全补偿力矩的情况下,洗出滤波器可从结构图中清除。

对于具体飞机而言,发动机故障自动消除装置结构的最终选择及其参数的调整应根据驾驶台上的模拟结果来实现。

4.4 具有电传控制综合系统的飞机动力学特性

我们来研究带有电传控制综合系统的干线飞机纵向运动内的控制性和稳定性,以及配平特性。

4.4.1 飞机低速、高速飞行时的配平,加减速的控制

我们采用如下形式的纵向通道综合控制律:

$$\delta_{\text{в}-} = W_{\text{仪表}}\left(K_{\text{ш}}\, X_{\text{в}} + K_{\omega z}\, \omega_z + \frac{K_{\text{n}}}{T_{\text{n}}s + 1}\Delta n_y - K_v \Delta V + \frac{K_\alpha}{T\alpha S + 1}\Delta \alpha + K_s \varepsilon\right)$$

$$(4.4.1)$$

式中: $W_{\text{仪表}}$ 为传动装置传递函数; $K_{\text{ш}}$、K_{n}、K_ω、K_α 为放大系数; T_{n}、T_α 为滤波器时间常数; ε 为确定下列表达式的综合分量。

$$\varepsilon = (K_{\text{ш}\int}\, X_{\text{в}} + K_{\omega\int}\, \omega_z + K_{\text{n}\int}\Delta n_y - K_{v\int}\Delta V)\, F_1(\alpha) + K_{\text{ш}\alpha}\, X_{\text{в}} +$$

$$K_{\alpha \int} + K_{\dot{\alpha} \int} \frac{T_{\dot{\alpha}} s}{T_{\dot{\alpha}} s + 1} \Delta \alpha F_2(\alpha) \tag{4.4.2}$$

式中：$K_{\text{ш}\int}$、$K_{\omega \int}$、$K_{n \int}$、$K_{\text{ш}\alpha}$、$K_{\alpha \int}$、$K_{\dot{\alpha} \int}$ 为积分控制律分量中的相关运动和控制参数的放大系数；$T_{\dot{\alpha}}$ 为洗出环节时间常数。

$$\Delta n_y = n_y - n_{y\text{给定}} \tag{4.4.3}$$

$$\Delta \alpha = \begin{cases} 0, & \text{当} \alpha \leqslant \alpha_{\text{给定}} \\ \alpha - \alpha_{\text{给定}}, & \text{当} \alpha > \alpha_{\text{给定}} \end{cases} \tag{4.4.4}$$

在 $\alpha < \alpha_{\text{给定}}$ 情况下：

$$F_1(\alpha) = \begin{cases} 1, & \text{当} \alpha_{\text{给定}} \leqslant \alpha \leqslant \alpha_{\max} \\ \dfrac{\alpha_{\text{给定}} - \alpha}{\alpha_{\max} - \alpha_{\text{给定}}}, & \text{当} \alpha \leqslant \alpha_{\max} \end{cases} \tag{4.4.5}$$

$$F_2(\alpha) = 1 - F(\alpha_1)$$

$$\Delta V = \begin{cases} 0, & \text{当} V_{\text{表}} \leqslant V_{\text{给定}} \\ V_{\text{表}} - V_{\text{给定}}, & \text{当} V_{\text{给定}} < V < V_{\max} \\ V_{\max} - V_{\text{给定}}, & \text{当} V_{\text{表}} > V_{\max} \end{cases} \tag{4.4.5'}$$

式中：$\alpha_{\text{给定}}$ 和 $\alpha_{\max}$ 为给定的和最大的迎角允许值，通常数值 $\alpha_{\text{给定}}$ 和 $\alpha_{\max}$ 是作为三个参数——飞行 Ma 数、襟翼偏差 $\delta_{\text{襟翼}}$ 和前缘襟翼 $\delta_{\text{前缘襟翼}}$ 偏差最小值的函数。实践中，数值 $\alpha_{\text{给定}}$ 通常取相当于 $\alpha_{\text{抖杆}}$ 或略小（$0.5° \sim 1.0°$）的数值，而 $\alpha_{\max}$ 则取相当于极限（失速）迎角 α_s 的数值。

在分析带有综合系统的飞机纵向配平时，轨迹运动的时间特征常数实质上大于短振荡周期，并且飞行是在稳定的大气中进行的。在这种情况下，在速度坐标系中可以表示飞机单独的纵向运动方程如下：

$$\dot{V} = g(n_{x_e} - \sin \theta)$$

$$\dot{\theta} = \frac{g}{V}(n_{y_e} - \cos \theta) \tag{4.4.6}$$

$$\dot{\omega}_z = M_z = m_z \frac{qS_{\text{BA}}}{J_z}$$

式中：V 为质心速度；θ 为轨迹倾角；n_{x_e} 和 n_{y_e} 为速度坐标系内的过载分量；m_z 为俯仰力矩系数。

机体坐标系内的数值 n_y 根据下列关系式求出：

$$n_y = n_{y_e} \cos(\alpha + \varphi_{\text{传感器}}) - n_{x_e} \sin(\alpha + \varphi_{\text{传感器}}) \tag{4.4.7}$$

式中：$\varphi_{传感器}$为过载n_y传感器敏感轴与飞机机体轴系中OY轴之间的夹角。

通常，在式(4.4.6)中，数值n_{x_e}和n_{y_e}是给定的控制参数。与此同时，在分析方程(4.4.6)中所求出的配平过的纵向驾驶杆偏转时，将数值$\dot{V}$、$\dot{\theta}$、V和θ也作为给定值比较适宜。如果考虑这一点，由式(4.4.6)求出数值n_{x_e}和n_{y_e}并将其代入式(4.4.7)中，可得

$$n_y = \left(\frac{V}{g} \dot{\theta} + \cos\theta \right) \cos(\alpha + \varphi_{传感器}) - \left(\frac{\dot{V}}{g} + \sin\theta \right) \sin(\alpha + \varphi_{传感器})$$

$$(4.4.8)$$

将该值n_y代入式(4.4.2)中，可分析出由数值$\dot{V}$、$\dot{\theta}$、θ和V所确定的实现不同飞机运动状态所必需的纵向驾驶杆偏转（量）。接下来，我们来分析$\dot{\theta} = \theta = 0$情况下的飞行状态。

配平特性$X_{B配平}(V)$和$P_{B配平}(V)$特点

在主要飞行使用包线，即，$\alpha < \alpha_{给定}$和$V < V_{给定}$情况下，带有系统式(4.4.1)的飞机配平特性可根据条件[在式(4.4.1)中，$F_1(\alpha) = 1$和$\omega_z = 0$情况下$\dot{\varepsilon} = 0$]求出：

$$(n_{y平飞} - n_{y给定}) = K_{n∫} + K_{山∫} X_B = 0 \qquad (4.4.9)$$

或

$$X_{B配平} = -(n_{y平飞} - n_{y给定}) \frac{K_{n∫}}{K_{山∫}} \qquad (4.4.10)$$

式中：$n_{y平飞}$为在平飞时的机体坐标系内测量的法向过载信号值。

我们先来研究$n_{y给定} = 1$时的情况。由式(4.4.10)可得到

$$X_{B配平} = -(n_{y平飞} - 1) \frac{K_{n∫}}{K_{山∫}} \qquad (4.4.11)$$

当$\dot{\theta} = \theta = \dot{V} = 0$时，我们可从式(4.4.8)中得到平飞时的机体坐标系内的法向过载值$n_{y平飞}$：

$$n_{y平飞} = \cos(\alpha_{平飞} + \varphi_{传感器}) = \cos(\vartheta_{平飞} + \varphi_{传感器}) \qquad (4.4.12)$$

考虑到这种关系，由式(4.3.11)可得

$$X_{B配平} = [1 - \cos(\alpha_{平飞} + \varphi_{传感器})] \frac{K_{n∫}}{K_{山∫}}$$

或

$$X_{B配平} = 2\sin^2 \frac{\alpha_{平飞} + \varphi_{传感器}}{2} \frac{K_{n∫}}{K_{山∫}} \qquad (4.4.13)$$

由式(4.4.13)可以看出,如果 $n_{y给定} = 1$,那么,数值 $X_{B配平}$ 总是非零值,但 $\alpha_{平飞} = -\varphi_{传感器}$ 情况除外。不过,数值 $X_{B配平}$ 不大。如果假定 $\varphi_{传感器} = 0$, $\alpha_{平飞} = 0.1 \sim 0.2$, $K_{fn}/K_{ul} = 50 \text{ mm/g}$,那么,将得到 $X_{B配平} = 0.25 \sim 1 \text{ mm}$。

下面求配平曲线斜率数值 $X_{B配平}(V)$。对 V 求微分 $X_{B配平}$ 后,将得到

$$\frac{\mathrm{d}X_{B配平}}{\mathrm{d}V} = \sin\alpha_{平飞}\ \frac{\mathrm{d}\alpha_{平飞}}{\mathrm{d}V}\ \frac{K_{n]}}{K_{ul}}$$

由于总是 $\dfrac{\mathrm{d}\alpha_{平飞}}{\mathrm{d}M} < 0$,所以 $\dfrac{\mathrm{d}X_{B配平}}{\mathrm{d}V} < 0$。这说明在驾驶杆固定情况下,存在较弱的"握杆"速度不稳定性(见图4.22)。

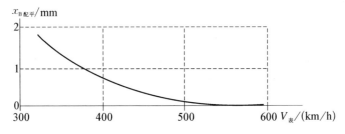

图 4.22　取决于表速的纵向驾驶杆配平位置

所进行的试验台研究表明,飞行员在驾驶客机完成规定机动动作时,如果驾驶杆处于中立位置,实际上没有发现上述速度的不稳定性。

总之,这种不稳定性允许与否取决于纵向驾驶杆预先拉紧的力 P_{B3},因为在速度变化不大情况下,配平力发生变化的量值为 $\Delta P_{B配平} \approx P_{B3}\mathrm{sign}\,X_{B配平}^{V}$。从式(4.4.10)和式(4.4.12)中可以看出,当表达式(4.4.2)中使用机体坐标系内测量的 n_y 时,为了保证平飞时纵向驾驶杆中立配平稳定性,在 $V = \mathrm{const}$ 情况下,必须取

$$n_{y给定} = \cos(\vartheta + \varphi_{传感器}) \tag{4.4.14}$$

高速飞行时的配平

如果表速超过数值 $V_{给定}$,平飞时的驾驶杆纵向配平位置主要由表达式(4.4.2)中的被加数 $K_{V]}\Delta V$ 确定。忽略法向过载在机体坐标系内测量这种情况,或假设 $n_{y给定}$ 由关系式(4.4.14)求得,将得到 $V > V_{给定}$ 情况下的下列配平条件:

$$K_{ul}\,X_B - K_{V]}\Delta V = 0$$

或考虑式(4.3.5):

$$X_{B配平} = \frac{K_{V]}}{K_{ul}}\,(V - V_{给定}),\quad 当 V_{给定} < V \leqslant V_{\max}$$

$$X_{\text{B配平}} = \frac{K_{V\text{j}}}{K_{\text{Ⅲj}}} \left(V_{\max} - V_{\text{给定}} \right), \quad \text{当 } V > V_{\max} \tag{4.4.15}$$

杆位移梯度 $X_{\text{B配平}}^{V} = \dfrac{K_{V\text{j}}}{K_{\text{Ⅲj}}} > 0$ $(V_{\text{给定}} < V \leqslant V_{\max})$ 仅用控制系统参数来确定。这些参数应当这样选择,当飞机的飞行状态由于这些参数而遭到破坏时,这些参数的选择可以使飞机的稳定性水平得以提高。

为了保证纵向下俯控制余量,数值 $\dfrac{K_{V\text{j}}}{K_{\text{Ⅲj}}} \left(V_{\max} - V_{\text{给定}} \right)$ 应受到限制,并小于最大可用推杆行程,使飞行员能够根据速度增量反馈信号"加力"向前推杆。

在驾驶试验台上测试所研究的综合控制系统时,验证了这种"加力"推杆的必要性。在 $V > V_{\max}$, $\Delta X_{\text{B}}^{*} = X_{\text{B配平}} - \dfrac{K_{V\text{j}}}{K_{\text{Ⅲj}}} \left(V_{\max} - V_{\text{给定}} \right)$ 情况下,向前推杆使飞机俯冲的安全余量值取决于发动机特性、飞机气动力特性和飞行状态使用限制。该问题在此不进行研究,尽管可以发现,为了不失普遍性,如果使用俯冲时对应的法向过载增量值 $\Delta n_{y}^{*} = \dfrac{\Delta X_{\text{B}}^{*}}{X_{\text{B}}^{n_{y}}}$ 更方便,而不要对 ΔX_{B}^{*} 值提出相应要求。

在图 4.23 中,飞机在 $X_{\text{B}} \approx 0$ 情况下加速到速度 $V > V_{\max}$,并最后纵向推杆所对应的过渡过程。图中准确地跟踪了飞机在 $V > V_{\max}$ 和 $X_{\text{B}} \sim 0$ 情况下自动改入正过载 $\Delta n_{y} \approx K\left(V - V_{\max} \right)$ 的过程(区段 A、B、C),以及从 B 点到 D 点时纵向推杆控制余量的存在情况。

小表速飞行情况下的配平

在迎角 $\alpha > \alpha_{\text{给定}}$ 所对应的小表速飞行情况下,纵向驾驶杆配平位置应满足关系式

$$K_{\text{Ⅲj}} X_{\text{B}} F_{1}(\alpha) + K_{\text{Ⅲα}} X_{\text{B}} + K_{\alpha\text{j}} \Delta\alpha F_{2}(\alpha) = 0$$

结合式(4.4.3)和式(4.4.5),可以得到

$$X_{\text{B配平}} = -\frac{K_{\alpha\text{j}} \left(\alpha - \alpha_{\text{给定}} \right)^{2}}{K_{\text{Ⅲj}}(\alpha_{\max} - \alpha) + K_{\text{Ⅲα}}(\alpha - \alpha_{\text{给定}})}, \quad \text{当 } \alpha_{\text{给定}} < \alpha < \alpha_{\max} \tag{4.4.16}$$

和

$$X_{\text{B配平}} = -\frac{K_{\alpha\text{j}}}{K_{\text{Ⅲα}}}(\alpha - \alpha_{\text{给定}}), \quad \text{当 } \alpha > \alpha_{\max} \tag{4.4.17}$$

从式(4.3.17)中可以得到,$X_{\text{B配平}}(\alpha_{\max}) = -\dfrac{K_{\alpha\text{j}}}{K_{\text{Ⅲα}}}(\alpha - \alpha_{\text{给定}})$。如果数值 $K_{\alpha\text{j}}$ 和 $K_{\text{Ⅲα}}$ 的选择能够满足条件 $X_{\text{B配平}}(\alpha_{\max}) = X_{\text{B min}}$,式中,$X_{\text{B min}}$ 为推杆最大行程,那么,

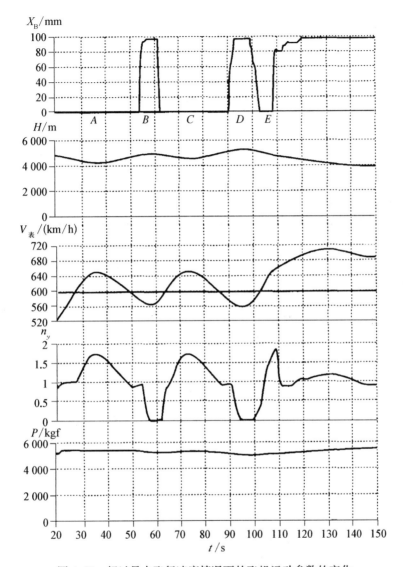

图 4.23 超过最大飞行速度情况下的飞机运动参数的变化

在配平状态下将可保证所谓的迎角控制律限制，在这种情况下，不依赖于影响飞机配平(飞机重心和重量、表速等)的因素，$X_{B\,min}$ 与给定的迎角值 α_{max} 对应。一般情况下，数值 α_{max} 作为 Ma 数、襟翼和前缘襟翼偏转角的函数给出。

根据式(4.4.16)，在 $\alpha_{给定} < \alpha \leqslant \alpha_{max}$ 情况下，速度导数 $X_{B配平}$ 为

$$X_{B配平}^{V} = -\frac{K_{\alpha f}(\alpha - \alpha_{给定})[2\,K_{\coprod f}(\alpha_{max} - \alpha) + (K_{\coprod f} + K_{\coprod \alpha})(\alpha - \alpha_{给定})]}{[K_{\coprod f}(\alpha_{max} - \alpha) + K_{\coprod \alpha}(\alpha - \alpha_{给定})]^2}\,\frac{\mathrm{d}\alpha_m}{\mathrm{d}V}$$

由于 $\dfrac{\mathrm{d}\alpha_{平飞}}{\mathrm{d}V} < 0$，所以，在 $K_{\alpha f}$ 和 $K_{\coprod f}$ 为任意值情况下，数值 $X_{B配平}^{V}$ 在 $\alpha > \alpha_{给定}$ 情

况下为正。

作为例子,在图 4.24 中给出了根据关系式(4.4.9)、式(4.4.15)和式(4.4.16)建立的配平关系曲线 $X_{B配平}(V)$(横轴粗实线)$\dot{V} = 0$。可以看出,在 $\alpha > \alpha_{给定}$ 时飞行速度较低、在 $V > V_{给定}$ 时飞行速度较大情况下,较高的飞机速度静态稳定性是可以保证的。有飞行员参与的综合系统试验台试验,也证实了这种配平关系曲线的高效性。

根据飞行员的意见,这种情况取决于两种因素:一个是加减速时自动配平特性,它可以从根本上简化和减轻飞机的控制;当 $\alpha > \alpha_{给定}$ 或 $V > V_{给定}$、飞行状态遭到破坏时,系统具有较高的速度稳定性。

加速和减速时的配平

在 B. K. 斯维亚托杜赫技术科学博士的积极参与下,对加速和减速情况下带有综合控制系统的飞机的配平特点进行了分析。

在评价飞机纵向加速度对纵向驾驶杆配平位置影响时,将研究飞机在主要飞行包线内的水平直线运动。在这种情况下,根据式(4.4.8)有

$$n_y = \cos(\alpha + \varphi_{传感器}) - \frac{\dot{V}}{g}\sin(\alpha + \varphi_{传感器}) \tag{4.4.18}$$

而在式(4.4.1)中, $\Delta\alpha = \Delta\bar{\alpha} = \Delta V = 0$, $F_1 = 1$, $F_2 = 0$。

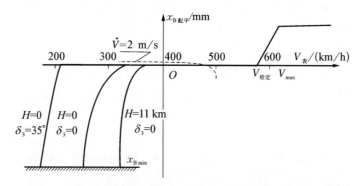

图4.24 在有限制器情况下纵向驾驶杆配平位置与 $V_表$ 的关系曲线

对方程(4.4.1)求微分,并且,用式(4.4.2)中的表达式代替它,得到

$$\dot{\delta}_B = K_{山} \dot{X}_B + K_{\omega z} \dot{\omega}_z + K_n \Delta\dot{n}_y + (K_{山\int} X_B + K_{n\int}\Delta n_y + K_{\omega\int}\omega_z) K_\int$$

$$\tag{4.4.19}$$

利用关系式(4.4.14)来求出数值 $n_{y给定}$。那么,考虑到 $\vartheta = \alpha = \alpha_{平飞}$,并且基于式(4.3.18)和式(4.3.2),可有

$$\omega_z = \dot{\alpha}_{平飞}, \quad \Delta n_y = -\frac{\dot{V}}{g}\sin(\alpha + \varphi_{传感器}) \approx -\frac{\dot{V}}{g}(\alpha + \varphi_{传感器}) \tag{4.4.20}$$

为了求出数值 $\dot{\alpha}_{平飞}$，使用关系式 $\dfrac{\mathrm{d}}{\mathrm{d}t}(C_{ye}V^2)=0$，该关系式由平飞条件 $n_{ye}=1$ 得出。假设数值 C_{ye} 为 α 和 V 的函数，可得到

$$\dot{\alpha}_{m}=-\frac{2C_{y平飞}+C_{ye}^{V}\cdot V}{C_{ye}^{\alpha}}\frac{\dot{V}}{V} \tag{4.4.21}$$

如果对式(4.4.6)第三个方程左侧部分求时间微分，并且认为数值 $\omega_z=\dot{\alpha}_{平飞}$ 很小，以及相关的数值 m_z 是 α 和 δ_B 的函数，于是得到 $m_z^{\alpha}\omega_z+m_z^V\dot{V}+m_z^{\delta}\dot{\delta}_B=0$。根据这个方程求出数值 $\dot{\delta}_B$ 并将其代入式(4.4.19)中。结果，得到针对 X_B 的下列微分方程：

$$T\dot{X}_{B}+X_{B}=-\frac{K_{\omega\text{『}}}{K_{\text{ш『}}}\omega_z-\frac{K_{n\text{『}}}{K_{\text{ш『}}}\Delta n_y-$$

$$\frac{1}{K_{\text{ш『}}K_{\text{『}}}\left[K_{\omega}\dot{\omega}_z+K_n\Delta\dot{n}_y+\frac{1}{m_z^{\delta}}(m_z^V\dot{V}+m_z^{\alpha}\omega_z)\right] \tag{4.4.22}$$

式中：

$$T=\frac{K_{\text{ш}}}{K_{\text{ш『}}K_{\text{『}}} \tag{4.4.23}$$

将数值 ω_z 和 Δn_y 代入式(4.4.22)，结合式(4.4.21)和式(4.4.20)可得

$$T\dot{X}_{B}+X_{B}=\dot{V}f(\alpha,V)$$

式中：

$$f(\alpha,V)=\frac{K_{\text{ш『}}}{K_{\text{ш『}}}+\frac{m_z^{\alpha}}{m_z^{\delta}K_{\text{ш『}}K_{\text{『}}}\frac{2C_y+C_{y\alpha}^V\cdot V}{C_{y\alpha}^{\alpha}V}+\frac{K_{n\text{『}}}{K_{\text{ш『}}}\frac{\alpha_{平飞}+\varphi_{传感器}}{g}\frac{m_z^{\omega_t}}{m_z^{\delta}K_{\text{ш1}}K_{\text{『}}} \tag{4.4.24}$$

在油门杆位置变化时，数值 $\dot{V}$、V、$\alpha_{平飞}$ 分别对应时间函数 $f(\alpha,V)$，并且数值 $\dot{V}$ 在最初时刻和过渡过程衰减后等于零，而 $f(\alpha,V)$ 为加速时减小和减速时增加的 t 的单调函数。由于对非机动飞机而言，$\dot{V}(t)$ 和 $f(\alpha,V)$ 为随时间缓慢变化的函数（长周期函数），而时间常数 T 通常很小，所以，可以得到下列方程：

$$X_{B配平}=\widetilde{F}(t-T) \tag{4.4.25}$$

式中：$\widetilde{F}(t)=\dot{V}(t)f[\alpha(t),V(t)]$。

从式(4.4.24)和式(4.4.25)中可以看出，如果数值 $f(\alpha,V)$ 为正，那么，符号 $X_{B配平}$ 与符号 $\dot{V}(t)$ 吻合，就是说，在加速时 $X_{B配平}>0$，而在减速时 $X_{B配平}<0$。在这种情况下，由于在纵向驾驶杆加载系统内存在预拉力，甚至在数值 $|X_{B配平}|$ 较小情况下，在加减速时会出现对驾驶员而言非常明显的配平力，这些力可作为飞机存在的较弱的速度稳定性来理解，这足够用于正向评价速度变化时的控制性。

反之,在 $f(\alpha, V) < 0$ 情况下,相关力 $P_{B配平}$ 的存在可作为飞机的速度不稳定性来理解。

作为例子,图 4.25 所示为假设的非机动飞机的运动参数和飞行员在加减速时的控制作用记录结果,由此可以看出,$X_{B配平}$ 为非零值并且数值 $X_{B配平}$ 和 $\dot{V}(t)$ 的符号吻合,在所研究的例子中 $f(\alpha, V) > 0$。

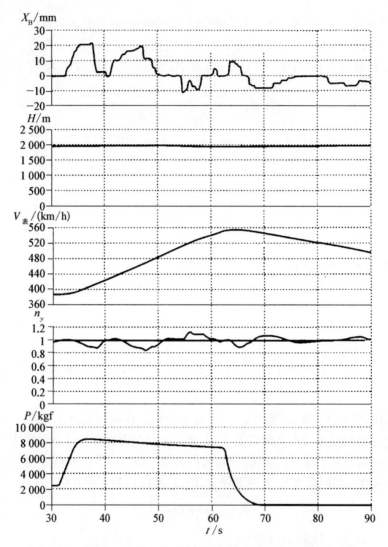

图 4.25 带有综合电传控制系统的飞机在加速时的运动参数变化

在图 4.24 中,虚线表示为 $\dot{V}(t) \neq 0$ 情况下的关系曲线 $X_{B配平}(V)$。

针对 $f(\alpha, V)$ 的表达式中的不同的被加项进行分析[见式(4.4.24)],可以用 $f = f_1 + f_2 + f_3 + f_4$ 的形式给出该数值。

式中:

$$f_1 = 2\,\frac{K_{操}\,C_{y平飞}}{K_{操}\,C_{ye}^{\alpha}\cdot V} + \frac{K_{n积}}{K_{操}}\,\frac{\alpha_{平飞}+\varphi_{传感器}}{g}$$

$$f_2 = 2\,\frac{m_z^{C_y}\,C_{y平飞}}{K_{积}\,K_{操}\,m_z^{\delta}V}$$

$$f_3 = 2\,\frac{C_{ye}^{V}}{C_{ye}^{\alpha}}\left(\frac{K_{\omega积}}{K_{操}} + \frac{m_z^{\alpha}}{K_{积}\,K_{操}\,m_z^{\delta}}\right)$$

$$f_4 = -\left(\frac{m_z^{V}}{K_{积}\,K_{操}\,m_z^{\delta}}\right)$$

对于 C_{ye}^{V} 和 m_z^{V}，下列表达式是正确的：

$$C_{ye}^{V} = \frac{1}{V}(C_{ye}^{M}M + 2\,C_{ye}^{q}q - 2\,C_{y\bar{e}}^{C}C_p)$$

$$m_z^{V} = \frac{1}{V}(m_z^{M}M + 2\,m_z^{q}q - 2\,m_z^{C_p}C_p)$$

式中：q 为速压；C_p 为推力系数，$C_p = \dfrac{P}{qS}$。

表 4.1

H/km	Ma	$f_1/(\mathrm{mm}\cdot\mathrm{s/m})$	$f_2/(\mathrm{mm}\cdot\mathrm{s/m})$	$f_3/(\mathrm{mm}\cdot\mathrm{s/m})$	$f_4/(\mathrm{mm}\cdot\mathrm{s/m})$		f_Σ	
					$\bar{h}_p=0$	$\bar{h}_p=-0.3$	$\bar{h}_p=0$	$\bar{h}_p=-0.3$
0	0.4	1.05	1.3	0.0	−0.75	−0.32	1.6	2.03
11	0.7	1.065	1.02		−1.6	−1.21	0.46	0.87
11	0.8	0.78	0.83		−2.63	−2.32	−1.02	−0.71
11	0.3	0.64	0.71		−10.44	−10.2	−8.99	−8.77
0	0.7	0.72	1.1		−0.28	−0.04	1.52	1.76

表 4.1 中所列的数值 f_i 针对的是巡航构型中的亚声速非机动飞机的几种具有代表性的飞行状态。

在此状态下，$\varphi_{传感器}=0$，

$$m_z^{C_y} = -0.05,\ C_{y\bar{e}}^{C} = 0,\ m_z^{C_p} = -\bar{h}_p$$

式中：$\bar{h}_p$ 为发动机推力力臂相对值，当发动机轴线通过飞机质心下方时，为正值。

正如从表中可看到的那样，说明俯仰角速度和法向过载的综合反馈影响数值 f_1 为正值，符号 f_2 由静稳定安全系数 $m_z^{C_y}$ 确定，并且对于稳定飞机而言，数值 f_2 也是正值。数值 f_3 很小，可以忽略不计，函数 f_4 的符号和数值可由速度纵向力矩的偏导数确定，由于在低速时 $m_z^{V} \leqslant 0$，所以符号 f_4 的影响不确定，在高亚声速区间，即

Ma 数约为 $0.7\sim0.8$，随着飞机速度力矩稳定性 m_z^V 的增长，符号 f_4 的影响变得确定。

所以，符号 f 主要由 f_2 和 f_4 以及 f_1 确定。需要指出的是，在平飞时，被加项 f_2 和 f_4 具有速度纵向力矩全导数特性，并且，只有 f_1 具有俯仰角速度和法向过载的综合反馈的影响特性。针对 $m_z^{Cy}=-0.05$，所列计算已经完成。在静稳定安全系数 m_z^{Cy} 增大情况下，f_2 的影响将增加。

例如，对于 $m_z^{Cy}=-0.2$（$H=0$，$Ma=0.4$），$f_1+f_2+f_4$ 之和将大致等于 $6.2\,\text{mm}\cdot\text{s/m}$。对于具有代表性的加速度 $\dot V=1\sim2\,\text{m/s}^2[3.6\sim7.2\,\text{km/(h}\cdot\text{s)}]$，驾驶杆配平位移将为 $6\sim12\,\text{mm}$，这在试验时已有所记录（见图 4.25）。

4.4.2　长周期运动的动力学

在 B. A. 格利高里耶夫技术科学博士的积极参与下，作者完成了对带有综合控制系统的飞机长周期运动稳定性的分析。

我们来研究带有综合系统飞机法向过载的长周期运动动力学特点。为了分析，我们使用纵向运动综合方程组（4.4.6）。飞行高度的变化可以忽略不计。从方程组（4.4.6）的第二个方程可得到下列形式的针对实时轨迹倾角的相对配平的半机体坐标系内的法向过载增量表达式：

$$\Delta n_{ye}=\frac{V}{g}\dot\theta \tag{4.4.26}$$

但是，增稳系统所用的法向过载通常在机体坐标系内进行测量。所以，引起我们研究兴趣的是过载的这种测量方法对闭环系统动态特性的影响。在控制律中使用法向过载增量信号，该信号可由两种方法计算：

带有实时俯仰值修正的方法

$$\Delta n_{y\vartheta}=n_y-\cos\vartheta \tag{4.4.27}$$

不带实时俯仰值修正的方法

$$\Delta n_y=n_y-\cos\vartheta_0 \tag{4.4.28}$$

式中：ϑ_0 为对应初始稳态过载状态的配平俯仰值，初始稳态法向过载对应的俯仰角的余弦等于 $\cos\vartheta_0$。

使用已知的坐标系式（4.4.7）中过载关系式并将式（4.4.6）中用于 n_{ye} 和 n_{xe} 的表达式代入其中，我们将得到 $\varphi_{传感器}=0$ 情况下用于 n_y 的表达式：

$$n_y=\left(\frac{V}{g}\dot\theta+\cos\theta\right)\cos\alpha-\left(\frac{V}{g}\dot\theta+\sin\theta\right)\sin\alpha$$

将该表达式代入式（4.4.27）和式（4.4.28）中，并相对所设定的平飞条件对其进行线性化，因而，对于过载增量，可得

$$\Delta n_{y\vartheta} = \frac{V}{g}\dot{\theta} - \frac{\alpha_0}{g}\dot{V} \tag{4.4.29}$$

$$\Delta n_y = \frac{V}{g}\dot{\theta} - \frac{\alpha_0}{g}\dot{V} - \vartheta_0\Delta\vartheta \tag{4.4.30}$$

对于小量 θ_0，α_0 和 $\Delta\alpha$，允许用 $\sin(x) = x$，$\cos(x) = 1$ 替换，可以得到表达式 (4.4.29)和(4.4.30)。由此可看出，与半机体坐标系不同，在机体坐标系内测量的法向过载增量信号考虑了实时配平值 $\cos\vartheta$[式(4.4.27)]，这会导致按照该信号对系统进行闭环时需要考虑线加速度 $\dot{V}$。使用信号 n_y 的初始配平值 $\cos\vartheta_0$ 对其进行修正，就决定了俯仰角增量 $\Delta\vartheta$ 反馈的出现。

在 $\vartheta_0 > 0$ 情况下，出现俯仰角正反馈，它会影响长周期运动的稳定性。

为了分析，我们使用已经考虑了 $\vartheta_0 = 0$ 的线性方程组(4.4.6)：

$$\begin{cases} \Delta\dot{\alpha} = -S^\alpha\Delta\alpha - S^V\Delta V + \omega_z \\ \Delta\dot{V} = \bar{X}^\alpha\Delta\alpha - X^V\Delta V + g\Delta\vartheta \\ \dot{\omega}_z = M_z^\alpha\Delta\alpha + M_z^\delta\Delta\delta_b, M_z^V\Delta V + M_z^{\omega_z}\omega_z \\ \Delta\dot{\vartheta} = \omega_z, \quad \bar{X}^\alpha = X^\alpha + g \end{cases}$$

数值 C_y^δ 和 C_x^δ 忽略不计[2,4]。

运动参数部分增量的传递函数具有下列形式：

$$W_{\frac{\Delta\alpha}{\Delta\delta_b}} = \frac{m_z^\delta[s^2 - X^V s + S^V g]}{\Delta}$$

$$W_{\frac{\Delta\vartheta}{\Delta\delta_b}} = \frac{m_z^\delta[s^2 + (S^\alpha - X^V)s - S^\alpha X^V + S^V\bar{X}^\alpha]}{\Delta}$$

$$W_{\frac{\Delta\theta}{\Delta\delta_b}} = \frac{m_z^\delta[sS^\alpha + S^V(\bar{X}^\alpha - g) - X^V S^\alpha]}{\Delta} \tag{4.4.31}$$

$$W_{\frac{\Delta V}{\Delta\delta_b}} = \frac{m_z^\delta[s^2(\bar{X}^\alpha - g) - S^\alpha g]}{\Delta}$$

式中：

$$\Delta = s^4 + [S^\alpha - X^V - M_z^{\omega_z}]s^3 + [S^V\bar{X}^\alpha + X^V M_z^{\omega_z} - M_z^\alpha - S^\alpha(X^V + M_z^{\omega_z})]s^2 + [gM_z^V + S^\alpha X^V M_z^{\omega_z} + X^V M_z^\alpha - \bar{X}^\alpha(M_z^{\omega_z}S^V + M_z^V)]s + gS^\alpha M_z^V - S^V M_z^\alpha g$$

综合系统传递函数可写成如下形式：

$$W_{\delta_b/u_i} = K_\int(T_0 s + 1)/s$$

式中：u_i 为过载信号 Δn_{ye}、$\Delta n_{y\vartheta}$ 或 Δn_y 的增量。参数 u_i 的开环系统传递函数为 $W_p = W_{u_i/\delta_B}$。就是说，对于使用信号 Δn_{ye} 反馈的系统，式(4.4.26)具有下列形式：

$$W^{\mathrm{p}\Delta n_{ye}}_{u} = k\,\frac{T_0 s}{s} \cdot \frac{V}{g} \cdot \frac{s M_z^{\delta} S^{\alpha} \left[s + \dfrac{S^V(\overline{X}^{\alpha} - g) - X^V S^{\alpha}}{S^{\alpha}} \right]}{\Delta} \quad (4.4.32)$$

可以看出,飞机传递函数的零点和系统传递函数的极点被简化[3]。其在坐标原点处根的存在证明了闭环系统的中立稳定性,该系统的根的运动将确定系统零点$1/T_0$和飞机传动函数零点的位置:

$$s_i = \frac{-S^V(\overline{X}^{\alpha} - g) - X^V S^{\alpha}}{S^{\alpha}}$$

对s_i的表达式分析表明,相对于坐标原点,该零点位置由飞机动力稳定性确定。在其存在 $X^V S^{\alpha} < S^V \overline{X}^{\alpha}$ 情况下,零点s_i位于左半平面 ($s_i < 0$)。在动力不稳定性 $X^V S^{\alpha} > S^V \overline{X}^{\alpha}$ 情况下,零点s_i属于右半平面 ($s_i > 0$)[3]。所研究系统的根轨迹方案如图 4.26 所示。

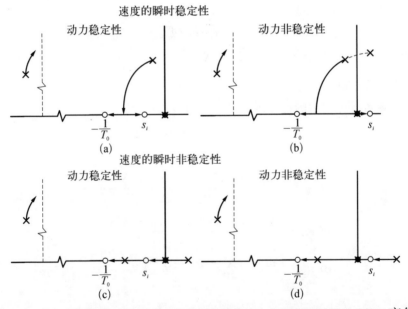

图 4.26　带有综合电传控制系统的飞机特征方程根轨迹变化情况(随增益系数K_i变化)

从该零点的位置可以看出,在综合系统存在力和力矩稳定性情况下,可以用信号 Δn_{ye} 闭合,这样的综合系统不会破坏长周期运动稳定性。

在动力不稳定性存在情况下[见图 4.26(b)],在增益系数K_i足够大情况下,根据信号 Δn_{ye} 闭合的增稳综合系统可能会导致非周期性不稳定性。当存在很大速度力矩不稳定性情况下,此时飞机会出现非周期不稳定[见图 4.26(c,d)],反之,K_i的增大会降低不稳定性级,直至其消失[在动力稳定性情况下,见图 4.26(c)]。然而,存在动力的不稳定性情况下,使用这种方式不可能将其清除[见图 4.26(d)]。

信号$n_{y\vartheta}$的开环系统传递函数具有下列形式：

$$W_{\frac{p\Delta n_{ye}}{u}} = k \frac{T_0 s + 1}{s} \cdot$$

$$\frac{M_z^\delta s \left\{ s\left[\dfrac{V}{g} S^\alpha - \dfrac{\alpha_0}{g}(\bar{X}^\alpha - g)\right] + \dfrac{V}{g} S^V(\bar{X}^\alpha - g) - \dfrac{V}{g} X^V S^\alpha + \alpha_0 S^\alpha \right\}}{\Delta}$$

$$(4.4.33)$$

从所得到的表达式可以看出，传递函数结构与式(4.4.32)结构类似。区别只是飞机传递函数零点位置的变化。零值$W_{\frac{\Delta n_{y\vartheta}}{u}}$现在可求出如下：

$$s_i = \frac{-S^V(\bar{X}^\alpha - g) + X^V S^\alpha - \dfrac{g\,\alpha_0}{V} S^\alpha}{S^\alpha - \dfrac{\alpha_0}{V}(\bar{X}^\alpha - g)}$$

对于所有飞机$S^\alpha \geqslant \left|\dfrac{\alpha_0}{V}(\bar{X}^\alpha - g)\right|$，所以，表达式$s$的分母具有确定的符号并且对第二加数的依赖较弱。分子中的数值$\dfrac{g\,\alpha_0}{V} S^\alpha$总是大于零，并且，用于过载增量$\Delta n_{y\vartheta}$的表达式中加数$\dfrac{\dot{V}}{g}\alpha_0$的存在，会导致传递函数零点$W_{\frac{\Delta n_{y\vartheta}}{u}}$向左偏移，这应有利于提高闭环系统的长周期运动的稳定性。但是，这种偏移是不确定的。

所以，从上文的研究可得出结论，在机体坐标系中测量的并根据俯仰角信号修正的过载信号的闭环$\left(\text{状态 }\Delta n_{y\vartheta} = n_y - \cos\vartheta \approx \dfrac{V}{g}\dot{\vartheta} - \dfrac{\dot{V}}{g}\alpha_0\right)$，从本质上讲，与在半机体坐标系中得到的过载增量信号的闭环系统(Δn_{ye})是等量的。信号$\Delta n_{y\vartheta}$中纵向加速度信号$\dot{V}$的存在是在为闭环系统的"稳定性而工作"。

我们接下来研究根据表达式(4.4.30)所确定的信号Δn_y的闭环系统，正如上文所指出的那样，它与俯仰角增量$\Delta\vartheta$附加反馈的出现等效。俯仰角增量传递函数$W_{\frac{\Delta\vartheta}{\Delta\delta_b^a}}$[式(4.4.31)]有两个分布在坐标原点之外的零点。飞机的信号Δn_y传递函数表达式如下：

$$W_{\frac{\Delta n_y}{\Delta\delta_b}} = \frac{V}{g}s - W_{\frac{\Delta\vartheta}{\Delta\delta_b}} - s\frac{\alpha_0}{g} W_{\frac{\Delta V}{\Delta\delta_b}} - \vartheta W_{\frac{\Delta\vartheta}{\Delta\delta_b}} = \frac{M_z^\delta[\alpha_0 s^2 + \alpha_0 s + \alpha_2]}{\Delta}$$

式中：$\alpha_0 = \dfrac{V}{g} S^\alpha - \dfrac{\alpha_0}{g}(\bar{X}^\alpha - g) - \vartheta_0$；

$$\alpha_1 = \frac{V}{g} S^V(\bar{X}^\alpha - g) - \frac{V}{g} X^V S^\alpha + \alpha_0 S^\alpha - \vartheta_0(S^\alpha - X^V)；$$

$$\alpha_2 = \vartheta_0 (S^\alpha X^V - S^V \overline{X}^\alpha)。$$

对于传递函数分子上的特征根的评价表明,通常情况下,系数α_2是负数。所以,传递函数$W\frac{\Delta n_y}{\Delta \delta_b}$的两个实数的零点$s_1$和$s_2$具有不同的符号。在这种情况下正零点$s_2$数值要小于负零点值,如果飞机具备力的稳定性。将开环系统传递函数写成$Ws\frac{\Delta n_{ya}}{u} = K_{\int} \frac{T_0 s + 1}{s} \cdot \frac{M_z^\delta [\alpha_0 s^2 + \alpha_1 s + \alpha_2]}{\Delta}$之后,可以看出,现在坐标原点处的极点不可使用飞机传递函数零点来补偿。在稳定的自由飞机长周期运动情况下,始于坐标原点的根轨迹将利用有效的分布在实轴正值一侧的零点来闭合。由坐标原点向正零点的轨迹运动,证明了在任何系数$K_{\int}$情况下带有系统的飞机会出现较弱的非周期性不稳定现象。系统产生的这种不稳定性是它的一个特点,并且受飞机俯仰角增量$\Delta\vartheta$的综合正反馈制约。需要指出的是,飞机对速度的力矩特性M_z^V不会影响开环系统的零点位置。

速度力矩的稳定性程度的下降会导致s_2的增大,上述研究现象(较弱的非周期不稳定现象)会表现得更加明显。

图4.27所示的是针对飞机对速度力矩稳定和不稳定情况的闭环系统根轨迹,即随系数$K_{\int}$的变化。结果表明,长周期运动的非周期不稳定性程度受到增稳系统中所使用的式(4.4.30)信号的限制,实质上会低于受制于飞机对速度力矩不稳定性程度,并且具有闭环系统传递函数极点特性,约为$0.001\sim0.01$。由于迎角和速度的变化缓慢,驾驶员可能察觉不到,并会将飞机带入不安全的飞行状态,所以,飞机及其手动控制系统长周期运动的非周期不稳定性必须消除。

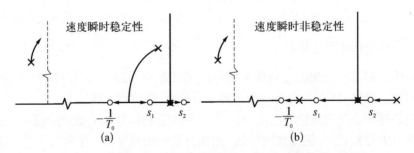

图4.27　带有综合电传控制系统的飞机特征方程根轨迹变化

从图4.27甚至可以看出,非周期不稳定现象既可在飞机对速度力矩稳定时出现,也可在其不稳定时出现。分析表明,其最本质的表现在起飞状态下,纵向静稳定余度很小时才有。

图4.28对应中等干线客机起飞状态、$M_z^{C_y} = 0$和$M_z^{C_y} = -0.08$情况,由λ表示的特征方程正实根计算结果。

由图4.28可以看出,轨迹正倾角加强了非周期不稳定现象。

为了消除$\Delta\vartheta$反馈带来的不良影响,下面研究改变法向过载传感器相对飞机角

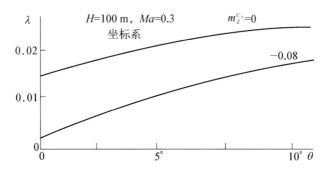

图 4.28　带有综合电传控制系统的飞机特征方程（正）根在
轨迹倾角变化时的变化

位置的合理性。考虑到传感器转动角 $\varphi_{传感器}$ 后，过载信号 Δn_y 的表达式可以写成如下形式：

$$\Delta n_y = n_{ye}\cos(\alpha + \varphi_{传感器}) - n_{xe}\sin(\alpha + \varphi_{传感器})$$

对其线性化之后，可得到信号线性部分的近似表达式：

$$\Delta n_y = \frac{\dot{V}}{g}\dot{\theta} - \frac{\dot{V}}{g}(\alpha_0 + \varphi_{传感器}) - (\vartheta_0 + \varphi_{传感器})\Delta\vartheta$$

由此可看出，传感器敏感轴向下转动（$\varphi_{传感器} < 0$）会导致降低 $\dot{V}$ 和 $\Delta\vartheta$ 的反馈影响并在 $|\varphi_{传感器}| > \vartheta_0$ 情况下改变其符号。平飞条件的迎角传感器的翻转（数值为 α_0），相当于转换为半机体坐标系内的过载增量信号 Δn_{ye}。所以，为了降低使用机体坐标系带来的不利影响，令传感器转动角与巡航飞行时的迎角平均值相等，这样做是合理的。

我们来研究另一个用于改变飞机长周期运动特性的反馈的影响[2,4]。显然，存在飞机对速度力矩不稳定性情况下，升降舵速度反馈是其最合理的补偿手段 $\Delta\delta_{B} = -K_V\Delta V$。下面分析 ΔV 的综合反馈效能，并清除使用信号 Δn_y 所产生的较弱的非周期性不稳定性。易知，静态反馈 $\Delta\delta_{B} = -K_V\Delta V$ 不能将其清除，尽管可能将其弱化。为了证明这一点，给出图 4.29 所示的系统，内回路根轨迹的变化已在上文研究过。信号 ΔV 的开环系统传递函数零点（虚线）是通过传递函数分子 $W_{\frac{\Delta V}{\delta_\alpha}}$ 求出的。此外，在坐标原点存在受制于综合增稳系统的零点。飞机对速度的传递函数零点通过下列表达式求出：

$$\dot{s}_0 = \frac{S^\alpha g}{(\bar{X}^\alpha - g)} = \frac{g S^\alpha}{X^\alpha}$$

其值为负且阶数为 -1。

从所研究系统的根轨迹图（见图 4.29）可以看出，随着 K_V 的增加，坐标原点的零点会妨碍实根从右半平面过渡到左半平面。

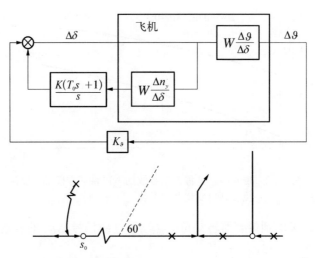

图 4.29　带有综合电传控制系统和 ΔV 反馈的飞机控制系统结构以及
飞机 K_V 特征方程根轨迹

　　在综合增稳系统内使用信号 ΔV 时(见图 4.30),原则上可以保证系统的稳定性。这里,开环系统的传递函数零点由其分子 $\dfrac{T_0 s+1}{s} W_{\Delta V/\Delta\delta_b}$ 求出,就是说,与 s_0 和 $-1/T_0$ 对应。在这种情况下,坐标原点处零点的消失并且随着 K_V 的增加,正的实根可能会无障碍地过渡到左半平面内,如图 4.30 上的轨迹图。

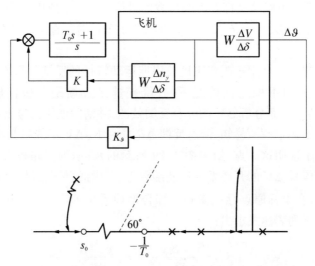

图 4.30　带有 ΔV 和 Δn_y 综合反馈的控制系统结构以及
飞机 K_V 特征方程根轨迹

5 数字式电传控制系统的设计方法

现代飞机和在研飞机的电传控制系统都是数字式。因此,能否保证达到要求的控制性、控制性和安全性,成为数字式控制系统控制律综合最吸引人的地方。

除了1.1节和3.1节介绍的内容外,数字式电传控制系统还包括以下各阶段:

(1)模拟信号形式下的控制律设计。

(2)控制律的离散化,从基于拉普拉斯变换的模拟信号形式向Z变换形式的数字式控制系统转换。

(3)数字计算机的硬件和软件的开发。

(4)电传控制系统的测试。

(5)电传控制系统的集成、检验和批准。在飞行品质模拟器和铁鸟试验台上对单独的电传控制系统和在机载设备综合系统组成中对其测试。

通常在模拟形式下对控制算法进行综合和调试。然而要在数字式控制系统中实现,这些控制律要转换成离散形式。为了研制数字式电传控制系统并生成数字式的控制算法,需要进行大量的研究,其中包括:

— 评估稳定储备余量和控制特性,在连续形式下进行控制系统仿真;

— 输入、输出信号和计算的数字化;

— 估算信息传递通道内的信号更新的最大允许频率和延迟;

— 选择各种计算方法;

— 确定数字式控制系统的稳定储备余量、控制特性;

— 明确对执行部件的要求:稳定时间、死区、低输入信号时的频率特性;

— 数字仿真和半物理仿真;

— 硬件和软件的开发;

— 系统测试:获得真实电传控制系统的试验频率特性、静态特性和时间历程;

— 系统验证:将实际电传控制系统的特性与分析模型和离散模型的模拟特性进行比较。

在解决上述所有任务时,必须注意现代电传控制系统数字化以后所具有的一些特点,如图5.1所示:

— 时间离散和离散程度;

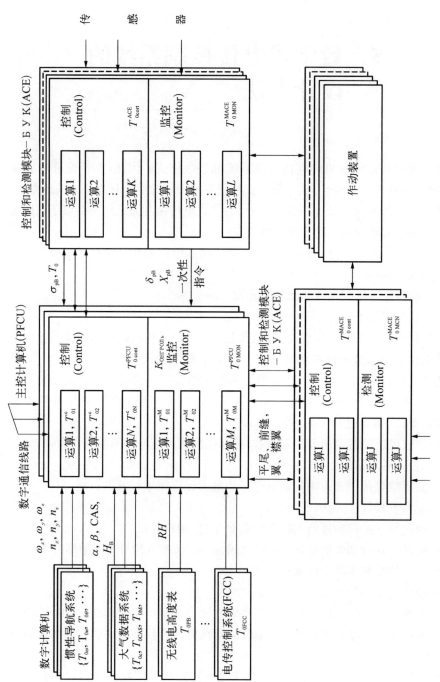

图 5.1 控制系统数字部分的结构

— 各通道之间工作的不同步性;

— 信息更新和操作执行的"帧长度"集合(所有计算周期的集合);

— 各通道间之间的均衡问题。

由于电传控制系统的这些构成和功能特点,出现了所谓的常规数字化实现效应[5.1-5.12],具体如下:

— 在信息传递和处理过程中的时间延迟;

— 高频畸变。

还有一些非常规效应[5.15-5.22],例如,当积分和滤波器时间恒定时,由于要利用通道间通信线路来均衡不同通道的这些环节的输出信号,系数会发生变化。

由于要对非同步、多帧长度电传控制系统进行分析,下面我们将研究非同步工作模型,后者是指:

— 不同通道内的运算具有时间延迟;

— 同一台计算机内的运算不同时进行。

电传控制系统的多帧长度工作模型是指:

— 不同的运算可以以不同的频率完成;

— 复杂的运算可以按照计算器的不同帧长度完成;

— 不同的数字式系统可以以不同的帧长度工作。

所有上述特点使得数字式控制系统的分析与综合变得十分复杂。下面会列出数字式电传控制系统的主要分析结果,而且特别关注了多通道性、非同步性、多帧长度性和通道间信息均衡对无论是电传控制系统本身,还是"飞机-电传控制系统"闭环系统的动态特性的影响。

5.1　多余度数字式非均衡控制系统飞机的稳定性特点及其分析

在研究数字式多余度控制系统的动力学特性时,出现了非连续系统典型特性的一系列复杂问题。因为对连续系统来说,余度不会对系统的动态特性产生任何变化,即多通道系统生成的控制信号与单通道系统一样。对数字式系统而言,由于通道的非同步性情况就不是这样,因此一般情况下,在研究数字式电传控制系统的飞机动态特性时必须要考虑数字式系统的余度[5.15-5.17]。在多余度控制系统进行计算时还有一个因素需要考虑:在不同的计算机内需要对输入信息进行补偿,并将计算过程同步[5.15-5.19]。

下面将研究多余度非同步数字式系统的稳定性分析通用方法,研究使用传统频域分析方法的可能性,研究它与单通道方案的差别,分析数字式控制系统出现上述结构和功能特性的原因。数字控制系统的模型如图 5.2 所示。来自飞行员的控制信号 $x_1, \cdots, x_N$ 和反馈信号 $y_1, \cdots, y_N$ 是计算机的输入信号。每个信号 y_i 以周期 T_n^i 更新,具有相对初始时刻的自身固有时间延迟 τ_i^c。这些信号按照控制算法在计算机内处理。为了检测和补偿信息,还可能在通道间交换信息。这些程序的顺序决定了系统工作的周期作业表。在计算过程结束时求出的输出信号 u_1，…，u_N 的更新周期为 T_0^u，固有时间延迟为 τ_1^u，…，τ_N^u。此外，数字-模拟转换器可以按照各种逻辑方案工作，此时实现各种传递功能。

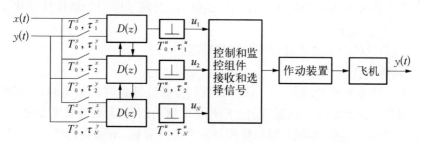

图 5.2 通道间信息交换的数字式多通道多帧长度非均衡控制系统

稳定性分析的基本准则众所周知，并在许多著作中有所阐述[5.1-5.11]。基于此准则的数字式多余度非同步多帧长控制系统飞机动态特性的分析方法包括以下各阶段：

（1）采用不同信息更新频率的数字式系统，都可归结为等效单帧长度系统。新系统的信息更新频率是原始系统频率的最大公约数，或者信息更新周期是原始周期的最小公倍数。总而言之，只有原始周期是有理可约的，才存在公用周期，否则，至少实践上可以使用有理近似。

（2）第二步是在模拟数字转换前和数字模拟转换后，通过引进单纯的超前和延迟环节将非同步系统统一为等效同步系统。这个过程是众所周知和显而易见的。

（3）第三步是在系统离散和连续部分之间对系统闭合。此时闭环系统由以下算子方程组描述：

$$\begin{bmatrix} Z(u_1) \\ \cdots \\ Z(u_n) \end{bmatrix} = [A(z)] \begin{bmatrix} Z(u_1) \\ \cdots \\ Z(u_n) \end{bmatrix} + [B(z)] \begin{bmatrix} Z(x_i) \\ \cdots \\ Z(x_i) \end{bmatrix}$$

式中：$Z(u_1) = \sum\limits_{n=0}^{\infty} u_1(nT_0) z^{-n}$ 为第 i 计算器的输出信号的 Z 变换；$Z(x_1) = \sum\limits_{n=0}^{\infty} x_1(nT_0) z^{-n}$ 为控制信号 x_1 的 Z 变换；$A(z)$，$B(z)$ 为算法矩阵。

闭环系统稳定性的条件是在单位半径 $|z| = 1$ 的圆外没有方程根：

$$\det[E - A(z)] = 0$$

方程可以写为

$$W_{pc}^*(z) = 1$$

式中：$W_{pc}^*(z) = 1 - \det[E - A(z)]$。该方程是单通道系统失去稳定性后的当量方程,式中 $W_{pc}^*(z)$ 为开环系统传递函数。求出频率特性 $W_{pc}^*(\omega)$,很容易估算出闭环系统的稳定性。为了估算闭环系统的稳定性,必须求出矩阵 $A(z)$。简单表示成

$$A(z) = D(z) W^*(z)$$

式中:$D(z)$ 为系统数字部分传递函数矩阵;$W^*(z)$ 为连续部分传递函数矩阵。

通常,在分析稳定性时用到的不是传递函数,而是频率特性 $A(\omega)$。频率特性矩阵 $A(\omega)$ 可以以下面方式计算。首先要算出自第 i 个数模转换器出口到第 j 个数模转换器入口的频率特性 $a_{ij}(\omega)$。这些频率特性可以用以下表达式描述:

$$a_{ij}(\omega) = \sum_m W_{im}(\omega) \cdot D_{mj}(e^{i\omega T_0})$$

其次对得到的频率特性进行卷积:

$$a_{ij}^*(\omega) = \sum_{k=-\infty}^{+\infty} a_{ij}(\omega + k\omega_s) = \sum_m D_{mj}(e^{i\omega T_0}) \cdot \left(\sum_{k=-\infty}^{+\infty} (\omega + k\omega_s) \right)$$

该方法用于确定频率特性 $A(\omega)$ 十分简单和方便。为了确定连续部分的频率特性,必须注意不同通道的输出信号以何种方式综合形成最终的控制信号。该运算在舵机的控制和检测组件(БУК)中进行。下面将要研究两种类型的控制和检测组件。第一种类型的控制和检测组件对不同通道的控制信号取算术平均值,作为最后生成的控制信号。这种选择在实践中广泛采用,并在文献中被透彻的研究与描述。对于第二种控制和检测组件,它只对不同通道控制信号中最后进入的信号进行依次处理(见图 5.3)。

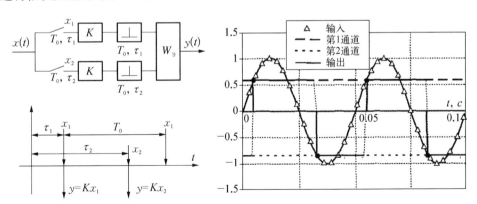

图 5.3 依次发送控制信号的控制和检测组件的框图、工作周期表和频率为 $f_s = 1/T_0$ 的谐波输入信号时的系统工作示例

下面分析信息非同步性、转换器类型和信息补偿等对 N 通道的数字式非同步单帧长度控制系统飞机稳定性的影响,即 $T_0^Y = T_0^u = T_0$(见图 5.3)。

系统各通道共同使用同一个反馈信号,并形成对同一个控制机构的控制信号。下面我们将忽略与计算机处理信息有关的时间延迟,即 $\tau_i^Y = \tau_i^u = \tau_i$,$i = 1, \cdots,$

N。假设不失共同性，第一计算机的时间延迟等于零（$\tau_1 = 0$），可以下列方式求出未知矩阵。对采用控制信号算术平均值的控制和检测组件而言，可以写成

$$W_{Lj}^*(\omega) = \sum_{-\infty}^{+\infty} W(\omega + k\omega_s) \frac{1 - e^{-i(\omega + k\omega_s)T_0}}{iN(\omega + k\omega_s)T_0} \cdot e^{-i(\omega + k\omega_s)(\tau_L - \tau_j)}$$

对从不同通道信号中选取最后抵达信号的控制和检测组件来说，可以写成如下表达式。假设 $\tau_{j+1} > \tau_j$，形式如下：

对于 $j = 1, \cdots, N-1$

$$W_{Lj}^*(\omega) = \sum_{-\infty}^{+\infty} W(\omega + k\omega_s) \frac{1 - e^{-i(\omega + k\omega_s)T(\tau_{j+1} - \tau_j)}}{i(\omega + k\omega_s)T_0} \cdot e^{-i(\omega + k\omega_s)(\tau_L - \tau_j)}$$

对于 $j = N$

$$W_{Lj}^*(\omega) = \sum_{-\infty}^{+\infty} W(\omega + k\omega_s) \frac{1 - e^{-i(\omega + k\omega_s)(T_0 - \tau_N)}}{i(\omega + k\omega_s)T_0} \cdot e^{-i(\omega + k\omega_s)(\tau_L - \tau_N)}$$

下面我们来分析双通道非同步单帧长度数字式系统。这时具有如下的决定闭环系统稳定性的传递函数表达式：

$$W_{pc}^* = D_{11} W_{11}^* + D_{22} W_{22}^* + D_{12} W_{21}^* + D_{21} W_{12}^* - \det\left(\begin{bmatrix} D_{11} & D_{12} \\ D_{21} & D_{22} \end{bmatrix} \cdot \begin{bmatrix} W_{11}^* & W_{12}^* \\ W_{21}^* & W_{22}^* \end{bmatrix}\right)$$

让我们来分析一些有趣的情形。

情形 1. $D_{11} = D_{22} = D(z)$；$D_{12} = D_{21} = 0$。

不同通道的计算器采用同样的控制律，通道间没有通信。如果控制和检测组件采用控制信号的算术平均值，那么决定闭环系统稳定性的频率特性用以下表达式描述：

$$W_{pc}^* = \frac{z-1}{zT_0} D(z) \sum_{k=-\infty}^{+\infty} \frac{W(\omega + k\omega_s)}{i(\omega + k\omega_s)} +$$

$$\frac{1}{4} D^2(z) \left(\frac{z-1}{zT_0}\right)^2 \sum_{k=-\infty}^{+\infty} \left[1 - \cos(m\omega_s\tau)\right] \cdot$$

$$\sum_{k=-\infty}^{+\infty} \frac{W(\omega + k\omega_s)}{\omega + k\omega_s} \cdot \frac{W(\omega + (k+m)\omega_s)}{\omega + (k+m)\omega_s}$$

式中：$z = e^{i\omega T_0}$，$\tau_1 = 0$，$\tau_2 = \tau$。

如果系统的连续部分在频率 $\omega_x - \omega$ 处具有共振峰值，那么它将移项至低频区。针对频率特性 $W_{pc}^*(\omega)$，该转换描述如下：

$$W_{pc}^*(\omega) \approx \frac{z-1}{zT_0} D(z) \frac{W(\omega)}{i\omega} + \frac{1}{2} \frac{z-1}{zT_0} D(z) \left[1 - \cos(\omega_s\tau)\right]$$

$$\frac{W(\omega)}{\omega} \cdot \frac{W(\omega - \omega_s)}{\omega - \omega_s}$$

或者

$$W_{pc}^*(\omega) \approx \frac{z-1}{z\,T_0}D(z)\frac{W(\omega)}{\mathrm{i}\omega} + \frac{z-1}{z\,T_0}D(z)\frac{W(\omega - \omega_s)}{\mathrm{i}(\omega - \omega_s)}1 -$$

$$\frac{1}{2}\frac{z-1}{z\,T_0}D(z)\big[1 - \cos(\omega_s\tau)\big]\frac{W(\omega)}{\omega}$$

可以分出该频率特性的以下特点：

（1）它可以表示为线性部分

$$\frac{z-1}{z\,T_0}D(z)\sum_{k=-\infty}^{+\infty}\frac{W(\omega + k\omega_s)}{\mathrm{i}(\omega + k\omega_s)}$$

和非线性部分

$$\frac{1}{4}D^2(z)\left(\frac{z-1}{z\,T_0}\right)^2\sum_{k=-\infty}^{+\infty}\big[1 - \cos(m\omega_s\tau)\big]$$

$$\sum_{k=-\infty}^{+\infty}\frac{W(\omega + k\omega_s)}{\omega + k\omega_s} \cdot \frac{W[\omega + (k+m)\omega_s]}{\omega + (k+m)\omega_s}$$

之和的形式。线性部分为开环单通道系统的频率特性，且与通道间的时间延迟 τ 无关。非线性部分取决于该时间延迟。

（2）由于存在频率特性的非线性部分，连续部分的共振峰值进入到低频区，这与单通道系统不同。其中，如果在频率 $\omega_x - \omega$ 上发生共振，并且以下条件成立：

$$\left|D(z)\frac{z-1}{z\,T_0}\frac{W(\omega)}{\omega}\right|$$

那么该共振峰值转到高幅值的低频区，也不同于单通道系统。通常，非线性部分的影响是忽略不计的，即决定闭环系统稳定性的频率特性与它的线性部分很接近。

下面分析控制和检测组件选择从不同通道抵达的最后信号作为控制信号的情况（见图 5.3）。像上一种情况一样，决定闭环系统稳定性的频率特性包括线性部分和非线性部分。对线性部分而言，以下表达式成立：

$$W_{pc}^*(\omega) = D(z)\sum_{n=-\infty}^{+\infty}\frac{W(\omega + n\omega_s)}{\mathrm{i}(\omega + n\omega_s)}\big[2 - \mathrm{e}^{-\mathrm{i}(\omega + n\omega_s)\tau} - \mathrm{e}^{-\mathrm{i}(\omega + n\omega_s)(T_0 - \tau)}\big]$$

可以看出，线性部分取决于通道间的时间延迟，这一点与上一种情况不同。当没有共振峰值时可以采用以下公式：

$$W_{\mathrm{pc}}^*(\omega) \approx D(z)W(\omega)\left[\frac{\tau}{T_0}\, \mathrm{e}^{-\mathrm{i}\omega\frac{\tau}{2}} + \left(1 - \frac{\tau}{T_0}\right)\mathrm{e}^{-\mathrm{i}\omega\frac{T_0-\tau}{2}}\right]$$

这种类型控制和检测组件引起的相位延迟低于或者等于采用均值情况下的相位延迟。我们研究一下频率 $\omega = 0$ 上的频率特性。具有以下关系式：

$$W_{\mathrm{pc}}^*(0) = D(z)W(0) + 2\sum_{n=1}^{+\infty}\left[W(n\omega_{\mathrm{s}}) - W(-n\omega_{\mathrm{s}})\right]\left[1 - \cos(n\omega_{\mathrm{s}}\tau)\right]$$

系统在频率 $k\cdot\omega_{\mathrm{s}}$ 上不具有理想的滤波特性。这是由于频率为 ω_{s} 的谐波信号在采用最后抵达的信号时通过数字部分，而在使用平均信号时不通过所致（见图 5.3）。在图 5.4 中列出了控制与检测组件采用了从不同通道最后抵达的信号，单通道、双通道和三通道系统的频率特性。

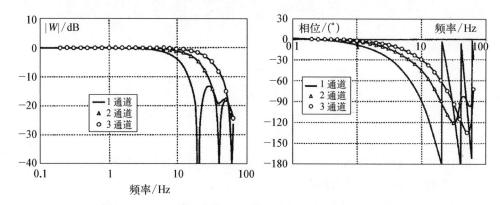

图 5.4 采用最后进入信号生产控制信号的单通道、双通道和三通道系统的频率特性

这样看来，采用最后进入信号转换器的数字式系统，其动力学特性的独特性与时间延迟具有很大关系，并且在频率 $k\omega_{\mathrm{s}}$ 上不具有理想的滤波特性。

情形 2. $D_{12} \neq 0,\ D_{21} \neq 0$。

沿着机器间通信通道交换信息，为了计算控制信号使用相邻计算机的信号。下面分析实践中最为重要的情况，即使用平均信号的控制和检测组件。对于决定闭环系统稳定性的频率特性线性部分，以下表达式成立：

$$W_{\mathrm{pc}}^*(0) = \frac{1}{2}(D_{11} + D_{22})\,\frac{z-1}{z\,T_0}\sum_{n=-\infty}^{+\infty}\frac{W(\omega + n\omega_{\mathrm{s}})}{\mathrm{i}(\omega + n\omega_{\mathrm{s}})} +$$

$$\frac{1}{2}\,D_{12}\,\frac{z-1}{z\,T_0}\sum_{n=-\infty}^{+\infty}\frac{W(\omega + n\omega_{\mathrm{s}})}{\mathrm{i}(\omega + n\omega_{\mathrm{s}})}\cdot\mathrm{e}^{-\mathrm{i}(\omega + n\omega_{\mathrm{s}})\tau} +$$

$$\frac{1}{2}\,D_{21}\,\frac{z-1}{z\,T_0}\sum_{n=-\infty}^{+\infty}\frac{W(\omega + n\omega_{\mathrm{s}})}{\mathrm{i}(\omega + n\omega_{\mathrm{s}})}\cdot\mathrm{e}^{-\mathrm{i}(\omega + n\omega_{\mathrm{s}})\tau}$$

可以看出，甚至是该频率特性的线性部分也是时间延迟的函数，即非同步性的影响十分巨大。这可以解释为数字通道间信息传递引起的相位延迟很大。分析一下以下情况：

$$D_{11} = D_{22} = 0.5D(z),\ D_{21} = 0.5D(z),\ D_{12} = 0.5D(z)/z$$

该情况对应着不同通道的输出信号补偿。对于决定闭环系统稳定性的频率特性，可以得出以下表达式：

$$W_{\mathrm{pc}}^*(0) = \frac{1}{4}D(z)\frac{z-1}{z\,T_0}\sum_{n=-\infty}^{+\infty}\frac{W(\omega+n\omega_{\mathrm{s}})}{\mathrm{i}(\omega+n\omega_{\mathrm{s}})}\cdot\left[2+\mathrm{e}^{-\mathrm{i}(\omega+n\omega_{\mathrm{s}})\tau}-\mathrm{e}^{-\mathrm{i}(\omega+n\omega_{\mathrm{s}})(T_0-\tau)}\right]$$

如果连续部分没有共振峰值，针对低频区该公式可以简化：

$$W_{\mathrm{pc}}^*(\omega) \approx D(z)W(\omega)\,\mathrm{e}^{-\mathrm{i}\omega\frac{3T_0}{4}}$$

即对输出信号补偿等效于又延迟了 1/4 更新周期（见图 5.5）。如果在频率 $\omega_{\mathrm{s}}-\omega$ 上有共振峰值，那么频率特性的表达式具有以下形式：

$$W_{\mathrm{pc}}^*(\omega) \approx D(z)W(\omega)\,\mathrm{e}^{-\mathrm{i}\omega\frac{3T_0}{4}}+\frac{D(z)}{2}\frac{W(\omega_{\mathrm{s}}-\omega)}{\mathrm{i}(\omega_{\mathrm{s}}-\omega)}\left[1-\cos(\omega_{\mathrm{s}}\tau)\right]$$

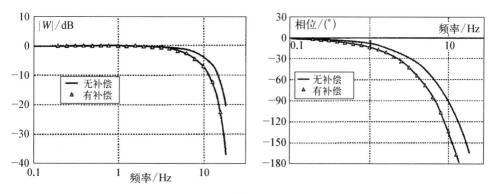

图 5.5 机器间交换通道输出信号补偿的双通道系统的频率特性

共振峰值移项至幅值较低的低频区域，与单通道系统情况不同。当 $\tau = 0.5\,T_0$ 时，该幅值十分小。

现在分析上面描述的数字式控制系统的特性，以及它对具有纵向增稳系统的飞机稳定区域的影响（见图 5.6）。

下面看一下控制系统的构建方案：

—— 模拟式控制系统；

—— 单通道数字式控制系统；

—— 依次处理控制信号的双通道数字式控制系统。舵机的控制与检测组件采用两个通道输出信号中最后抵达的信号作为控制信号；

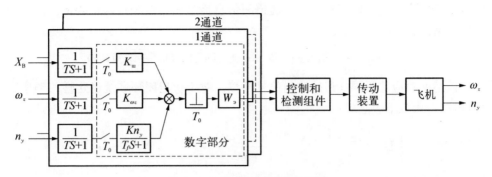

图 5.6　双通道控制系统的结构

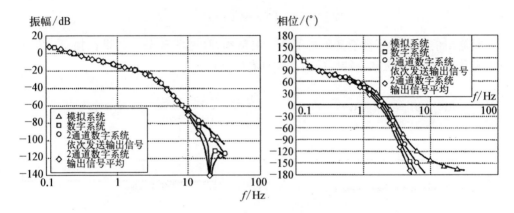

图 5.7　控制系统结构方案各异时的开环
系统的幅相频特性

　　—— 对机器间数字交换通道控制信号取平均值的双通道数字式控制系统。传动装置的控制与检测组件采用两个通道控制信号的算数平均值作为控制信号；

　　在图 5.7 针对不同的控制系统结构方案列出了开环系统的频率特性。所有数字式系统都采用 20 Hz 的信息更新频率。可以说具有以下特点：

　　—— 与单通道数字式系统相比，采用依次发送控制信号的控制和检测组件会使相位延迟较低，会在信息更新频率 20 Hz 处损失理想的滤波特性；

　　—— 与单通道数字式系统相比，采用输出信号补偿会导致多余的相位延迟。

　　在图 5.8 中，针对分析的控制系统方案，给出了"飞机-控制系统"闭环系统的稳定区（见图 5.6）。可以看出，采用数字式控制系统会降低稳定区，因为对信息进行数字化处理会导致附加延迟。稳定边界的高频部分会有最大程度的失真。与单通道系统相比，在双通道系统中采用依次发送控制信号会使稳定边界变宽，因为在采用这样的控制信号生成逻辑时相位延迟会降低。与单通道系统相比，机器交换通道间控制信号补偿会缩减稳定区，这是由于平均化会导致附加的相位延迟。

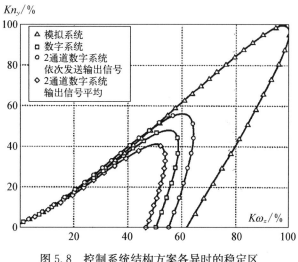

图 5.8　控制系统结构方案各异时的稳定区

这样,对数字式非同步多余度控制系统而言,决定闭环系统稳定性的频率特性的研究就具有了以下的独特性:

　　— 传递函数是控制系统系数的非线性函数,一般情况下会导致稳定性幅值裕度概念的不确定性;

　　— 只有在通道间交换信息时使用数字通信线路及以后应用它计算控制信号的情况下,通道间的时间延迟会对系统动态特性有着明显的影响。

　　— 与使用平均值情况相比,应用数字-模拟转换器(采用从通道最后进入的信号)会使延迟较小。另一方面,该转换器在频率 $k \cdot \omega_s$ 上没有理想的滤波特性,它的应用会使得系统的非同步性对它的动态特性影响很大;

　　— 对于数字式非同步多余度控制系统而言,会有共振峰值向低频区移动的特点。

决定闭环系统稳定性的频率特性和开环系统频率特性之间的关系

下面分析采用试验手段研究数字式多余度非同步多通道控制系统的可能性。系统的框图如图 5.2 所示。我们在连续部分的一般点对系统开环,来研究一下谐波信号通过系统部件的情况。假设作动装置的输入信号有 $e^{i\omega t}$。

计算器的输入信号:

$$\begin{bmatrix} W(\omega)\, e^{i\omega t}\, e^{i\omega \tau_1^y} \\ \cdots \\ W(\omega)\, e^{i\omega t}\, e^{i\omega \tau_n^y} \end{bmatrix}$$

模拟-数字转换器的输出信号:

$$\begin{bmatrix} W(\omega) \ e^{i\omega\tau_1^y} \ e^{i\omega n T_0} \\ \cdots \\ W(\omega) \ e^{i\omega\tau_y} \ e^{i\omega T_0} \end{bmatrix}$$

数字-模拟转换器的输入信号：

$$\begin{bmatrix} \sum_{k=1}^{N} W(\omega) \ e^{i\omega\tau_k^y} \ D_{1k} \ e^{i\omega n T_0} \\ \cdots \\ \sum_{k=1}^{N} W(\omega) \ e^{i\omega\tau_k^y} \ D_{Nk} \ e^{i\omega n T_0} \end{bmatrix}$$

数字-模拟转换器的输出信号：

$$\begin{bmatrix} \sum_{k=1}^{N} W(\omega) \ e^{i\omega\tau_k^y} \ D_{1k} \ \dfrac{1}{T} \sum_{L=-\infty}^{+\infty} W_{\text{数模转换器}}(\omega+L\omega_s) \ e^{-i(\omega+L\omega_s)\tau_1^u} \ e^{i(\omega+L\omega_s)t} \\ \cdots \\ \sum_{k=1}^{N} W(\omega) \ e^{i\omega\tau_k^y} \ D_{Nk} \ \dfrac{1}{T_0} \sum_{L=-\infty}^{+\infty} W_{\text{数模转换器}}(\omega+L\omega_s) \ e^{-i(\omega+L\omega_s)\tau_N^u} \ e^{i(\omega+L\omega_s)t} \end{bmatrix}$$

我们只关注具有基波的信号：

$$\begin{bmatrix} \sum_{k=1}^{N} W(\omega) \ e^{i\omega\tau_k^y} \ D_{1k} \ \dfrac{1}{T} \ W_{\text{数模转换器}}(\omega) \ e^{-i\omega\tau_1^{\text{out}}} \ e^{i\omega t} \\ \cdots \\ \sum_{k=1}^{N} W(\omega) \ e^{i\omega\tau_k^y} \ D_{Nk} \ \dfrac{1}{T_0} \ W_{\text{数模转换器}}(\omega) \ e^{-i\omega\tau_N^{\text{out}}} \ e^{i\omega t} \end{bmatrix}$$

在端点处信号为

$$\sum_{L=1}^{N} \sum_{k=1}^{N} W(\omega) \ e^{i\omega\tau_k^y} \ D_{Lk} \ \dfrac{1}{T_0} \ W_{\text{数模转换器}}(\omega) \ e^{-i\omega\tau_L^u} \ e^{i\omega t}$$

开环系统(在连续部分的公共点开环)的频率特性，确定为连续系统的一般频率特性(进而为试验频率特性)，具有如下形式：

$$W_{\text{pc}}(\omega) = \sum_{L=1}^{N} \sum_{k=1}^{N} W(\omega) \ e^{i\omega\tau_k^y} \ D_{Lk} \ \dfrac{1}{T_0} \ W_{\text{数模转换器}}(\omega) \ e^{-i\omega\tau_L^u}$$

卷积运算后：

$$W_{\text{pc}}^*(\omega) = \sum_{L=1}^{N} \sum_{k=1}^{N} D_{Lk}(z) \sum_{m=-\infty}^{+\infty} W(\omega+m\omega_s) \ e^{i(\omega+m\omega_s)(\tau_k^y - \tau_L^u)} \ \dfrac{1}{T_0} \ W_{\text{数模转换器}}(\omega+m\omega_s)$$

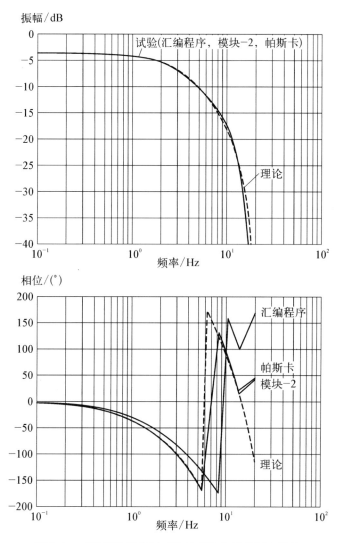

图 5.9　三通道数字控制系统的理论和试验频率特性

输入—ω_z；输出—副翼偏转信号

现在分析决定闭环系统稳定性的频率特性：

$$W^*(\omega) = 1 - \det\left[E - D(z)\,W^*(\omega)\right]$$

以及它的线性部分：

$$线性部分(W^*(\omega)) = \sum_{L=1}^{N}\sum_{k=1}^{N} W_{Lk}^*(\omega)\,D_{kL}(z)$$

代入 $W_{Lk}^*(\omega)$ 的表达式

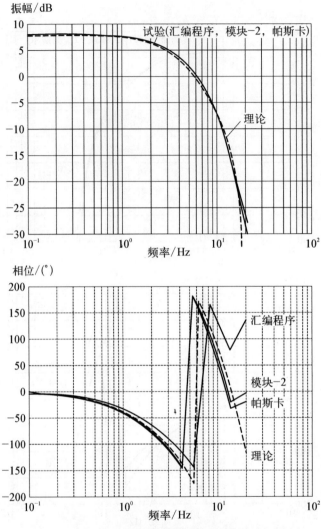

图 5.10　三通道数字控制系统的理论和试验频率特性

输入—ω_x；输出—升降舵偏转信号

$$W_{Lk}^*(\omega) = \sum_{m=-\infty}^{+\infty} W_{Lk}(\omega + m\omega_s)$$

$$= \frac{1}{T_0} \sum_{m=-\infty}^{+\infty} W(\omega + m\omega_s)\, W_{\text{数模转换器}}(\omega + m\omega_s)\, e^{i(\omega+m\omega_s)(\tau_k^{\text{in}}-\tau_L^{\text{out}})}$$

可以得出 $W^*(\omega)$ 的表达式：

$$W^*(\omega) = \sum_{L=1}^{N}\sum_{k=1}^{N} D_{kL}(z)\, \frac{1}{T_0} \sum_{m=-\infty}^{+\infty} W(\omega + m\omega_s)\, W_{\text{数模转换器}}(\omega + m\omega_s)$$

$$e^{i(\omega+m\omega_s)(\tau_k^y-\tau_L^u)}$$

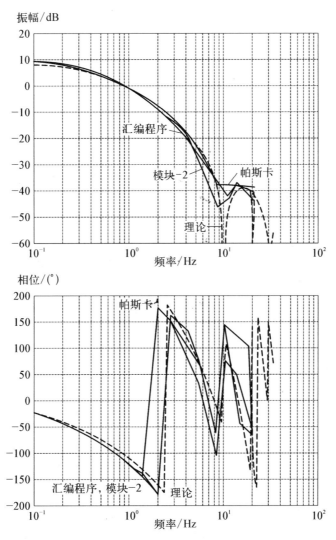

图 5.11 三通道数字控制系统的理论和试验频率特性

输入—n_y；输出—副翼偏转信号

可以看出，$W_{LK}^*(\omega)$和$W^*(\omega)$的表达式是相同的。

这样看来，当我们用试验方法按连续部分的公共信号求解开环系统的频率特性时，得到了决定闭环系统稳定性的线性部分的频率特性[5.11,5.17]。一般来说，当我们只有试验频率特性时，不能精确地求出稳定裕度。然而由于决定闭环系统稳定性的频率特性与它线性部分之间的差别很小，因而大多数情况下可以采用试验频率特性来评估闭环系统的稳定性。为了通过试验调试电传控制系统，必须绘出它的频率特性，并考虑上述所有的动态特性特点来计算出相应的特性。这项工作十分复杂，但却是可以解决的任务。在图 5.9～图 5.11 列出了实际三通道数字化非均衡控制系统的试验和理论频率特性。可以看出,这些特性间的差别很小,是控制律的正确体现。

5.2　对因多余度数字式系统中信息补偿造成的动态环节变化特性的分析

正如所述,为了保证可靠性,机载数字控制系统制成了多通道的综合系统。不同通道的计算器同步工作,即不同通道内同时执行同样的程序,这会引起程序间的失调,并会导致检测系统的误报。该问题对积分控制系统十分重要,因为不同通道内的积分值可以取任意值,但它们的和却取决于控制律。为了保证不同通道内的计算过程的同一性,通过通道间通信线路交换数据,并采用不同类型的信息补偿。信息补偿既对控制系统的各部件动态特性有影响,也对整个系统的动态特性有影响,还对"飞机-控制系统"闭环系统的稳定性有影响[5.15-5.19]。

下面评估最流行的信息补偿类型对多余度非均衡控制系统部件(如直接链路、积分环节和非周期性滤波器)动态特性的影响。为此分析多余度双通道数字控制系统(见图5.12)。

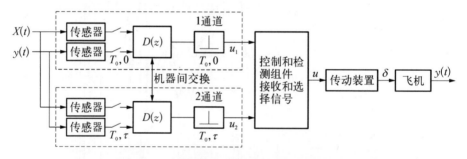

图5.12　双通道数字式非均衡控制系统的结构

来自驾驶员的控制信号 $X(t)$ 与反馈信号 $y(t)$ 用于生成升降舵控制系统的双通道控制信号 $u_1(t)$ 和 $u_2(t)$。控制律由离散传递函数矩阵 $D(z)$ 描述,等效连续形式的纵向无静差控制律示于图5.13。

控制信号 $u_1(t)$ 和 $u_2(t)$ 传递到作动装置的控制和检测组件(БУК),在这里对其进行检测并生成统一的作动装置偏转指令信号,后者偏转飞机的气动控制面。

第二通道所有运算相对第一通道同样的运算会有时间偏差 τ。通常,无论是分析开环系统的动态特性,还是闭环系统的动态特性,通常只分析一个通道,并认为通道内的过程是一样的,即信号 u_1、u_2 和 u 是一样的。对连续系统而言,这种假设是正确的。然而对输入信息更新时间各异的非同步离散系统来说,不同通道内的过程是不一样的。为了保证不同通道内原始数据和计算过程的同一性,规定了在它们之间交换信息和对信号补偿。可能要对输入信号、积分值和时间常数较大的滤波器进行补偿。一般状态下,每个计算机内的补偿程序的输出信号都有加权为

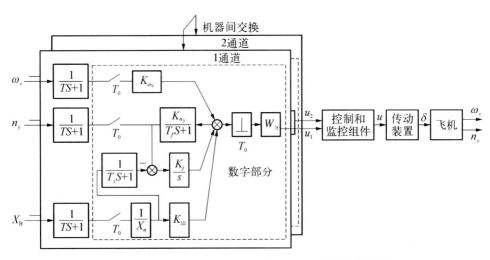

图 5.13　带有纵向无静态自动装置的双通道数字式系统

$1-c$ 的"自身"信号与从相邻计算机处获取的加权 c 的"其他"信号的和。补偿程序
采用以下形式：

　　—对于输入信号或者直接链路信号

$$u_1(nT_0) = 0.5\big[X(nT_0) + X(nT_0 - T_0 + \tau - n_2 T_0)\big]$$

$$u_2(nT_0 + \tau) = 0.5\big[X(nT_0 + \tau) + cX(nT_0 - n_1 T_0)\big]$$

　　—对于积分环节的输出信号

$$u_1(nT_0) = (1-c)\big[u_1(nT_0 - T_0) + T_0 \cdot X(nT_0)\big] + $$
$$cu_2(nT_0 - T_0 + \tau - n_2 T_0)$$

$$u_2(nT_0 + \tau) = (1-c)\big[u_2(nT_0 + \tau - T_0) + T_0 \cdot X(nT_0 + \tau)\big] + $$
$$cu_1(nT_0 - n_1 T_0)$$

　　—对于非周期滤波器输出信号

$$u_1(nT_0) = (1-c)\Big[\frac{T}{T + T_0} u_1(nT_0 - T_0) + \frac{T}{T + T_0}X(nT_0)\Big] + $$
$$cu_2(nT_0 - T_0 + \tau - n_2 T_0)$$

$$u_2(nT_0 + \tau) = (1-c)\Big[\frac{T}{T + T_0} u_2(nT_0 + \tau - T_0) + \frac{T}{T + T_0}X(nT_0 + \tau)\Big] + $$
$$cu_1(nT_0 - n_1 T_0)$$

　　本章分析了非同步性和信息补偿对含有直接链路的数字式双通道控制系统的
传递函数、积分环节和非周期滤波器的影响，以及对闭环系统"飞机-双通道数字控
制系统"的稳定余量的影响。

数字式非同步系统的近似分析方法

为了定性分析数字式非同步多余度控制系统,采用的方法使用了以下简化。

(1) 采用了指令信号和反馈信号的线性内插法:

$$X(nT_0 + \tau) = X(nT_0) + \frac{\tau}{T_0}[X(nT_0 + T_0) - X(nT_0)]$$

$$Y(nT_0 + \tau) = Y(nT_0) + \frac{\tau}{T_0}[Y(nT_0 + T_0) - Y(nT_0)]$$

该简化允许通过 nT_0 时刻的指令信号和反馈信号值来表示它们在时间间隔 $nT_0 + \tau$ 的数值。

(2) 引进等效常数信号取代控制信号 $u(t)$ 在时间间隔 $[nT_0; nT_0 + T_0]$ 上的变量。它的数值等于在时间间隔 $[nT_0; nT_0 + T_0]$ 上的信号 $u(t)$ 的平均值。

这些简化使得非均衡控制系统归结到等效同步系统中。该更换误差包括:

— 指令信号和反馈信号线性内插的误差;

— 与将控制信号变量更换为等效常量相关的误差。

对于调和的指令信号,线性内插的相对误差用以下表达式估算:

$$| \varepsilon X(nT_0 + \tau) | = \frac{1}{2} \frac{\tau}{T_0} \left(1 - \frac{\tau}{T_0}\right) \cdot (\omega T_0)^2$$

随着频率的增大,误差快速增长,因此在高频区 $(\omega > 1/T_0)$ 不能使用该方法。

假设系统连续部分用以下方程描述:

$$\frac{\mathrm{d}}{\mathrm{d}t} \boldsymbol{Y}_{\text{state}} = \boldsymbol{A}\boldsymbol{Y}_{\text{state}} + \boldsymbol{B}u$$

$$\boldsymbol{Y} = \boldsymbol{H}^{\mathrm{T}} \boldsymbol{Y}_{\text{state}}$$

式中:$\{\boldsymbol{Y}_{\text{state}}, \boldsymbol{Y}, u\}$ 分别为系统状态矢量、观测参数矢量、输入参数;$\{\boldsymbol{A}, \boldsymbol{B}, \boldsymbol{H}\}$ 为动态系统自身运动和强制运动及观测参数矩阵。

对于阶跃控制信号 $u(t) = u\theta(t)$,有反馈信号线性内插误差表达式:

$$| \delta(\boldsymbol{Y}(\tau)) | \approx \frac{1}{2} \frac{\tau}{T_0} \left(1 - \frac{\tau}{T_0}\right) \cdot | \boldsymbol{H}^{\mathrm{T}} \, \mathrm{e}^{\boldsymbol{A}\zeta} \boldsymbol{A}\boldsymbol{B} | \cdot | u |, \quad \zeta \in [0, T_0]$$

为了分析该误差,用到矩阵函数公式:

$$f(\boldsymbol{A}) = \sum_i f(\lambda_i) Z_i$$

式中:$f(x)$ 为解析函数;λ_i 为矩阵 $\boldsymbol{A}$ 的特征值;$Z_i = \dfrac{\prod\limits_{j \neq i} (\boldsymbol{A} - \lambda_j \boldsymbol{E})}{\prod\limits_{j \neq i} (\lambda_i - \lambda_j)}$ 为与特征值 λ_i 相应的组分矩阵。

鉴于此,可以写成:

$$| \delta(Y(\tau)) | \approx \frac{1}{2} \frac{\tau}{T_0} \Big(1 - \frac{\tau}{T_0}\Big) \Big| \sum_i \boldsymbol{H}^{\mathrm{T}} Z_i \boldsymbol{B} \, \mathrm{e}^{\lambda_i \zeta} \lambda_i \Big| \cdot | u |, \quad \zeta \in [0, T_0]$$

可以看出,线性插值法的误差只是在大特征值时很大。飞机的这些特征值可能会对应传动装置、传感器和弹性振动阶。然而,在许多情况下,具有这样的特征值不会导致插值出现大的误差。其中,如果λ_i对应着传动装置,则$\boldsymbol{H}^{\mathrm{T}} Z_i$十分小,且传动装置固有振动在反馈信号中的作用很小。由于该特征值位于离虚轴很远的负数半面,因子$\mathrm{e}^{\lambda_i \zeta}$会大大降低误差。如果$\lambda_i$对应着传感器,那么$Z_i \boldsymbol{B}$很小,即控制信号不会激励传感器的固有运动。如果$\lambda_i$对应着弹性振动,采用线性插值法可能会伴有很大的误差。

与将控制信号换成等效常量相关的误差分析表明,它的结构与反馈信号线性插值误差类似,方法使用限制还是同样。

输入信息补偿

我们来分析一下对输入信号平均的双通道数字式控制系统。每个计算机补偿程序的输出信号具有加权$1 - c$和从相邻计算机得到的加权c的“其他”信号的和。

该系统用以下方程组描述:

$$u_1(nT_0) = (1 - c)X(nT_0) + cX(nT_0 - T_0 + \tau - n_2 T_0)$$

$$u_1(nT_0 + \tau) = (1 - c)X(nT_0 + \tau) + cX(nT_0 - T_0)$$

式中:u_i为第i通道补偿程序的输出信号;X为输入信号;c为补偿系数;n_1、n_2为描述通道间数字通信线路延迟的整数。

对输入信号线性插值,可以得出

$$X(nT_0 + \tau) = X(nT_0) + \frac{\tau}{T_0}[X(nT_0 + T_0) - X(nT_0)]$$

或者运算形式:

$$Z[X(nT_0 + \tau)] = \Big[1 + \frac{\tau}{T_0}(z - 1)\Big] Z[X(nT_0)]$$

式中:$z = \mathrm{e}^{sT_0}$;$Z[X(nT_0)] = \sum_{n=0}^{\infty} X(nT_0) \cdot z^{-n}$为信号$X(nT_0)$的$Z$转换。

如果控制和检测组件生成的输出信号是各通道控制信号的平均值,将输出信号变量替换成等效常量,可以写为

$$u(nT_0) = \frac{1}{2} u_1(nT_0) + \frac{1}{2}\Big[\frac{\tau}{T_0} u_2(nT_0 - T_0 + \tau) + \frac{T_0 - \tau}{T_0} u_2(nT_0 + \tau)\Big]$$

式中:u为等效系统的输出信号。对于信号的Z转换而言,以下关系式成立:

$$Z(u) = \frac{1}{2}Z(u_1) + \frac{1}{2}\left[1 + \frac{\tau}{T_0}(z-1)\right]Z(u_2)$$

利用这些表达式,可以求出等效系统的表达式:

$$W \approx \frac{1}{2}\left[1 - c + \frac{1}{z^{n_2+1}}\left(1 + \frac{\tau}{T_0}(z-1)\right)\right] +$$
$$\frac{1}{2}\left[1 + \frac{\tau}{T_0}\left(\frac{1}{z} - 1\right)\right]\left[(1-c)\frac{\tau}{T_0}(z-1) + \frac{1}{z^{n_1}}\right]$$

进行替换 $e^{sT_0} \approx 1 - sT_0$, 可以得出

$$W \approx 1 - \frac{csT_0}{2}(n_1 + n_2 + 1)$$

该传递函数描述了由于输入信息补偿而导致的数字式系统动态特性的变化。对于相频特性而言,输出信号补偿等效于增加了附加时间延迟:

$$\Delta t = \frac{cT_0}{2}(n_1 + n_2 + 1)$$

对于输入信号 $c = 0.5$, $n_1 = n_2 = 0$ 平均的典型状态,具有附加时间延迟四分之一更新周期。

积分环节信号补偿

下面分析无静差控制律的双通道数字式系统,即含有积分环节的系统。对这种系统来讲,所谓的积分"分散"或者不同通道时间积分值的差异增大的问题是个十分迫切的问题。积分"分散"的主要原因是输入信号中积分环节的差别,这是由于非同步性(不同通道内信号更新在不同的时刻)和具有不同的偏移常量和不同通道传感器信号内的随机分量。积分"分散"的另一个原因就是所谓的积分错位,即由于脉冲输入、辐射而导致的其数值任意变化。含有积分环节的三通道系统中的过渡过程列于图 5.14。下面定量分析因其中一个通道的积分环节的输入信号中具有恒定偏移 ΔX 和随机分量导致的积分"分散"。

系统用以下方程描述:

$$u_1(nT_0) = (1-c) \cdot \left[u_1(nT_0 - T_0) + T_0\Delta X\right] + cu_2(nT_0 - T_0 + \tau - n_2 T_0)$$

$$u_2(nT_0 + \tau) = (1-c) \cdot u_2(nT_0 + \tau - T_0) + cu_1(nT_0 - n_1 T_0)$$

假设 $n_1 = n_2 + 1$, 我们来分析一下失调随时间的变化 $\Delta u(nT_0) = u_1(n) - u_2(nT_0 + \tau)$。从第一个方程中减去第二个方程,得出

$$\Delta u(nT_0) = (1-c)\left[\Delta u(nT_0 - T_0) + T_0\Delta X\right] - c \cdot \Delta u(nT_0 - u_1 - T_0)$$

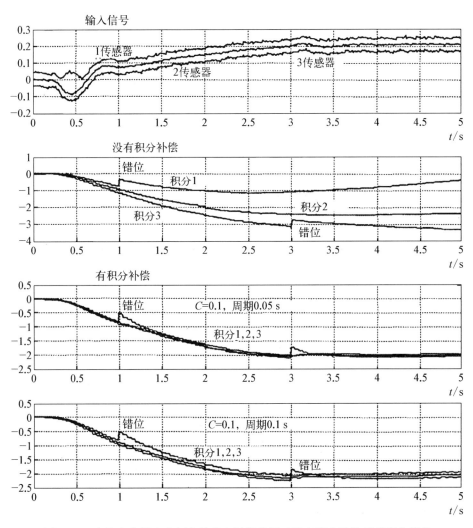

图 5.14 在输入信号中有恒定偏离和随机分量时及有积分错位时的积分偏差

对于稳定的失调值,关系式 $\Delta u = \dfrac{1-c}{2c} T_0 \Delta X$ 成立。

在图 5.15 中列出了补偿系数值不同时积分失调随时间的变化。可以看出,积分补偿系数越大,它们的失调越小。

让我们分析一下在一个通道积分环节输入端有随机信号,而第二通道积分环节的输入扰动为零时的积分失调。描述系统的方程与前一种情况一样。下面我们研究一下输入信号是离散差为 σ_x 的离散白噪声的简单的并可被分析的情况。

当没有补偿时,第一通道积分值的离散差(和通道间的失调)增长正比于时间平方根,即 $\Delta u \sim \sqrt{t/T_0}$(见图 5.16,图 5.17)。这样,当没有补偿时,积分失调达到故障起动的门限值,导致检测系统故障申报。当有补偿时,积分环节值的离散差限

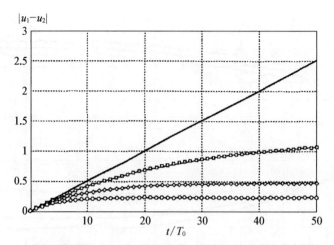

图 5.15　一个通道内的输入信号恒定时,有积分补偿和无积分补偿的积分间的失调

— 无积分补偿;□—$c=0.02$;◇—$c=0.05$,$n=0$;○—$c=0.1$

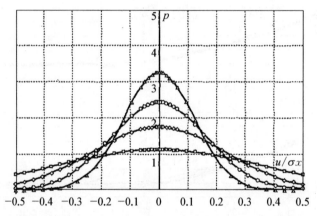

图 5.16　随机输入信号(没有积分补偿)导致的积分间失调分布随时间的变化

◇—$t=5T_0$;○—$t=10T_0$;◇—$t=20T_0$;□—$t=50T_0$

制成一个常值,后者取决于补偿系数 c(见图 5.17),而从某个时间开始的分布变成了恒定的(见图 5.18)。这对检测系统工作而言是有利因素,并允许有充分根据地选择故障起动门限。

下面来看看积分补偿引起的系统频率特性变化。补偿过程可以在积分信号计算前和计算后进行。如果补偿程序是在积分信号计算后运行,系统用以下方程描述:

$$u_1(nT_0) = (1-c) \cdot [u_1(nT_0 - T_0) + T_0 \cdot X(nT_0)] +$$
$$cu_2(nT_0 - T_0 + \tau - n_2 T_0)$$

$$u_2(nT_0 + \tau) = (1-c)[u_2(nT_0 + \tau - T_0) + T_0 \cdot X(nT_0 + \tau)] +$$
$$cu_1(nT_0 - n_1 T_0)$$

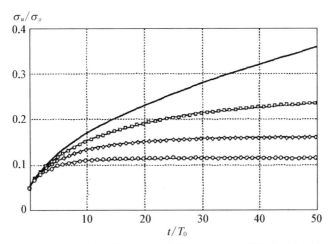

图 5.17　随机输入信号(有积分补偿和没有积分补偿)导致的
积分间失调分布随时间的变化

—无补偿；□—$c = 0.02$；◇—$c = 0.05, n = 0$；○—$c = 0.1$

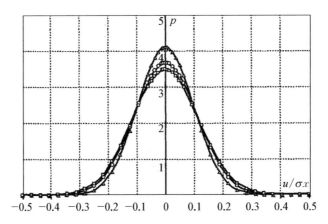

图 5.18　积分补偿情况下，随机输入信号导致的积分间失调分布随时间的变化

◇—$t = 5T_0$；○—$t = 10T_0$；◇—$t = 20T_0$；□—$t = 50T_0$

对于信号的 Z 变换，以下方程组成立：

$$\begin{vmatrix} 1 - \dfrac{1-c}{z}, & -\dfrac{c}{z^{n_2+1}} \\ -\dfrac{c}{z^{n_1}}, & 1 - \dfrac{1-c}{z} \end{vmatrix} \begin{vmatrix} Z(u_1) \\ Z(u_2) \end{vmatrix} = \begin{vmatrix} (1-c)\, T_0 \\ (1-c)\, T_0 \left[1 + (z-1)\, \dfrac{\tau}{T_0} \right] \end{vmatrix} |\, Z(X)\, |$$

解算该相对 u_1 和 u_2 的方程组和采用等效控制信号的概念，可以得到等效传递
函数的表达式(没有外推)：

$$W = \frac{T_0(1-c)}{2 \cdot \det} \left\{ 1 - \frac{1-c}{z} + \frac{c}{z^{n_2+1}} \left(1 + \frac{\tau}{T_0}(z-1) \right) \right\} \cdot$$

$$\left\{ 1 + \frac{\tau}{T_0} \left(\frac{1}{z} - 1 \right) \cdot \left[\frac{c}{z^{n_1+1}} + \left(1 - \frac{1-c}{z} \right) \left(1 + \frac{\tau}{T_0}(z-1) \right) \right] \right\}$$

式中：$\det = \left(1 - \frac{1-c}{z} \right)^2 - \frac{c^2}{z^{n_1+n_2+1}}$。

简化该表达式，可以得到公式：

$$W \approx \frac{1}{s} \frac{1}{1 + \dfrac{c(n_1 + n_2 + 1)}{2(1-c)}}$$

即补偿会导致积分时系数的降低。在图 5.19 中列出了不同 c 和 $n_1 = n_2 = n$ 时该

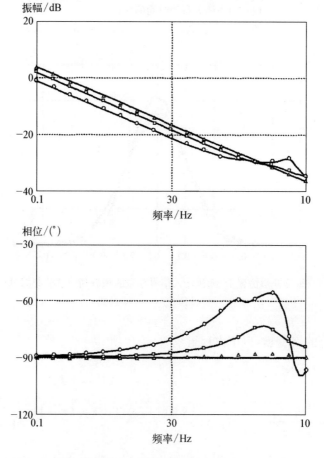

图 5.19　有积分补偿和没有积分补偿情况下，双通道积分系统的频率特性

——无积分补偿；△—$c = 0.1$, $n = 0$；□—$c = 0.5$, $n = 0$；○—$c = 0.5$, $n = 1$

系统的精确的频率特性。可以看出,得到的关系式正确反映了这些特性品质。此外,在图 5.20 中列出了通道间失调前的输入信号频率特性。利用这些特性参数,可以估算因系统非同步工作引起的系统通道"分散"水平,这对建立检测系统十分重要。

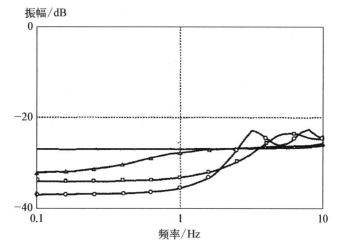

图 5.20　有积分补偿和没有积分补偿情况下,谐振输入信号时积分间的失调

— 无积分补偿;△—$c = 0.1$, $n = 0$;□—$c = 0.5$, $n = 0$;○—$c = 0.5$, $n = 1$

如果补偿过程在积分信号更新前进行,系统用以下方程组描述:

$$u_1(nT_0) = [(1-c) \cdot u_1(nT_0 - T_0) + cu_2(nT_0 - T_0 + \tau - n_2 T_0) + T_0 X(nT_0)]$$

$$u_2(nT_0 + \tau) = [(1-c) u_2(nT_0 + \tau - T_0)] + cu_1(nT_0 - n_1 T_0) + T_0 X(nT_0 + \tau)$$

该方程组与上述方程组的差别只是在 $T_0 X$ 时没有因子 $(1-c)$。所以,对数字式系统的传递函数而言,以下表达式成立:

$$W \approx \frac{1}{s} \cdot \frac{1}{1 + \dfrac{c}{2}(n_1 + n_2 - 1)}$$

即补偿会导致积分时的系数发生变化。这种情况的有趣之处在于当 $n_1 = n_2 = 0$ 时系数增大。

非周期性滤波器信号补偿

下面分析控制律中包含非周期性滤波器的双通道系统,对滤波器的输出信号进行补偿,与上一个情况一样,补偿运算可以在滤波器信号的计算前和计算后进行。如果在滤波器更新后进行补偿的话,系统可用以下方程描述:

$$u_1(nT_0) = (1-c)\left[\frac{T}{T+T_0}u_1(nT_0-T_0) + \frac{T_0}{T+T_0}X(nT_0)\right] +$$
$$cu_2(nT_0 - T_0 + \tau - n_2 T_0)$$

$$u_2(nT_0+\tau) = (1-c)\left[\frac{T}{T+T_0}u_2(nT_0+\tau-T_0) + \frac{T_0}{T+T_0}X(nT_0+\tau)\right] +$$
$$cu_1(nT_0 - n_1 T_0)$$

对于输出信号 Z 转换而言,以下方程组成立:

$$\begin{vmatrix} 1-\dfrac{1-c}{z}, & \dfrac{T}{T+T_0}-\dfrac{c}{z^{n_2+1}} \\[2mm] -\dfrac{c}{z^{n_1}}, & 1-\dfrac{1-c}{z}\dfrac{T}{T+T_0} \end{vmatrix} \begin{vmatrix} Z(u_1) \\[2mm] Z(u_2) \end{vmatrix}$$

$$= \begin{vmatrix} (1-c)\dfrac{T_0}{T+T_0} \\[2mm] (1-c)\dfrac{T_0}{T+T_0}\left(1+(z-1)\dfrac{\tau}{T_0}\right) \end{vmatrix} | Z(X) |$$

解算该相对 u_1 和 u_2 的方程组和采用等效输出信号的概念,可以得到该数字式系统传递函数的表达式:

$$W = \frac{(1-c)\dfrac{T_0}{T+T_0}}{2\det}\left\{1-\frac{1-c}{z}\frac{T}{T+T_0}+\frac{c}{z^{n_2+1}}\left(1+\frac{\tau}{T_0}(z-1)\right)\right\} \cdot$$
$$\left\{\left(1+\frac{\tau}{T_0}\left(\frac{1}{z}-1\right)\right) \cdot \left[\frac{c}{z^{n_1}}+\left(1-\frac{1-c}{z}\frac{T}{T+T_0}\right)\left(1+\frac{\tau}{T_0}(z-1)\right)\right]\right\}$$

式中: $\det = \left(1-\dfrac{1-c}{z}\dfrac{T}{T+T_0}\right)^2 - \dfrac{c^2}{z^{n_1+n_2+1}}$ 。

为了分析信号补偿对非周期滤波器动态特性的影响,需要解以下方程:

$$\det = \left(1-\frac{1-c}{z}\frac{T}{T+T_0}\right)^2 - \frac{c^2}{z^{n_1+n_2+1}} = 0$$

代入 $z = e^{sT_0} = 1+sT_0$,可以得出

$$s = \frac{1}{T} \cdot \frac{1}{1+\dfrac{c}{2\cdot(1-c)}(n_1+n_2+1)}$$

因此,时间常数的变化是对非周期滤波器补偿的主要影响。该结果与积分补偿导致其系数变化密切相关,因为非周期滤波器是一个单值反馈的积分器。滤波

器的时间常数是积分系数的反馈值。积分系数的变化会导致非周期滤波器时间常量的相应变化。

如果补偿是在滤波器计算前完成，系统用以下方程描述：

$$u_1(nT_0) = \frac{T}{T+T_0}\big[(1-c)u_1(nT_0-T_0)+cu_2(nT_0-T_0+$$

$$\tau-n_2\,T_0)\big]+\frac{T_0}{T+T_0}X(nT_0)$$

$$u_2(nT_0+\tau) = \frac{T}{T+T_0}\big[(1-c)\,u_2(nT_0+\tau-T_0)+cu_1(nT_0-$$

$$n_1\,T_0)\big]+\frac{T_0}{T+T_0}X(nT_0+\tau)$$

采用以前情况中使用的方法，可以得到等效系统传递函数的表达式：

$$W \approx \frac{\dfrac{T_0}{T+T_0}}{2\det}\left\{1-\frac{1-c}{z}\frac{T}{T+T_0}+\frac{T}{T+T_0}\frac{c}{z^{n_2+1}}\Big(1+\frac{\tau}{T_0}(z-1)\Big)\right\}\cdot$$

$$\left\{\Big(1+\frac{\tau}{T_0}\Big(\frac{1}{z}-1\Big)\Big)\cdot\left[\frac{c}{z^{n_1}}\frac{T}{T+T_0}+\Big(1-\frac{1-c}{z}\frac{T}{T+T_0}\Big)\right.\right.$$

$$\left.\left.\Big(1+\frac{\tau}{T_0}(z-1)\Big)\right]\right\}$$

式中：

$$\det = \Big(1-\frac{1-c}{z}\frac{T}{T-T_0}\Big)^2-\frac{c^2}{z^{n_1+n_2+1}}\Big(\frac{T}{T+T_0}\Big)^2$$

为了估算补偿对非周期滤波器对动态特性的影响，需要求解以下方程：

$$\det = \Big(1-\frac{1-c}{z}\frac{T}{T+T_0}\Big)^2-\frac{c^2}{z^{n_1+n_2+1}}\Big(\frac{T}{T+T_0}\Big)^2=0$$

进行代入 $e^{st}=1+st$，可以得到

$$s = \frac{1}{T}\frac{1}{1+\dfrac{c}{2}(n_1+n_2-1)}$$

即非周期滤波器补偿的主要影响是它的时间常量的变化。与上一种情况一样，时间常量的变化十分符合积分时系数的变化。

在图 5.21 中列出了带有非周期滤波器的数字式系统在计算完滤波器数值后对其补偿的频率特性。得到的解析表达式能很好解释特性的品质特点。

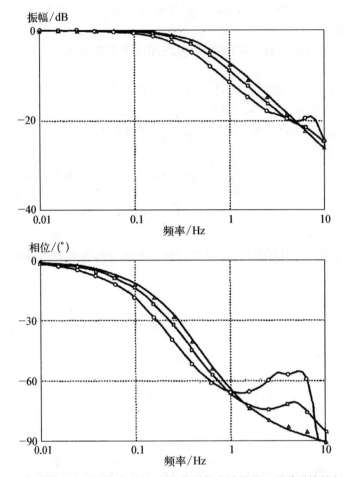

图 5.21   有补偿和没有补偿情况下，含有非周期滤波器的双通道系统的频率特性
— 无积分补偿；△ —$c = 0.1$, $n = 0$；□ —$c = 0.5$, $n = 0$；○ —$c = 0.5$, $n = 1$

补偿对稳定范围的影响

下面我们来评估上述数字式控制系统特性对带有纵向稳定自动装置的飞机稳定范围的影响（见图 5.22）。

我们来分析控制系统的以下建立方案：

— 模拟式控制系统；

— 数字式单通道控制系统；

— 机器间数字交换通道输入信号均衡的双通道数字式控制系统。

最后一种情况中，闭环系统是多回路的，估算它的稳定性会很困难[5.5,5.11,5.13-5.22]。然而，利用上述方法，该控制系统可以归结为单通道系统，采用经典方法，借助开环系统的频率特性就可以计算闭环系统的稳定性。在图 5.22 针对所分析的控制系统方案，列出了闭环系统"飞机–控制系统"的稳定性范围。可以看出，采用数字式

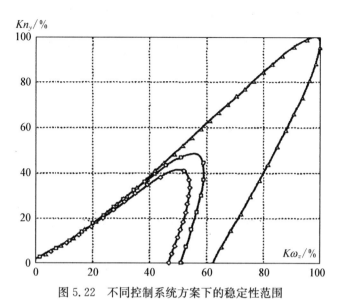

图 5.22   不同控制系统方案下的稳定性范围

△—模拟系统；□—数字式系统；◇—输入信号均衡的双通道数字式系统

控制系统会降低稳定性范围，因为信息的数字处理会产生多余的延迟。稳定边界的高频区域会有最严重的失真。与单通道方案相比，机器间交换通道的输入信号补偿会缩减稳定性范围，这是由于均衡引起的附加相位延迟所致。

这样，信息补偿对典型环节动态特性的影响分析表明，以下因素对信息补偿具有主导作用：

— 附加延迟；

— 积分时增益系数的变化；

— 非周期滤波器的时间常数的变化。

利用频率分析仪测试控制系统时和评估闭环系统的稳定性时必须要考虑动态特性的变化。对使用了文中描述的通道间信息补偿的任意数字式多余度控制系统而言，得到的结果是正确的。

5.3   非线性数字式控制系统动态特性   非线性连续部分谐波线化特性

非线性系统动力学分析是飞机控制系统研制的一个重要组成部分。分析非线性数字式控制系统的稳定性和动态特性是有原因的，特别是连续情况。除了常规非线性问题外，诸如执行机构死区和速度限制等，在数/模和模/数信号转换过程中也会出现非线性情况，使用全数值运算也会出现非线性。在分析系统稳定性和周期过程参数时所使用的谐波平衡方法也具有离散系统特性。下面研究一个简单的非线性器件作为算例（见图 5.23）。输入的谐波信号可以用下面公式表示：

$$x(t) = A\cos(\omega t + \varphi)$$

由于系统存在非线性,所以其输出信号为合成谐波形式:

$$y(t) = \sum_m A_s^m \sin(m\omega t) + \sum_n A_c^m \cos(m\omega t)$$

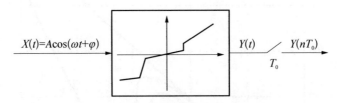

图 5.23 闭环系统非线性部分的非线性器件

如果输入信号频率和数字式系统信息更新频率是同一量级的,则满足如下等式

$$\frac{\omega}{\omega_s} = \frac{N}{N_s} \quad \text{或} \quad \omega = \frac{N}{N_s}\omega_s$$

则在一系列谐波 $m\omega$ 中,总能遇到满足等式 $m\omega = L\omega_s + \omega$ 的谐波。这些谐波经过时间量化后转换成基本频率 ω,并对非连续部分的频率特性做出贡献,即当 $m = kN_s + 1$ 时,$k = (\infty, -\infty)$。

实际上

$$m\omega = m\frac{N}{N_s}\omega_s = (kN_s + 1)\frac{N}{N_s}\omega_s = kN\omega_s + \frac{N}{N_s}\omega_s = L\omega_s + \omega$$

因此

$$y(nT_0) = (A_s^1 + A_s^L)\sin(\omega nT_0) + (A_c^1 + A_c^L)\cos(\omega nT_0)$$

离散频率特性为

$$W(\omega) = \frac{1}{A}[(A_s^1 + A_s^L) + \mathrm{i}(A_c^1 + A_c^L)]$$

下面研究通用形式的非连续部分。假设非线性微分方程用下面形式描述:

$$\frac{\mathrm{d}}{\mathrm{d}t}y_i = \sum_j S_{ij}y_j + f_i\left(\sum_j \sigma_{ij}y_j + k_i x\right)$$

在一阶近似情况下认为 $x(t) = A\cos(\omega t + \varphi)$,进一步可以认为非线性器件的输入信号也是谐波形

$$x_i = \sum_j \sigma_{ij}y_j + k_i x = A_i\cos(\omega t + \varphi + \varphi_i)$$

这是谐波平衡方法共同认可的简化过程。

将每个非线性器件进行多项式分解,得到

$$f(x) = \sum_m C_m^i T_m \left(\frac{x}{A_i} \right)$$

这个非线性器件的输出有下面信号:

$$f_i [A_i \cos(\omega t + \varphi + \varphi_i)] = \sum_m C_n^i A_i \cos(m\omega t + m\varphi + m\varphi_i)$$

描述系统的微分方程可以取下面形式:

$$\frac{\mathrm{d}}{\mathrm{d}t} y_i = \sum_j S_{ij} y_j + f_i \sum_m C_n^i A_i \cos(m\omega t + m\varphi + m\varphi_i)$$

假设输入信号频率与信息更新频率同量级,则满足条件

$$\frac{\omega}{\omega_s} = \frac{N}{N_s}$$

如果谐波表示为 $m = kN_s + 1$,这些谐波经过时间量化后转换成基本频率 ω。这些非线性效应引起的扰动频率特性用下面表达式评估:

$$\Delta W^* \left(\omega = \frac{N}{N_s} \omega_s \right) = \sum_k \sum_j [\mathrm{i}I\omega(kN_s+1)]^{-1} C_{kN_s} \frac{A_j}{A} \exp[\mathrm{i}(kN_s+1)\varphi_j + kN_s\varphi]$$

为了分析这个表达式就需要谈到非线性部分的频率特性,它是根据谐波线化得到的结果。

(1) 随着 n 的增大,分解系数 C_n 趋于零,因此,只有当 N_s 很小时 $\Delta W^* \left(\omega = \frac{N}{N_s} \omega_s \right)$ 才有大值。

(2) 对于线性系统,$\Delta W^* \left(\omega = \frac{N}{N_s} \omega_s \right) = 0$。

(3) $\Delta W^* \left(\omega = \frac{N}{N_s} \omega_s \right)$ 不仅与输入信号的幅值和频率有关,也与它的相位有关,这与连续系统不同。

下面试举一例,研究非线性舵机系统的频率特性,其中振荡环节的自振频率为 15 Hz,为数字化器件,如图 5.24 所示。

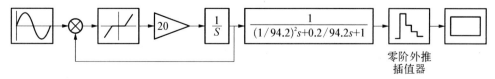

图 5.24　非线性系统示例(零阶外插环节)

舵机内速度死区范围为 0.1,当输入信号幅值 $A = 0.5$ 时,这一系统在输入信号不同相位时的频率特性在图 5.25 中给出。

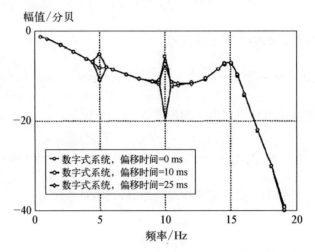

图 5.25 输入信号幅值 $A = 0.5$ 时频率特性随输入信号相位变化曲线

当频率为 5~10 Hz 时,非线性系统频率特性随输入信号相位变化有变化。这一现象可以这样解释:所研究的谐波输入信号频率为 5 Hz,但舵机的非线性导致谐波输出信号达到了 15、25 Hz。15 Hz 的谐波信号明显加强了 15 Hz 的自振频率,后者经过数字化器件,变成了 5 Hz 的输入信号频率。只有在非线性数字式系统内才能观察到系统频率特性随输入信号相位发生变化的现象,但不适用于非线性连续系统和数字式线性系统。

数字式系统由于离散部分非线性而出现的动态特性

在数字式系统中,目前广泛使用全数值代数法进行控制律编程,因此,系统在小信号水平下变成非线性,这对系统的动态特性产生了实质性影响。也存在数字滤波特性明显失真现象,甚至会由于使用全数值代数算法而导致系统失去稳定性,下面解释出现这些现象的原因。数字滤波用下面差分方程描述:

$$y(nT_0) + a_1 y((n-1)T_0) + \cdots + a_N y((n-N)T_0)$$
$$= b_0 x(nT_0) + \cdots + b_M x((n-M)T_0)$$

该滤波器的特征方程为

$$z^N + a_1 z^{N-1} + \cdots + a_{N-1} + a_N = 0$$

这个特征方程的所有根都接近等于 1,即 $z_i \approx e^{\lambda_i T_0}$,式中 λ_i 是当量连续滤波器特征方程根,T_0 为滤波器信息更新周期。由于 $T_0 \ll \dfrac{1}{|\lambda_i|}$,则 $\lambda_i | T_0 | \approx 0$,$z_i \approx 1$。

为了准确实现滤波功能,有必要高精度给出滤波器系数,保留小数点后面数字和符号。在使用全数值代数法编程且输出信号水平很低情况下,当输出信号与滤波器的系数相乘时,可能会导致滤波器系数中小数点后面的数字符号丢失。这将改变特征方程的系数,首先导致特征值出现偏差。由于特征方程的所有根都位于 1 附近的小区域内,类似于多次根的情况,特征值的偏差量可能相当大,所以,当输出信号很小时,滤波器的固有动态特性将出现严重失真现象(见图 5.25)。

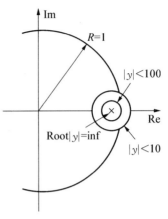

图 5.26　当输出信号水平较低时数字滤波器稳定性丧失

由于所有根都接近于 1,所以其偏差将导致滤波器失稳(见图 5.26),下面举一个这方面的例子加以说明。

例 1　研究一个包含非周期滤波器和等速器件的二阶环节(见图 5.27),其传递函数为

$$W(s) = \frac{T_0}{(Ts+1)(T_F s+1)}$$

式中：$T = 0.4\,\mathrm{s}$；$T_F = 0.05\,\mathrm{s}$；$T_0 = 0.05\,\mathrm{s}$。

这个滤波器可以用下面差分方程描述：

$$TT_F = \frac{y(n) - 2y(n-1) + y(n-2)}{T_0^2} + (T+T_F)\frac{y(n) - y(n-1)}{T_0} + y(n)$$

$$= T\frac{x(n) - x(n-1)}{T_0}$$

或者

$$y(n) = \frac{2TT_F + T_0(T+T_F)}{TT_F + T_0(T+T_F) + T_0^2}y(n-1) - \frac{TT_F}{TT_F + T_0(T+T_F) + T_0^2}y(n-2) -$$

$$\frac{TT_0}{TT_F + T_0(T+T_F) + T_0^2}[x(n) - x(n-1)]$$

在 Simulink 环境下实现的这个滤波器如图 5.27 所示。

当输出信号为大值时,$y(n-1)$ 项的系数总和大于 1。当输入信号值减小到小于 1 的时候,低阶项的系数总和等于 1,这导致输出信号"冻结",如图 5.28 所示。

例 2　下面研究四阶滤波器,它包含带通滤波器和"带阻滤波器"(见图 5.29),其传递函数为

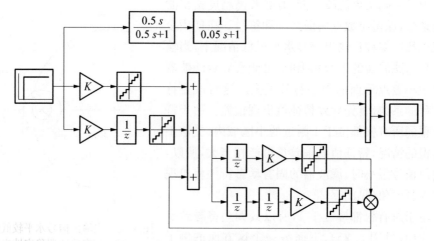

图 5.27　Simulink 环境下"等速滤波器"数字环节模型

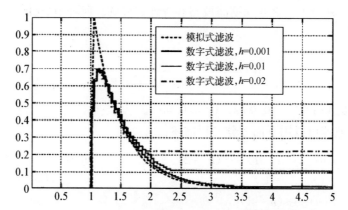

图 5.28　使用全数值代数法实现的数字式等速阶跃响应

图中：h—阻尼比（译者注）

$$W(s) = \frac{T^2 s^2 + 2T\xi_1 s + 1}{T^2 s^2 + 2T\xi_2 s + 1} \cdot \frac{1}{T_B^2 s^2 + 2T_B \xi_B s + 1}$$

在图 5.29 给出的是一个当量离散化的线性滤波器，它还是一个子系统，包含了使用全数值代数法建立的离散线性滤波器。图 5.30 是展开形式的非线性滤波器子系统。在图 5.31 中给出了使用相同输入信号的三个滤波器的过渡过程。连续式线性滤波器的输出信号与离散型线性滤波器极其相近。

当输出信号有效位值很小（$h=0.001$）时，非线性滤波器的输出信号与连续式和离散式线性滤波器差别不大。输出信号有效位值提高后，非线性滤波器失去稳定性，其输出信号表现为一定振幅的随机振荡过程，其中包含几十个低频振动。

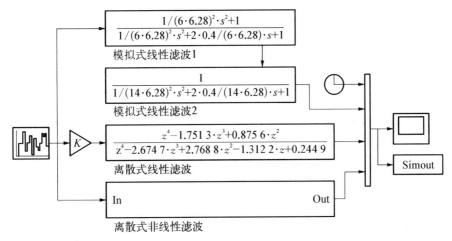

图 5.29　连续式和离散式滤波器、使用全数值代数法实现的滤波器

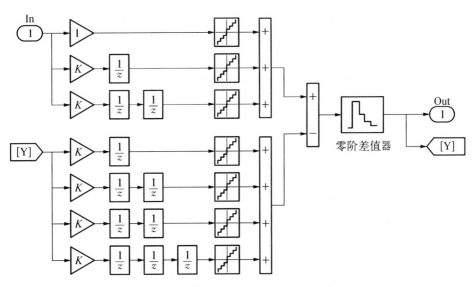

图 5.30　使用全数值代数法实现的滤波器结构

5.4　数字式多通道控制系统飞机的动态特性

飞机-电传控制系统闭环系统的稳定性评价

多通道性事现代数字式控制系统构建和运行的一个主要特点,但分析其特性变得十分复杂。有关多通道系统动态特性方面的分析文章相当罕见。主要评价控制系统多通道性类型对其动态特性的影响,首先评估"飞机-数字式控制系统"闭环后的频率特性和稳定范围。

下面研究由串联子系统构成的单通道系统(见图 5.32)。这些子系统的更新频

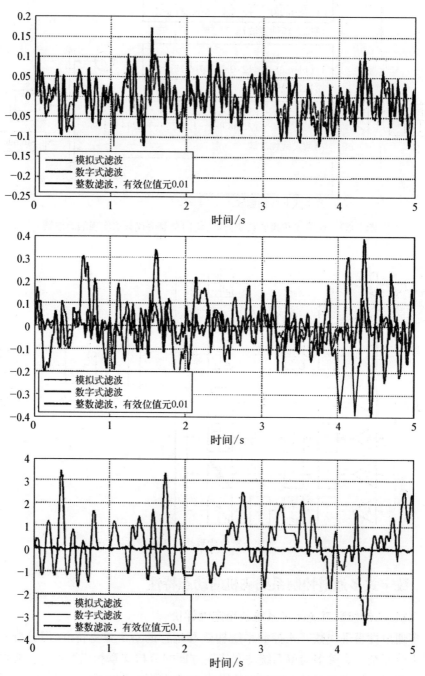

图 5.31　小输出信号时 4 阶滤波器失去稳定性

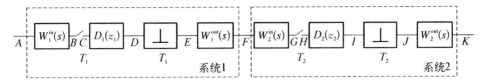

图 5.32 不同信息更新频率情况下两个数字式系统的连接

率各异。

从实际应用观点出发,出现这种构建形式的系统可归结为如下一些重要条件:

— 数字式信息系统,如机载信息系统、大气数据系统等与控制系统计算机的连接;

— 控制系统计算机与舵机控制计算机(舵机控制组件)的连接;

— 数字式飞行控制系统(自动驾驶仪)计算机与飞机控制系统计算机的连接;

— 控制系统计算机多通道工作状态,这时候,计算机的不同运行操作频率各异。

下面分析这一系统的频率特性。假设谐波信号 $e^{i\omega t}$ 通过这个系统时发生了改变,在第 2 个模/数变换器入口(点 G)的信号具有下面形式:

$$W_i^{in}(\omega)D_1(z_1)\frac{1}{T_1}\sum_{n=-\infty}^{+\infty}W_1^{out}\left(\omega+n\frac{2\pi}{T_1}\right)W_2^{in}\left(\omega+n\frac{2\pi}{T_1}\right)e^{i\left(\omega+n\frac{2\pi}{T_1}\right)t}$$

假设信息更新周期时间 T_1 和 T_2 比例关系合理,即 $\dfrac{N_1 T_1}{N_2 T_2}=1$,其中 N_1 和 N_2 是有相互联系的简单整数。在这种情况下有 $T_1=\dfrac{T_0}{N_1}$ 和 $T_2=\dfrac{T_0}{N_2}$,T_0 为系统的总更新周期。

谐波信号频率为

$$\omega+\frac{2\pi}{T_0}N_1 N_2 m=\omega+\frac{2\pi}{T_1}N_2 m=\omega+\frac{2\pi}{T_2}N_1 m$$

经过模/数转换后,频率移至 ω,也就是说对系统频率特性做出了贡献。其他谐波对频率特性没有贡献。

在模/数转换器出口(点 H)存在重要的信号

$$W_i^{in}(\omega)D_1(z_1)\frac{1}{T_1}\sum_{n=-\infty}^{+\infty}W_1^{out}\left(\omega+\frac{2\pi}{T_0}N_1 N_2 m\right)W_2^{in}\left(\omega+\frac{2\pi}{T_0}N_1 N_2 m\right)e^{i\omega k T_2}$$

在出口(点 K)具有频率输入信号 ω:

$$W_i^{in}(\omega)D_1(z_1)D_2(z_2)\frac{1}{T_1}\sum_{n=-\infty}^{+\infty}W_1^{out}\left(\omega+\frac{2\pi}{T_0}N_1 N_2 m\right)W_2^{in}\left(\omega+\frac{2\pi}{T_0}N_1 N_2 m\right)\cdot$$

$$\frac{1}{T_2}W_2^{out}(\omega)e^{i\omega t}$$

该系统的频率特性为

$$W = W_i^{in}(\omega)D_1(z_1)D_2(z_2)\Big[\frac{1}{T_2}W_2^{out}(\omega)\Big]\Big[\sum_{n=-\infty}^{+\infty}\frac{1}{T_1}W_1^{out}\Big(\omega+\frac{2\pi}{T_0}N_1N_2m\Big)\Big]\cdot$$

$$W_2^{in}\Big(\omega+\frac{2\pi}{T_0}N_1N_2m\Big)$$

下面研究这种频率特性的一些特点。如果信息更新周期不匹配,则找不到系统的总周期,即 $T_0=\infty$,$N_1=N_2=\infty$,则下面公式可以正确代表频率特性:

$$W = \Big(W_i^{in}(\omega)D_1(z_1)\frac{1}{T_1}W_1^{out}(\omega)\Big)\cdot\Big(W_2^{in}(\omega)D_2(z_2)\frac{1}{T_2}W_2^{out}(\omega)\Big)$$

即频率特性是各组成子系统频率特性的乘积。在这种情况下,系统是可以交换位置的。信息从第一个系统传递到第二个系统的最简单情况为

$$W_1^{in}(\omega) = e^{i\omega\tau_1^{in}},\ W_1^{out}(\omega) = e^{i\omega\tau_1^{out}}W_{放大1}(\omega)$$

$$W_2^{in}(\omega) = e^{i\omega\tau_2^{in}},\ W_2^{out}(\omega) = e^{i\omega\tau_2^{out}}W_{放大2}(\omega)$$

总频率特性为

$$W = D_1(z_1)e^{i\omega(\tau_1^{out}-\tau_1^{in})}\frac{1}{T_1}W_{放大1}(\omega)D_2(z_2)e^{i\omega(\tau_2^{out}-\tau_2^{in})}\frac{1}{T_2}W_{放大2}(\omega)$$

这个特性只是信息处理时间 $(\tau_1^{out}-\tau_1^{in})$ 和 $(\tau_2^{out}-\tau_2^{in})$ 的函数,但不是各子系统信息更新时刻相互位置的函数。如果频率之间的关系合理,则预期获得的 N_1 和 N_2 数越大,则时间偏移量对系统动力学的影响就小。

积分环节。输入信号更新与输出信号运行计算之间的时间位移量等于零。这种情况下的积分环节为

$$y[(n+1)T_0] = y(nT_0)+T_0x(nT_0)$$

$$y[(n+2)T_0] = y((n+1)T_0)+T_0x(nT_0)$$

引入系统总信息更新周期 $2T_0$,则可以得到方程:

$$y(n+1)2T_0 = y(nT_0)+2T_0x(nT_0)$$

这是信息更新周期为 $2T_0$ 的单通道控制系统时间间隔变化的恒等式。因此,研究积分环节时就应当乘上输入信号更新频率,而更大的信号间隔频率更新不会导致频率特性的变化。

非周期环节

下面研究非周期滤波信号的变化:

$$y[(n+1)T_0] = \frac{T}{T+T_0}y(nT_0)+\frac{T}{T+T_0}x(nT_0)$$

$$y[(n+2)T_0] = \frac{T}{T+T_0}y((n+1)T_0) + \frac{T}{T+T_0}x(nT_0)$$

在相同内引入总周期 $2T_0$,得到方程

$$y[(n+2)T_0] = \frac{T^2}{(T+T_0)^2}y(nT_0) + 1 - \frac{T^2}{(T+T_0)^2}x(nT_0)$$

这个方程与信息更新周期 $2T_0$ 的单通道控制系统的非周期滤波变化方程有所不同:

$$y[(n+2)T_0] = \frac{T}{T+2T_0}y(nT_0) + \frac{2T_0}{T+2T_0}x(nT_0)$$

如果非周期滤波器的频率大于输入信号更新频率,则其计算结果导致时间常数有所减少。

当 N_1 和 N_2 大于 2 时,计算工作将会变得复杂,需要利用数值计算方法,因为解析式过于庞大,无法直接计算。包含非周期滤波器的系统频率特性如图 5.33 和

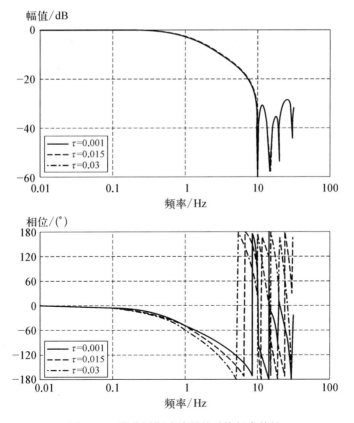

图 5.33　带非周期滤波器的系统频率特性
$T_F = 0.1\,\text{s}, T_1 = 0.066\,7\,\text{s}, T_2 = 0.1\,\text{s}$

图 5.34 所示。从图中可以看出，如果求得的信息更新频率处于合理的范围内，如 $T_1 = 0.066\,7\,\text{s}$，$T_2 = 0.1\,\text{s}$，则系统的频率特性完全取决于系统工作周期。如果取值范围不合理，如 $T_1 = 0.09\,\text{s}$，$T_2 = 0.1\,\text{s}$，则系统的工作周期对系统的动态特性影响较弱，但这个结论下得有点过早。

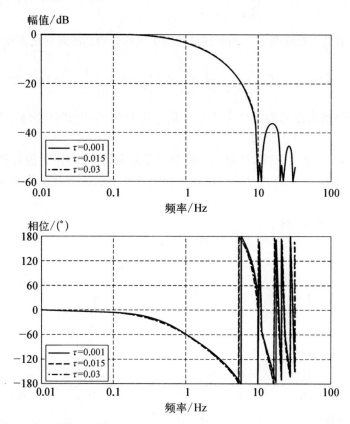

图 5.34　具有非周期滤波器 $T_F = 0.1\,\text{s}$，$T_1 = 0.09\,\text{s}$，$T_2 = 0.1\,\text{s}$ 的系统频率特性

应当重点分析系统余度和通道之间信号补偿对整个系统动态特性的影响。对于单通道系统问题在 5.1 节和文献[5.11,5.15 - 5.19]有研究。对于典型的双通道、双回路系统环节的这些问题，则在文献[5.21,5.22]中有研究。

直接链（放大系数）。下面研究双通道数字式控制系统（见图 5.35）。假设系统内使用静态控制律，为了不失去一般性，可以认为系统内只有唯一的放大系数。除此之外，在系统内还是用数字式通信线路。在所研究的情况中，信息均衡次数只是输出信号更新次数的一半。对于这样的系统，可以采用不同的工作周期，所得到的动态特性也不同。

下面研究两种可能的工作周期情况。

（1）系统根据第 1 工作周期运行（见图 5.35），可以用下面差分方程描述：

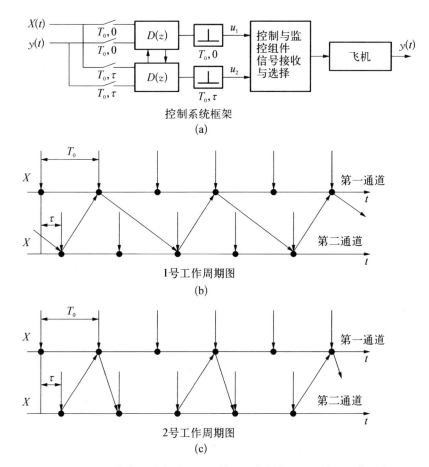

图 5.35 (a) 控制系统架构　(b) 第 1 工作周期　(c) 第 2 工作周期

$$Y_1(nT_0) = X(nT_0)$$

$$Y_1(nT_0 + T_0) = (1-k)X(nT_0 + T_0) + kY_2(nT_0 + \tau - n_2 2T_0)$$

$$Y_2(nT_0 + \tau) = (1-k)X(nT_0 + \tau) + kY_2(nT_0 - T_0 - n_1 2T_0)$$

$$Y_3(nT_0 + T_0 + \tau) = X(nT_0 + T_0 + \tau)$$

满足所有必要程序后，可以得到该数字式系统的传递函数表达式：

$$W = W_{放大} \frac{1}{1 + s\dfrac{2k^2(n_1 + n_2 + 1)}{1 - k^2}} \left[1 + \frac{k(3k-1)}{2(1-k^2)}(n_1 + n_2 + 1) \right]$$

对于这种工作周期情况，输出信号的补偿将导致非周期滤波器特性的出现。

（2）下面研究图 5.35 中给出的第 2 种工作周期形式。系统用下面差分方程描述：

$$Y_1(nT_0) = X(nT_0)$$

$$Y_1(nT_0 + T_0) = (1-c)X(nT_0 + T_0) + cY_2(nT_0 + \tau - n_2 2T_0)$$

$$Y_2(nT_0 + \tau) = (1-c)X(nT_0 + \tau) + cY_1(nT_0 - T_0 - n_1 2T_0)$$

$$Y_2(nT_0 + T_0 + \tau) = X(nT_0 + T_0 + \tau)$$

因此,系统传递函数可以用下面公式描述:

$$W = W_{放大} 1 - sT_0 \frac{k(2n_1 + 2n_2 + 1) + k^2(2n + 1 - \tau/T_0)}{4}$$

积分环节。下面研究带积分环节的控制系统。首先研究积分输出信号补偿情况。与单通道系统情况类似,也存在两种补偿方案:在信号更新前、后进行补偿。研究第二种补偿情况更具有现实意义,即在积分信号计算结束后进行补偿。除此之外,还存在不同的系统工作时间周期情况,它们影响系统的动态特性。下面研究两种形式的系统工作周期方案。

(3) 图 5.35 给出的第 1 工作周期情况,其差分方程为

$$Y_1(nT_0) = Y_1(nT_0 - T_0) + DT_0 X(nT_0)$$

$$Y_1(nT_0 + T_0) = (1-c)[Y_1(nT_0) + DT_0 X(nT_0 + T_0)] + cY_2(nT_0 + \tau - n_2 2T_0)$$

$$Y_2(nT_0 + \tau) = Y_2(nT_0 - T_0 + \tau) + DT_0 X(nT_0 + \tau)$$

$$Y_2(nT_0 + T_0 + \tau) = (1-c)[Y_2(nT_0 + \tau) + DX(nT_0 + T_0 + \tau)] + cY_1(nT_0 + T_0 - n_1 2T_0)$$

满足所有必要程序后,可以得到该数字式系统的传递函数表达式:

$$W = W_{放大} \frac{D}{s} \frac{4 - 3c}{4 + 2c(n_1 + n_2 + 1)}$$

在单通道系统情况下,积分环节补偿的主要影响表现在积分系数的变化,此刻为减小。由于单通道系统的补偿较弱,所有动态特性的变化完全符合逻辑。

(4) 下面研究第 2 种工作时间情况(见图 5.35),数字式系统由下面方程描述:

$$Y_1(nT_0) = Y_1(nT_0 - T_0) + DT_0 X(nT_0)$$

$$Y_1(nT_0 + T_0) = (1-c)[Y_1(nT_0) + DT_0 X(nT_0 + T_0)] + cY_2(nT_0 + \tau - n_2 2T_0)$$

$$Y_2(nT_0 + T_0 + \tau) = (1-c)[Y_2(nT_0 + \tau) + DX(nT_0 + T_0 + \tau)] + cY_1(nT_0 + T_0 - n_1 2T_0)$$

$$Y_2(nT_0 + \tau) = Y_2(nT_0 + \tau) + DT_0 X(nT_0 + T_0 + \tau)$$

系统的传递函数表达式为

$$W = W_{放大} \frac{D}{s} \frac{1 - \dfrac{c}{2}}{(1-c)\left(1 + \dfrac{c}{1-c} \dfrac{n_1 + n_2 + 1}{2}\right)}$$

也就是说,积分环节补偿导致积分系数减小。但必须指出,系统工作周期不同,所形成的传递函数架构也不一样。除此之外,积分环节频率特性失真情况也比单通道系统弱。

采用上述方法分析复杂的数字式系统并找出其动态特性所具有的特点,可以用来解决更复杂控制系统的设计问题。

下面研究数字式三通道控制系统稳定性区域的计算问题。具有较低静安定度余量的飞机使用数字式控制系统后,可以执行如下功能:

— 增加稳定性;

— 保证飞机具有较高的控制特性:保证驾驶杆过载梯度和良好的过渡过程;

— 防止飞机运动参数超过允许值,如迎角、法向过载、表速等。

在图 5.36 中给出了控制系统框图。为了保证飞机达到要求的稳定性并改善控制性特性,在控制系统中将使用驾驶杆偏度、法向过载和俯仰角速度信号。俯仰角速度通道含有一个二阶环节,可以保证飞机的气动弹性稳定性。法向过载和驾驶杆偏度通道都采用直接链与积分环节。直接链的系数这样选择:保证达到要求的"驾驶杆偏度–法向过载"梯度。无静差部分用于调整两者之间的联系,实现飞行参数的限制功能。法向过载路径上含有一个非周期滤波器。下面研究两种系统构建架构方案。

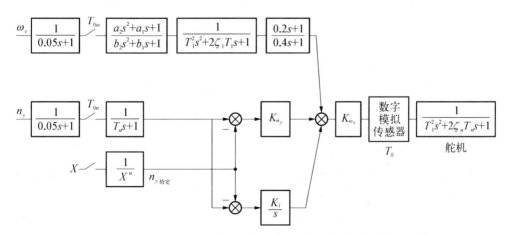

图 5.36　无静差纵向控制自动器与气动弹性振荡滤波器控制系统结构

三通道数字式非同步单回路系统

假设所有通道都使用统一的信息更新频率——20 Hz,并且认为每个通道之间有时间延迟,第一与第二通道之间的时间延迟为 0.015 s,第一与第三通道之间时间延迟为 0.035 s。

为了计算简便,假设信息处理在瞬间完成,也就是说,没有与计算机相关的时间延迟。为了避免各通道输出信号之间的不协调,事先考虑了积分环节补偿。补偿按照下面规律实施:

$$Y_1(nT_0 + T_0) = (1 - 2c)[Y_1(nT_0) + DT_0X(nT_0 + T_0)] +$$
$$cY_2(nT_0 + \tau_{12}) + cY_3(nT_0 + \tau_{13})$$

式中:Y_1、Y_2、Y_3 分别是第一、第二和第三通道的积分值;X 是输入信号;c 为补偿系数;τ_{12} 和 τ_{13} 为各通道之间的时间延迟。补偿在积分计算结束后进行。

三通道数字式非同步多路径系统。这种系统具有与前面系统相同的特性,只有各通道之间使用不同的频率进行信息更新。例如,俯仰角速度的更新频率为 40 Hz,而法向过载和驾驶杆偏度的更新频率只有 20 Hz。这时候多通道就具有自己的特点:需要使用不同的算法在不同时刻计算某一通道。

积分信号的变化有下面方程描述:

$$Y_1(nT_0 + T_0) = (1 - 2c)[Y_1(nT_0) + DT_0X(nT_0 + T_0)] +$$
$$cY_2(nT_0 + \tau_{12}) + cY_3(nT_0 + \tau_{13})$$

$$Y_1(n+2)T_0 = Y_1(n+1)T_0 + DT_0X(n+2)T_0$$

积分环节的补偿频率只是它们计算频率的一半,也就是说这个系统具有三种更新频率。

下面研究描述上述结构的"飞机-控制系统"闭环后的系统稳定区域。在图 5.37 给出了下列系统的稳定区域:

— 无信息补偿的三通道单回路数字式系统($T_0 = 0.05$ s);

— 有积分信号补偿的三通道单回路系统,补偿系数 $c = 0.25$;

— 有积分信号补偿的三通道单回路数字式系统,俯仰角速度更新周期 $T_0 = 0.025$ s,其他信号更新周期为 $T_0 = 0.05$ s。

俯仰角速度更新频率提高后,将导致系统稳定区域向高频边界方向扩大。除此之外,还发现积分信号补偿导致系统稳定区域向低频边界方向扩大。这很好理解,因为积分环节的主要补偿效果是减小积分系数。在图 5.38 中给出了该区域的细节情况。在这张图上,积分补偿时间比计算时间短,最后导致三种更新频率的出现。该系统的稳定区域比无补偿系统宽,也比使用统一频率进行计算和积分信号补偿的系统稳定范围宽。

对于多回路数字式飞机控制系统,也就是使用不同频率执行不同操作的控制系统,由于计算规模明显高于单通道系统,而且存在动态特性随工作周期变化问题,其频率特性和稳定性区域计算问题更加复杂。

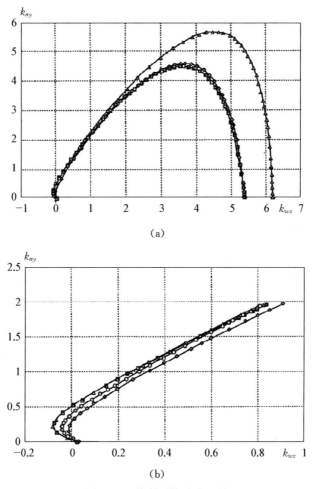

图 5.37 控制系统稳定区域

● $W_z\sim20\,\mathrm{Hz}, N_y\sim20\,\mathrm{Hz}$,无积分补偿   ■ $W_z\sim20\,\mathrm{Hz}, N_y\sim20\,\mathrm{Hz}$,有积分补偿

▲ $W_z\sim40\,\mathrm{Hz}, N_y\sim20\,\mathrm{Hz}$,有积分补偿   ◇ $W_z\sim40\,\mathrm{Hz}, N_y\sim20\,\mathrm{Hz}$,有积分补偿

具有数字式多通道控制系统的飞机的横侧向回路稳定性评价

关于数字式控制系统方面的研究文献很多,数字式电传控制系统飞机的动力学特性分析通常以纵向通道为主,因为电传控制系统飞机横侧向通道的稳定性分析更加复杂,它涉及两个控制面:副翼和方向舵,所以这类分析总是多回路的。下面研究飞机的横侧向运动,评价控制系统数字化以后对电传控制系统飞机稳定性的影响。

下面以现代中程干线客机为例进行研究。飞机上的控制系统执行如下功能:

— 改善飞机的稳定性,保证必要的控制性特性;

— 将控制分成航向通道和横向通道。

数字式电传控制系统结构如图 5.38 所示。

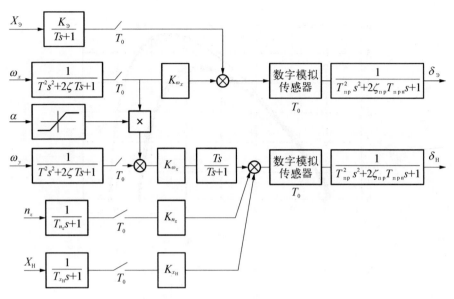

图 5.38 数字式电传控制系统结构

下面研究该电传控制系统的主要特点。为了保证飞机具有需要的稳定性并改善手动控制特性,在控制系统内引入驾驶杆偏度、脚蹬位移、滚转角速度、偏航减速度和侧向过载作为控制信号。滚转角速度和偏航角速度回路里含有弹性振荡滤波器。在偏航角速度链路上还有洗出环节,用于保证飞机的协调转弯。

下面研究电传控制系统的架构。

单通道系统:

● 数字式单回路系统;

● 数字式多回路系统。

余度数字式非同步系统:

● 三通道单回路系统;

● 三通道多回路系统;

● 有故障传感器的三通道多回路系统。

下面更加详细地研究这些系统架构。

数字式单回路系统。所有控制回路(滚转角速度、偏航角速度和侧向过载)都实现了计算机控制。使用统一的信息更新频率——20 Hz。这是最简单的数字式电传控制系统架构,研究它有益于了解更复杂的控制系统结构并与之比较。

数字式多回路系统。为了保证滚转角速度和偏航角速度回路的延迟最小,也是为了保证飞机的横侧向稳定性,需要其他通道内的控制律有足够的运算时间,因此,电传控制系统应当使用不同的信息更新频率。本例中角速度回路中控制律计算的更新为 40 Hz,其他回路的信息更新频率为 20 Hz。

三通道数字式非同步单回路系统。在这个系统中使用一种频率——20 Hz,用于保证所有信号的更新。由于不同步,因此,不同通道中的同一操作的时间有延迟,第一通道与第二通道之间的时间延迟为 0.015 s,第一与第三通道之间的时间延迟为 0.035 s。为了简化分析,假设信息处理在瞬间完成,不存在计算延迟。为了保证各通道原始数据的一致性,所使用的输入信息用下面方程描述:

$$Y_1(n+1)T_0 = \frac{1}{3}\left[X_1(nT_0+T_0)\right] + X_2(nT_0+\tau_{12}) + X_3(nT_0+\tau_{13})$$

式中: X_1, X_2, X_3 分别为第 1、2、3 通道的传感器值; Y_1, Y_2, Y_3 分别为三个通道用于进一步计算的传感器拉平值; τ_{12}、τ_{13} 分别为第 1 与第 2 通道、第 1 与第 3 通道工作时间延迟值。

在一次近似情况下,这种时间补偿将导致各通道出现附加延迟。所以,信息在各通道之间通信时,有必要考虑附加时间延迟。

还有其他补偿方式,用于得到各临近通道的补偿信号值:

$$Y_1(n+1)T_0 = \frac{1}{3}\left[X_1(nT_0+T_0)\right] + Y_2(nT_0+\tau_{12}) + Y_3(nT_0+\tau_{13})$$

这种补偿形式将导致所研究通道出现非周期滤波特性。因此,这种补偿方式一般不适用,我们也不再进行研究。

三通道数字式非同步多回路系统。这个系统具有前面单回路系统的同样特性,但不同信号使用不同的更新频率。其中滚转角速度的更新时间为 0.025 s,其他信号更新周期为 0.05 s。

三通道数字式非同步单回路并有一个传感器故障的系统。这个系统与前面情况有所不同,第一通道的滚转角速度传感器已经不能正常工作。检测系统发现了这个传感器故障,为了修正滚转角速度信号,第 1 通道采用第 2 和第 3 通道信号取平均值的方法,即

$$Y_1(n+1)T_0 = \frac{1}{2}\left[X_2(nT_0+\tau_{12}) + X_3(nT_0+\tau_{13})\right]$$

而第 2 和第 3 通道使用各自传感器值

$$Y_2(nT_0+\tau_{12}) = X_2(nT_0+\tau_{12}); \; Y_3(nT_0+\tau_{13}) = X_3(nT_0+\tau_{13})$$

因此,各通道之间的信息传递导致第 1 通道内出现了附加时间延迟。

多通道控制系统飞机的稳定性分析

在分析有数字式非同步多通道电传控制系统的飞机动力学时,其闭环系统稳定区域的计算工作起到了至为关键的作用,并且系统的频率特性就取决于闭环系统的稳定性,它是放大系数的非线性函数。由于这个系统的幅值和相位稳定裕度的确定比单通道系统复杂得多,因此,使用闭环系统稳定区域更合理。

确定闭环系统稳定性裕度的传递函数可以这样推导,将闭环系统在某些点处打开,本算例中使用方向舵和副翼,并用下面的矩阵算子描述。

$$\begin{vmatrix} x_1(s) \\ \vdots \\ x_n(s) \end{vmatrix} = \begin{bmatrix} a_{11}(s) & \cdots & a_{1n}(s) \\ \vdots & & \vdots \\ a_{n1}(s) & \cdots & a_{nn}(s) \end{bmatrix} \cdot \begin{bmatrix} x_1(s) \\ \vdots \\ x_n(s) \end{bmatrix} + \begin{bmatrix} b_{11}(s) & \cdots & b_{1m}(s) \\ \vdots & & \vdots \\ b_{n1}(s) & \cdots & b_{nm}(s) \end{bmatrix} \cdot \begin{bmatrix} u_1(s) \\ \vdots \\ u_m(s) \end{bmatrix}$$

为了评价闭环系统稳定性,必须解下面方程: $\det[\boldsymbol{E} - \boldsymbol{A}(s)] = 0$

这个方程可以写成常规形式:

$$W_{\mathrm{pc}}(s) = 1 - \det[\boldsymbol{E} - \boldsymbol{A}(s)] = 1$$

式中: $W_{\mathrm{pc}}(s)$ 为确定闭环系统稳定性的传递函数。对应这个传递函数的频率特性举例如图 5.39 所示。

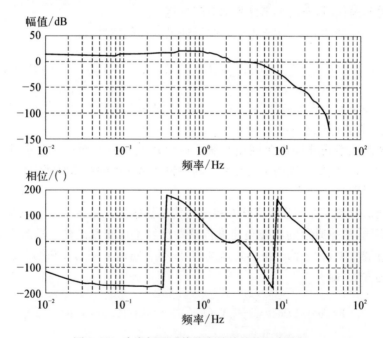

图 5.39　决定闭环系统稳定性特性的频率特性

这种方法的缺点是无法确定所得到频率特性的物理意义。

还可以采用其他方法。计算出频率特性的固有值 $A(\omega)$。如果特征根值 $\lambda(\omega)$ 等于零,系统位于稳定性边界区。可以建立一系列频率特性:

$$W_i(\omega) = 1 + \lambda_i(\omega), \quad i = 1, \cdots n$$

它可以称为多通道系统各组成回路的频率特性,绘制出这些特性曲线(见图 5.40)后,就可以评价整个多通道系统的稳定性,并且可以分离出系统失去稳定性的回路。实际上,图 5.40 给出的系统频率特性,有明显的物理意义,由于横侧向通

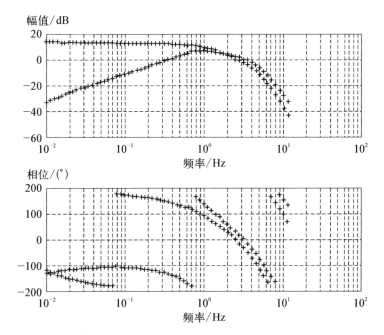

图 5.40　闭环系统打开后的频率特性

道闭环系统的频率特性与开环系统接近,因此,将闭环系统打开是分析多通道闭环系统频率特性的有效方法。

　　带有数字式非同步多通道备份电传控制系统飞机的稳定性分析更加复杂。为了评估多通道非同步多回路数字式电传控制系统飞机的稳定性,所使用的方法包括下面几个步骤。

　　(1) 使用不同信息更新频率的数字式电传控制系统可以归于当量单回路电传控制系统。新型电传控制系统的信息更新频率只是系统原始频率的公约数,即信息更新周期是原始周期的最小倍数。只有当原始周期取值合理情况下,才能出现这种情况。否则只能使用接近合理的近似值。

　　(2) 第二个步骤,在模/数转换前和数/模转换后引入数字前置环节和延迟环节,将非同步系统转化成当量同步系统。这一过程已经被广泛采用并证明有效。

　　(3) 第三步,对于前面已经描述过的电传控制系统,其开环系统由离散部分和连续部分所组成。因此,闭环系统采用下面矩阵方程描述:

$$\begin{bmatrix} Z(u_1) \\ \vdots \\ Z(u_N) \end{bmatrix} = \begin{bmatrix} \boldsymbol{A}(z) \end{bmatrix} \begin{bmatrix} Z(u_1) \\ \vdots \\ Z(u_N) \end{bmatrix} + \begin{bmatrix} \boldsymbol{B}(z) \end{bmatrix} \begin{bmatrix} Z(x_1) \\ \vdots \\ Z(x_N) \end{bmatrix}$$

式中: $Z(u_i) = \sum\limits_{n=0}^{\infty} u_i(n T_0) z^{-n}$ 为第 i 个算子输入信号的 Z 变换; $Z(x_i) =$

$\sum_{n=0}^{\infty} x_i(nT_0)z^{-n}$ 为控制信号 x_i 的 Z 变换；$A(z)$，$B(z)$ 分别为矩阵算子。

闭环系统稳定性条件是在单位圆 $|z|=1$ 内下面方程没有根：

$$\det[E-A(z)]=0$$

也可以按照下面方程确定

$$W_{\mathrm{pc}}^*(z)=1$$

式中：$W_{\mathrm{pc}}^*(z)$ 为开环系统传递函数，这个方程与单通道系统稳定性方程相当。其频率特性 $W_{\mathrm{pc}}^*(\omega)$ 可以用于评价整个系统的稳定性。

闭环系统稳定性区域计算

单通道单回路控制系统。这是最简单的数字式系统，下面先开始研究这种系统。在图 5.41 给出了不同迎角状态下计算的闭环系统稳定性区域，飞机处于着陆状态，没有通信时间延迟。从中可以找出稳定性范围的如下特点。在小迎角区域，稳定性范围实际上呈线性变化。这说明小迎角时飞机的滚转和侧滑之间的相互运动较小，一种运动的稳定性余量与另一种运动参数的放大系数无关。当一个通道的放大系数改变时，另一个通道内的稳定性丧失的频率变化很小。但滚转通道和偏航通道稳定性丧失的频率是不同的。下面关注边界交叉点处稳定性丧失特性，它们对应两个频率值。

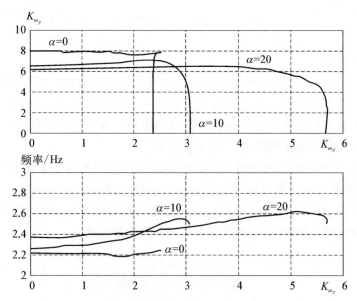

图 5.41　单通道单回路数字式电传控制系统稳定性区域

计算机之间无通信时间延迟

在图 5.42 中给出了对应这两个角点的过渡过程，它们是滚转和偏航通道稳定性边界的交叉点。过渡过程包含两个具有不同频率的谐波,既可以观察到滚转运动稳定性的丧失,也可以观察到偏航运动稳定性的丧失。这导致过渡过程出现典型的跳动。在图 5.39 已经给出了确定闭环系统稳定性的传递函数的幅值特性和频率特性,上面有稳定性边界的交叉点。从图中可以看出,这些特性存在两个稳定性丧失的交叉点。在图 5.40 中给出了闭环系统打开后子系统的频率特性,可以看出,两个通道都位于稳定性边界内。

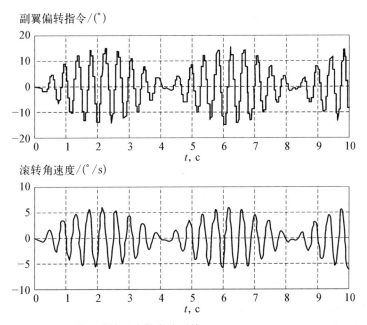

图 5.42　单通道单回路数字式系统($K_{\omega_x} = 2.33$, $K_{\omega_y} = 7.9$)

增大迎角后将导致滚转和偏航运动相互作用加剧,稳定性边界变光滑。稳定性边界由带角点的分段线性过渡到大迎角状态的连续曲线,这需要特别关注,可以用分支分析法进行研究。

在图 5.43 给出了飞行状态的闭环控制系统稳定性边界,在有电传控制系统存在情况下,有一个步长的附加时间延迟,这与计算时间有关。稳定性边界比预期的要窄。

单通道多回路控制系统。 所谓多节拍是指不同的信号具有不同节拍的更新时间,这是现代数字式电传控制系统的典型特性。多节拍使控制系统更复杂,它要求信息通道内的时间延迟不能过大。下面研究滚转角速度更新频率为 40 Hz、其他信号更新频率为 20 Hz 的情况。滚转角速度信号更新频率的提高将导致这一路信号时间延迟减少,也会导致 $K_{\omega_x} \neq 0$ 的稳定性区域扩大。

在图 5.44 中给出了数字式单回路系统($f = 20$ Hz)和数字式多回路电传控制系统的稳定性范围,数字式多回路系统稳定性范围要比数字式单回路系统的范围

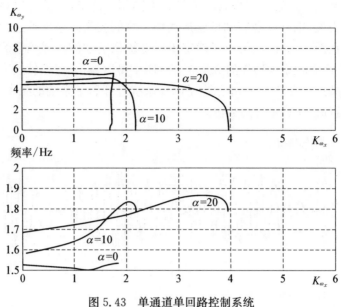

图 5.43　单通道单回路控制系统
通信间有时间延迟 T_0

宽，这符合逻辑。

　　三通道系统。对于有余度的电传控制系统，其稳定性区域计算问题十分重要，主要有以下几个原因：

　　—— 系统备份通道工作非同步将导致闭环系统稳定性区域的变化，如果不同通道之间使用相同的算法并且没有机械连接，这种条件下上述说法正确；

　　—— 数字式系统内使用多数值信息补偿方案。补偿对系统动态特性有影响，但必须考虑。

　　下面研究上面所描述系统构架下所对应的稳定性区域。在图 5.45 中给出了下列结构形式的稳定性区域：

　　—— 三通道单回路无信息补偿的电传控制系统（$T_0 = 0.05$ s）；

　　—— 三通道单回路无信息补偿的电传控制系统，其中滚转加速度信号更新周期 $T_0 = 0.025$ s，其他信号为 $T_0 = 0.05$ s；

　　—— 三通道多回路有滚转角速度补偿的数字式电传控制系统，其中滚转加速度信号更新周期 $T_0 = 0.025$ s，其他信号为 $T_0 = 0.05$ s。

　　由于输入信号的补偿只是附加时间延迟，因此，单回路系统的稳定性区域比多回路的窄，如图 5.45 所示。

　　三通道有传感器故障的系统。 下面研究第 1 通道内滚转角速度传感器故障情况。在第一通道内的计算方法内采用第 2 和第 3 通道传感器信号的中值：

$$Y_1(n+1)T_0 = \frac{1}{2}\left[X_2(nT_0 + \tau_{12}) + X_3(nT_0 + \tau_{13})\right]$$

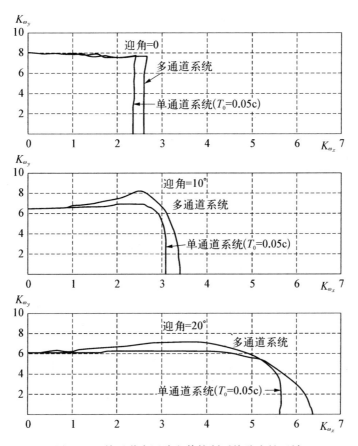

图 5.44 单通道多回路电传控制系统稳定性区域

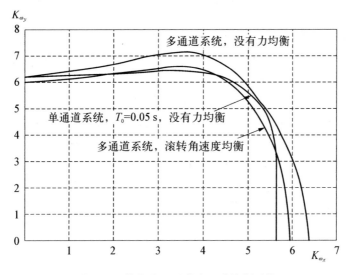

图 5.45 数字式三通道多回路控制系统

ω_x 新的信息更新周期补偿分别为：$\omega_x \sim 0.025\ \text{s}$；$\omega_x \sim 0.05\ \text{s}$

而第 2 和第 3 通道依然使用自己通道的信号：

$$Y_2(nT_0 + \tau_{12}) = X_2(nT_0 + \tau_{12}), \quad Y_3(nT_0 + \tau_{13}) = X_3(nT_0 + \tau_{13})$$

由于自身传感器故障，第 1 通道内的信息被迫取其他通道的平均值，因此在角速度通道内出现了附加的时间延迟，即信号故障到取相邻通道信号平均值之间的恢复时间，因此需要对类似系统进行信息补偿。但是，该情况下的时间延迟小于稳定性区域内反应的时间延迟值。在图 5.46 中给出了由故障引起的闭环系统稳定性的变化结果。

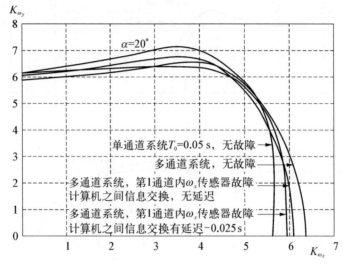

图 5.46　第 1 通道信号故障时三通道多回路数字式电传控制系统飞机稳定性区域

信号更新频率为 $\omega_x \sim 0.025\,\mathrm{s}$；$\omega_x \sim 0.05\,\mathrm{s}$

因此，对于有数字式电传控制系统的飞机，即使纵向单通道系统的稳定性和控制性分析都十分复杂。在研究电传控制系统的构建特性和功能特性时，有必要考虑系统备份，各通道工作的非同步性，各通道之间的信息补偿，所以问题变得十分复杂。除了滚转通道与偏航通道之间存在相互作用外，这种作用还随着迎角的增加而加剧。滚转与偏航通道之间的相互作用还导致闭环系统稳定性特性发生变化，如滚转角速度和偏航角速度回路放大系数的变化。当迎角增大时，稳定性区域边界变得广阔，这是由于滚转和偏航通道相互作用加剧所致。为了分析稳定性特性，可以使用频率特性，用来确定整个多回路系统的稳定性，各组成回路的频率特性可以通过打开闭环系统方法得到。

6 多余度同步数字式控制系统工作方法

可靠性与功能分量一样,是飞机控制系统最重要的特性,它能够保证控制系统在保障飞行安全方面的工作。为保证可靠性应当有备份系统,也就是采用多个控制通道,每个通道都包含一个或多个计算机。现代控制系统计算机具备内部余度,也包括控制和监控通道。计算机为非同步工作:各通道执行运算软件存在着时间不同步问题。计算机的非同步工作、输入信号也存在静态误差和信息意外不协调,这些都会造成各通道计算过程中的"不精确",而导致监控系统的困难。为了对各通道之间的差值进行评估,可使用马尔科夫过程方法[6.1-6.3]和多余度数字式控制系统研究方法。积分环节输出信号特别容易发生"不精确"现象(见图5.14)。为保证各通道的计算过程相同,可通过机器间交换线路使用信息补偿。这些补偿方案可参见第5章有关其对数字式多余度系统动力学特性影响分析部分。

6.1 多余度数字式控制系统积分环节的均衡控制律综合

多余度数字式控制系统的积分环节数值均衡控制律如图6.1所示,其计算机根据自检对布局方案建立,包括控制与监控通道以及参数的选择规则[6.4]。为了同步各余度计算机的积分信号,设定了有关所有正常使用的计算机积分均衡值与该计算机积分值的差值反馈。为实现同步,设定了积分(y_{j1}和y_{j2})及其完好性标志($St\, y_{j1}$和$St\, y_{j2}$),并由机器间交换数字线路进行数值交换。差值以放大系数K_1进入积分环节。

同时还设定了计算机内部的积分环节同步,也就是控制和监控通道之间的积分环节均衡。为此控制和检测通道积分值之间的差值以放大率K_2进入监控通道积分环节。

分析一个计算机内控制和监控通道与不同通道的积分之间的差值,选择放大系数K_1和K_2,并评估由均衡控制律工作引起的控制系统传递函数扰动。

系数K_1的选择。 研究含无静差控制律的双通道数字系统。在没有均衡的情况下,如果没有导致积分"不精确"的障碍,并且它们的差值可以达到任意数值,但在补偿系数K_1增大时会降低。由此可以看出,在各计算机上输入信息存在差异时,不仅仅是积分存在差值,还有比例信号。因此降低积分信号差值使之可与比例信号差值相比的量,是选择系数K_1时的基本条件。在双通道系统中,每个通道都包括积

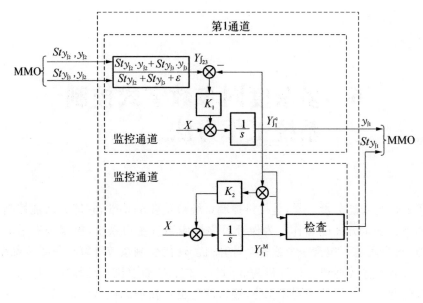

图 6.1　积分环节的均衡控制律

分和比例部分(见图 6.2)。设第一通道输入信号带有固定误差 $X_1 = \Delta$。针对第一和第二通道的比例信号差值 y_{st1} 和 y_{st2},正确的表达式如下:

$$\Delta y_{st} = y_{st1} - y_{st2} = K_{st}(X_1 - X_2) = K_{st} \cdot \Delta$$

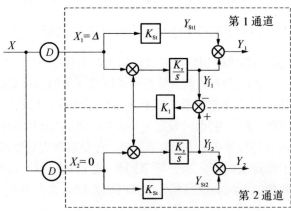

图 6.2　通道间差值评估

针对第一和第二通道积分 $y_{J1}(t)$ 和 $y_{J2}(t)$ 的拉普拉斯转换 $Y_{J1}(s)$ 和 $Y_{J2}(s)$ 有下列等式:

$$Y_{J1}(s) = \frac{1}{s}\big[K_J \cdot \Delta + K_1(Y_{J2} - Y_{J1})\big]$$

$$Y_{J2}(s) = \frac{1}{s}\big[K_1 \cdot (Y_{J1} - Y_{J2})\big]$$

由第二等式得出

$$Y_{\text{∫2}}(s) = \frac{K_1/s}{1+K_1/s}\,Y_{\text{∫1}} = \frac{1}{T_1 s+1}Y_{\text{∫1}}$$

式中：$T_1 = 1/K_1$。

将该表达式代入第一通道积分信号等式,得

$$Y_{\text{∫1}}(s) = \frac{1}{s}\Big[K_{\text{∫}}\cdot\Delta + K_1\Big(\frac{1}{T_1 s+1}-1\Big)Y_{\text{∫1}}\Big] = \frac{1}{s}\Big(K_{\text{∫}}\cdot\Delta - \frac{1}{T_1 s+1}\cdot Y_{\text{∫1}}\Big)$$

最后得出

$$Y_{\text{∫1}}(s) = \frac{1}{s}\cdot\frac{T_1 s+1}{T_1 s+2}\,K_{\text{∫}}\cdot\Delta$$

针对第一和第二通道积分信号差值,有

$$\Delta Y_{\text{∫}} = Y_{\text{∫1}}(s) - Y_{\text{∫2}}(s) = \frac{1}{s}\cdot\frac{T_1 s+1}{T_1 s+2}K_{\text{∫}}\cdot\Delta\cdot\Big(1-\frac{1}{T_1 s+1}\Big) = \frac{K_{\text{∫}}\cdot T_1}{T_1 s+2}\cdot\Delta$$

如上文所示,积分信号差值应当与静态信号差值相比的量,也就是 $\Delta Y_f = \Delta Y_{\text{st}}$,所以

$$\Delta Y_{\text{∫}} = \frac{K_{\text{∫}}\cdot T_1}{T_1 s+2}\cdot\Delta = K_{\text{st}}\Delta = \Delta Y_{\text{st}}$$

针对最极限比例信号 $\Delta = \text{const}(s=0)$

$$K_1 = \frac{K_{\text{∫}}}{2\cdot K_{\text{st}}}$$

综合考虑飞机的积分系数和比例系数,其均衡系数值约为 $K_1 = 0.5\sim1$。

信息补偿会产生对控制系统动性能和"飞机-电传控制系统"闭环系统稳定性的影响。评估同步对积分环节动力性能的影响,也就是均衡程序的传递函数畸变。积分均衡和计算程序可以使用下列等式：

$$y_{\text{∫1}}(nT_0) = y_{\text{∫1}}(nT_0 - T_0) + T_0[X(nT_0) + K_1(y_{\text{∫2}}(nT_0 - T_0 + \tau - n_2 T_0) - y_{\text{∫1}}(nT_0 - T_0))]$$

$$y_{\text{∫2}}(nT_0 + \tau) = y_{\text{∫2}}(nT_0 + \tau - T_0) + T_0[X(nT_0 + \tau) + K_1(y_{\text{∫1}}(nT_0 - n_1 T_0) - y_{\text{∫2}}(nT_0 + \tau - T_0))]$$

式中：T_0 为数字电传控制系统信息更新周期;τ 为电传控制系统第一和第二通道信息更新时间点之间的时间偏差;n_1、n_2 为对应机器间交换通道信息传输延迟的信息更新周期的数值。

该方程组可以转换为下列形式：

$$y_{j1}(nT_0) = (1-c)\big[y_{j1}(nT_0 - T_0) + T_0 X(nT_0)\big] + cy_{j2}(nT_0 - T_0 + \tau - n_2 T_0)$$

$$y_{j2}(nT_0 + \tau) = (1-c)\big[y_{j2}(nT_0 + \tau - T_0) + T_0 X(nT_0 + \tau)\big] + cy_{j1}(nT_0 - n_1 T_0)$$

其中 $c = K_1 T_0$。这些表达式对应所谓的输入积分平衡（见章节5）。使用输入信号线性内插法：

$$X(nT_0 + \tau) = X(nT_0) + \frac{\tau}{T_0}\big[(X(n+1)T_0) - X(nT_0)\big]$$

可得到信号 X、y_{j1} 和 y_{j2} 的 Z 变换方程组：

$$\begin{vmatrix} 1 - \dfrac{1-c}{z}, & -\dfrac{c}{z^{n_2+1}} \\ -\dfrac{c}{z^{n_1}}, & 1 - \dfrac{1-c}{z} \end{vmatrix} \cdot \begin{vmatrix} Z(y_{j1}) \\ Z(y_{j2}) \end{vmatrix} = \begin{vmatrix} T_0 \\ T_0(1 + (z-1)\tau/T_0) \end{vmatrix} \cdot |Z(X)|$$

解算相对 Y_1 和 Y_2 的这个系统并使用等效控制信号概念，可以得到等效传递函数表达式（无外推器）：

$$W = \frac{T_0}{2\det}\left\{ 1 - \frac{1-c}{z} + \frac{c}{z^{n_2+1}}\Big[1 + \frac{\tau}{T_0}(Z-1)\Big] + \Big[1 + \frac{\tau}{T_0}\Big(\frac{1}{z} - 1\Big)\Big] \cdot \right.$$
$$\left. \Big[\frac{c}{z^{n_1+1}} + \Big(1 - \frac{1-c}{z}\Big)\Big(1 + \frac{\tau}{T}(Z-1)\Big)\Big]\right\}$$

式中：$\det = \Big(1 - \dfrac{1-c}{z}\Big)^2 - \dfrac{c^2}{z^{n_1+n_2+1}}$。

可以简化该表达式并得到

$$W \approx \frac{1}{s} \cdot \frac{1}{1 + \dfrac{c(n_1 + n_2 - 1)}{2}}$$

补偿会导致积分系数改变。补偿系数 c 为小数值时可以得出

$$W \approx \frac{1}{s}\Big[1 + \frac{c(n_1 + n_2 - 1)}{2}\Big]$$

在没有机器间通信线路延迟时 $(n_1 = n_2 = 0)$，有

$$W \approx \frac{1}{s}\Big(1 + \frac{c}{2}\Big)$$

在 $K_1 = 1$ 和 $T_0 = 0.01$ 时,积分同步 $c = 0.01$ 只会导致积分系数增大 0.5%,如此一来这些影响可以忽略不计。在机器间交换线路上存在附加延迟和补偿系数增大时,动力学特性畸变会增加。但是在 $K_1 = 0.5$ 和机器间交换线路存在延迟的情况下,积分系数的变化不会超过 1%,这是完全可以接受的。在图 6.3 中的是该系统(无外推器)不同种 K_1 值和机器间交换线路附加延迟的情况下的精确频率特性。

可以看出,频率特性畸变只有在大补偿系数 $K_1 = 10$ 和机器间交换线路存在附加延迟的时候明显。

系数 K_2 的选择

除了计算机间的同步之外,还要考虑同一机器内监控和控制通道积分信号补偿(见图 6.1)。这需要选择同步参数 K_2。这时基本扰动因素是其他计算机的平均时间间隔 $y_{j23} = 0.5(y_{j1} + y_{j2})$,这个平均值相当于外部扰动。在输入信号为零 $X = 0$ 时监控和控制通道积分表达式如下:

$$y_{j1}^{c}(s) = \frac{K_1}{s}(y_{j23} - y_{j1}^{c})$$

$$y_{j1}^{M}(s) = \frac{K_2}{s}(y_{j1}^{c} - y_{j1}^{M})$$

由第一等式可以得出

$$y_{j1}^{c}(s) = \frac{K_1/s}{K_1/s + 1}\, y_{j23} = \frac{1}{T_1 s + 1}\, y_{j23}$$

因此相邻通道积分平均值之间差值和控制通道积分值的表达式为

$$y_{j1}^{c}(s) - y_{j23} = \frac{T_1 s}{T_1 s + 1}\, y_{j23}$$

由第二等式得出

$$y_{j1}^{M}(s) = \frac{K_2/s}{K_2/s + 1}\, y_{j1}^{c} = \frac{1}{T_2 s + 1}\, y_{j1}^{c}$$

因此监控和控制通道间差值的表达式为

$$y_{j1}^{c}(s) - y_{j1}^{M}(s) = \left(1 - \frac{1}{T_2 s + 1}\right) y_{j1}^{c} = \frac{T_2 s}{T_2 s + 1}\, y_{j1}^{c}$$

$$= \frac{T_2 s}{T_2 s + 1} \cdot \frac{1}{T_1 s + 1}\, y_{j23}$$

或者

$$y_{j1}^{c}(s) - y_{j1}^{M}(s) = -\frac{T_2/T_1}{T_2 s + 1}(y_{j1}^{c} - y_{j23})$$

如果将控制通道积分和相邻计算机平均时间间隔值之间的差值与监控与控制通道积分之间的差值相比较,那么后者应当相对更低。在相反情况下计算机之间的时间间隔同步会引起计算机内部控制系统误报。因此 $T_2 < T_1$ 或 $K_2 > K_1$。通过计算所选数值 $K_1 = 0.5 \sim 1$,可以选择数值 $K_2 = 1.0 \sim 2.0$。

计算机间和计算机内部积分差值见图 6.4、图 6.5。图中还展示了这些差值(对数特性差异)的相对关系,通过图中演示可以看出其差值更大。在高频状态的所有

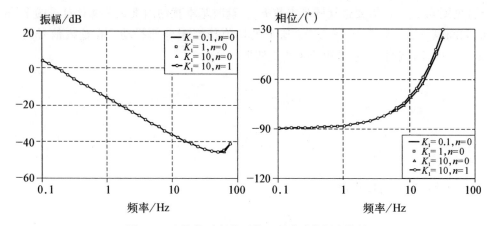

图 6.3　有均衡时积分环节双通道系统频率特性

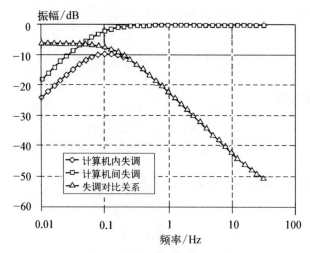

图 6.4　计算机内、计算机间差值和差值对比关系

$$K_1 = 0.5, K_2 = 1$$

情况下,计算机内部差值低于计算机间差值。在 $K_1 \leqslant K_2$ 的情况下(见图 6.4),计算机内部差值不超过计算机间的差值,也就是计算机内部监控控制通道积分均衡控制律能够阻止来自计算机间差值的外部作用。在 $K_1 > K_2$ 的情况下,当计算机内部同步系数低于计算机间同步系数时,计算机内部差值大于计算机间差值(见图 6.5),也就是计算机监控控制通道积分均衡控制律未能阻止外部作用,结果为不合格。

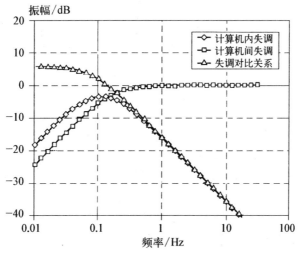

图 6.5 计算机内、计算机间差值和差值对比关系
$$K_1 = 1, K_2 = 0.5$$

由于计算机内部时间间隔值同步,因此评估多余度系统动力学特性畸变及其通道之间的差值无实际意义,监控通道的时间间隔同步不会对控制通道时间间隔造成影响,这正是该时间间隔同步方法的优点。

6.2 多余度数字式控制系统内离散信号的均衡控制律综合

监控系统结构

当前的飞机控制系统以机载数字计算机为基础组成。控制系统最重要的特性是它的故障安全性和可靠性,这由其结构形式、余度水平、器件可靠性和检测系统有效性所决定。为保证系统故障安全性和可靠性备有余度系统,就是具备多个同型信息源、通信通道、计算机、传动装置和控制面等部分。器件余度能够保证发现、定位和隔离故障器件,因此可提高系统的可靠性。目前为了保证这些性能,控制系统计算机信息-计算机部分设置为自监控模块形式:分为偶数组结构形式(空客 A320~A380、苏霍伊 SuperJet 100 等)或三个一组结构形式(波音 B777)。下文分析研究两个一组的结构形式,这种结构形式的计算机具有监控和控制通道。

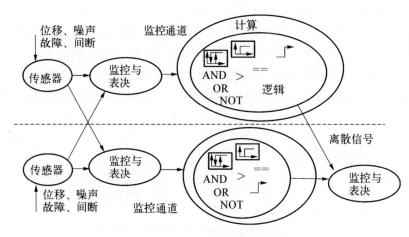

图 6.6　计算偶的计算过程结构

电传控制系统的监控系统应当完成状态同步功能,就是计算机监控控制通道之间以及计算机之间的离散信号时间同步。

为保证各个通道的状态相同,采用机器间交换线路。使用余度系统按钮、开关等发出单次输入指令,一般情况下使用多数逻辑通过检查 $X_1 = X_2$ 类型的对比关系进行检测控制。由于现代控制系统为提升系统功能,其控制律逻辑复杂程度在急剧的增长,因此产生了大量离散信号(逻辑器件输出信号)。这些逻辑器件包括继电器、滞后、触发线路、逻辑器件与、或、大于、等于等等。这要求保证能够均衡控制系统各个通道的确定其状态的多重电键。下文开始分析多余度数字式控制系统逻辑部件(继电器和滞后)的输出离散值的同步。

使用终端自动设备的监控算法结构

建立高水平逻辑复杂程度控制系统结构的有效方法是使用终端自动设备[6.5-6.7],这些设备可以根据动力系统状态建立整齐直观的控制线路。终端自动设备——无输出抽象自动机,其可能状态数量有限。自动装置的工作结果由其终端状态决定。

存在不同的终端自动设备方案,例如,可以使用 5 种参数: $M = (Q、\Sigma、\delta、q_0、F)$ 来指定自动设备,其中 Q 为自动设备状态有限集; q_0 为自动设备初始(起动)状态 $(q_0 \in Q)$; F 为允许状态集 $F \subseteq Q$; Σ 为允许输入字母符号(允许输入符号集),这些符号可形成自动设备读取的字行 δ 为给定的几何 $Q \times \Sigma$ 到自己 $P(Q)$ 的映像;即 δ : $Q \times \Sigma P \to (Q)$ (有时 δ 称为自动设备转换函数)。

自动设备读取一个输入行符号,并在 q_0 状态开始工作。读取的符号依照转换函数将自动设备从 Q 转换为新的状态。如果完成读取输入字(符号序列)时自动设备处于允许状态之一,那么自动设备表示字为"接受"。在这种情况下它们属于该自动设备语言。在相反情况下表示字为"不接受"。

终端自动设备广泛应用于实际生产,例如应用于句法、词汇分析器,以及以模型为基础的保障程序测试。

终端设备的最重要特点在于:

— 状态曲线图或者是转换图形是转换函数和状态集的图形显示,它加载单向图表,其顶部是终端自动设备状态,侧边为由一个状态向另一个状态的转换,加载项为符号条件,在这种情况下可以实现转换。如果在出现多个符号中满足某个条件,此时可以实现由状态q_1转换到状态q_2,那么在曲线图弧线上(图表分支)应当记录其全部动作。

— 转换表格,这是函数δ的显示表。通常在这种表格中的每一横行对应一种状态,每一纵行对应一个允许输入符号。如果在位于某状态的情况下得到某输入符号,那么在对应的横行和纵行的相交格中记录自动设备应当完成的动作。

终端自动设备可以有效应用于信号检查。这需要形成输入信号变化脚本,通过脚本检测算法可以形成输出信号,即终端自动设备语言。如果实现脚本但不能确定输出信号,那么输入信号认定为不合格,字无法加入终端自动设备语言。

继电器输出信号补偿和检查

一个特别重要的离散信号特殊情况,是继电器输出信号,也就是输入模拟信号超过临界值的标志。这些继电器用于在飞行员参与控制的情况下断开自动控制状态,接通俯仰和滚转稳定状态等。由于继电器的输出分散,继电器按时间不同的动作会导致控制信号的巨大差值,意思就是会导致检测系统的误报。如果输入信号接近继电器的临界值并且变化缓慢,那么即使检测控制通道输入信号的微小不同也会造成继电器动作之间在时间上的巨大差异。这会导致继电器输出信号之间的较大的差别,会认定检测系统故障。因此为保证继电器可靠的同步工作以及预防误报,设定了终端自动设备形式的控制律(见图 6.7),下文介绍一下其本质要点。在控制通道上设置普通继电器,在检测通道上设置能够保证继电器动作同步的方法。如果在控制通道发生动作,也就是输入信号X_c等于继电器动作水平H,检测通道输入信号位于区间$H-h<X_m<H+h$,其中h为输入信号允许差异界限,那么在检测通道会发生动作,以在通道间存在较小差值的情况下保证继电器动作同步性。如果$X_m>H+h$或$X_m<H-h$,那么继电器不会重启,其输出端出现标准数值 0 和 1。在这种情况下,如果检测控制通道继电器输出信号在确定的时间范围内不同,认定计算机故障。为确定故障计算机会使用带无比较计数器的故障确认逻辑部件(见图 6.7)。该部件的逻辑如下:

— 如果检测控制通道继电器输出值不同,则无比较计数器数值以单位数值增加,直至达到最大值;

— 如果检测控制通道继电器输出值相同,则无比较计数器数值以单位数值减少,直至达到零;

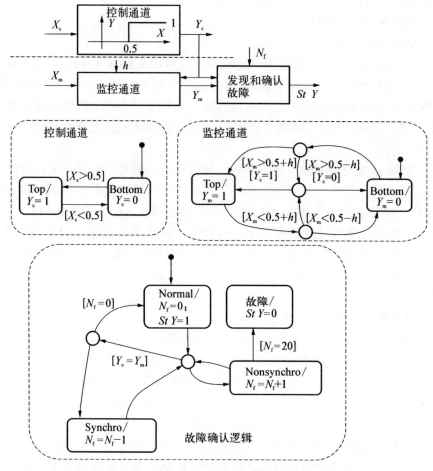

图 6.7　计算机双监控制通道间继电器同步

　　—— 无比较计数器达到最大值认定计算机故障事实并将其断开；

　　—— 根据查明故障所需的确认时间确定无比较计数器最大值。

　　需要分析指定的检查和均衡控制律的有效性。研究谐波输入信号，选择其幅度和平均值，以便其最大值稍微超过继电器启动门限值。在这种情况下信号的变化速度在继电器动作时较低，并且存在不大的监控控制通道间差值，会导致输出信号间的巨大差异。同时还研究下列的监控通道模拟传感器 X_m FMEA（failure mode and effect analysis）故障方案和工作条件：

　　—— 出现传感器信号固定偏压；

　　—— 传感器信号中出现高强度"噪声"；

　　—— 传感器信号偏移按时间线性增长；

　　—— 信号停在任意位置；

　　—— 输入信号减至零；

— 输入信号存在短时间不协调。

发生这些故障时的检测系统性状见图 6.8～图 6.10。这些图中采用了下列符号：

— X_c、X_m 为检测控制通道继电器输入信号；

— Y_c、Y_m 为检测控制通道继电器输出信号；

— N_f、StY 为不可比计数器数值和输入信号完好性。

图 6.8 中为允许分散界限为零时的系统性状。可以看出，监控通道继电器输

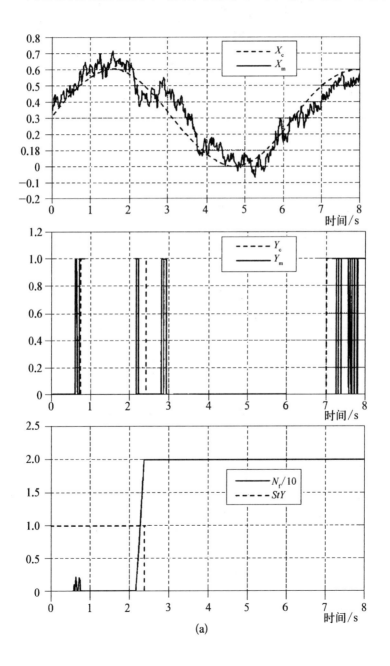

(a)

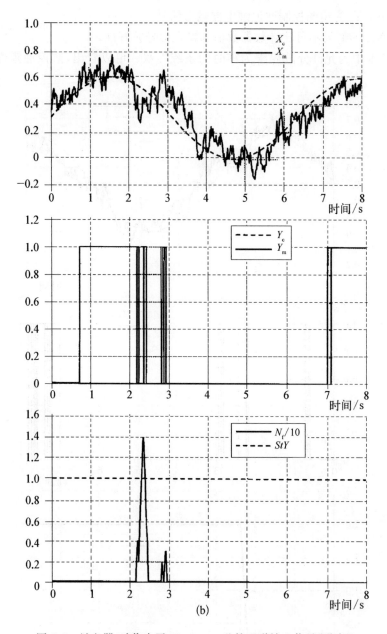

图 6.8　继电器,动作水平 $H = 0.5$,监控通道输入信号"噪声"

(a) $h = c$　　(b) $h = 0.1$

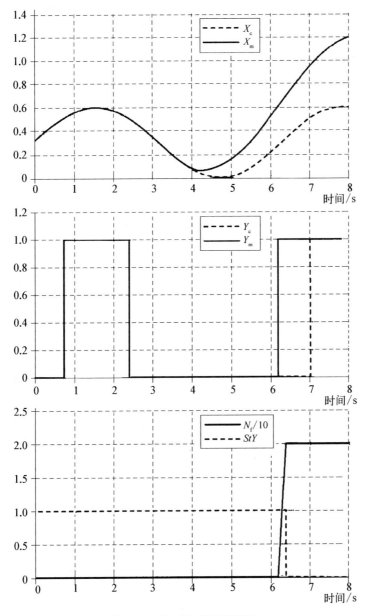

图 6.9 继电器,线性偏移X_m

入信号存在"噪声"或恒定位移时会导致检测系统动作和计算机关闭。在允许分散界限不为零时监控控制通道继电器器件同时动作,也就是不发生监控系统动作[见图 6.8(b)]。在实际发生故障时检测系统应当查明故障。通常研究下列故障:缓慢偏移、信号"冻结"、信号减至零等。在图 6.9 中为系统有效查明输出信号线性偏移类型故障的示例。图 6.10 为输入信号不协调时的系统性状。可以看出,监控系统能够在这种输入信号性状下工作,也就是说,不会发生误报。

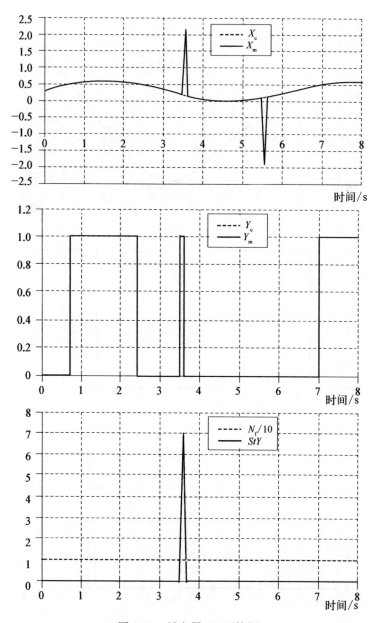

图 6.10　继电器，X_m 不协调

滞环输出信号补偿和检测

同步时最复杂的离散器件是由 1 个标志启动、另一个标志关闭的器件。这种器件的特殊情况在于滞环现象。在飞机控制系统中滞环是用于实现将升降舵配平偏度转输到安定面的功能。

在积分输出信号绝对值上超过启动界限的情况下，滞环发生并且安定面开始以恒定速度偏转。这个信号通过反馈进入升降舵积分输入端，它的输出信号同时还以恒定速

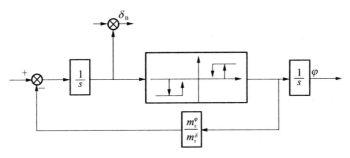

图 6.11 使用双滞环的升降舵到安定面的平衡位置"转输"

度变化,直到其绝对值降低到关闭门限值时为止。在这之后安定面稳定,积分不变。应这样选择反馈系数,以保证安定面和升降舵的俯仰总力矩不变,也就是说,俯仰平衡力矩"转输"在飞机运动过程中不会引起扰动。由于滞环输出分散,不同时间的各种动作会导致控制信号巨大差值,意思就是会导致检测系统误报。这时如果输入信号接近启动或关闭临界值,并且变化缓慢,那么即使微小的检测控制通道输入信号不同,也会造成一个通道滞环的开启/关闭,并与其他通道的数值部同步,这会引起监控系统误报。为保证滞后工作的同步和可靠性以及预防误报,设定了终端自动设备形式的控制律(见图6.12)。在控制通道上的实现设置一般存在滞环问题,在检测通道上实现设置类似继电器上使用的保证动作同步的方法。该滞后工作可以通过 4 个继电器记录。如果这些继电器同步,那么滞环工作也将同步。为确定故障使用带无比较计数器的故障确认逻辑部件(见图6.12)。

为确认检查和同步的控制律有效性需要对其进行分析。为此研究输入信号的

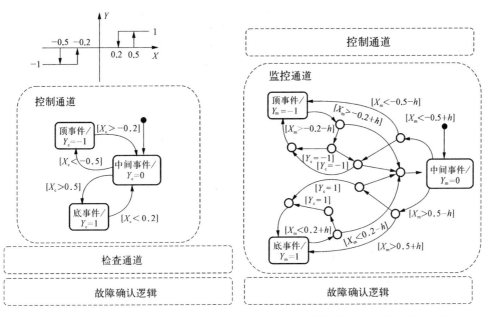

图 6.12 终端自动形式的升降舵到安定面(双滞后)信号"转输"部件,监控控制通道

各种变化脚本和各个 FMEA 故障种类。以监控通道 X_m 传感器故障类型作为示例：

  —— 出现传感器信号固定偏差；

  —— 出现传感器信号高强度"噪声"；

  —— 传感器信号偏差按时间线性增长；

  —— 信号停在任意位置；

  —— 输入信号减至零；

  —— 输入信号存在短时间不协调。

发生这些故障时的检测系统结构如图 6.13～图 6.18 所示。

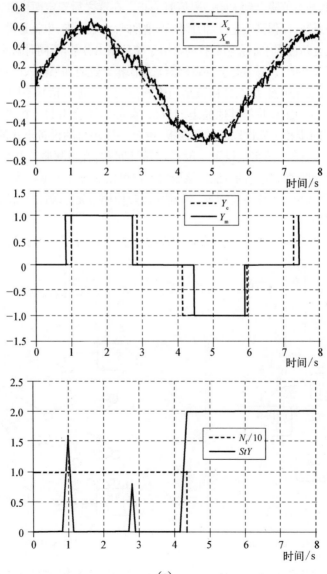

(a)

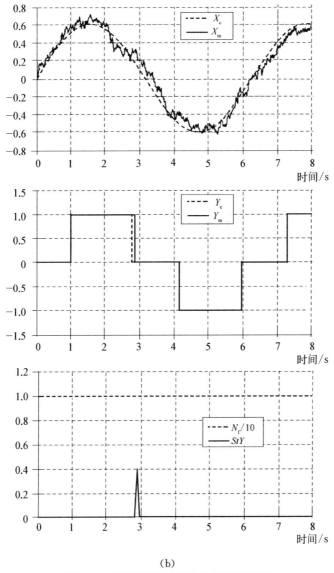

(b)

图 6.13 滞环监控通道输入信号"噪声"

(a) $h = 0$　(b) $h = 0.1$

在图 6.13(a)中,给出了允许分散界限为零($h = 0$)时的系统性状。可以看出,检测通道输入信号存在"噪声"或恒定时间延迟时会导致检测系统报故障和计算机关闭。在允许分散界限不为零的情况下监控控制通道滞环器件同时报故障,也就是不发生监控系统报故障[见图 6.13(b)]。在实际发生故障时,检测系统应当查明故障。所研究的故障是这样的:缓慢延迟、信号"冻结"(见图 6.14～图 6.17)。在图 6.17 中为输入信号不协调时的系统结构形式。可以看出,检测系统能够在这种

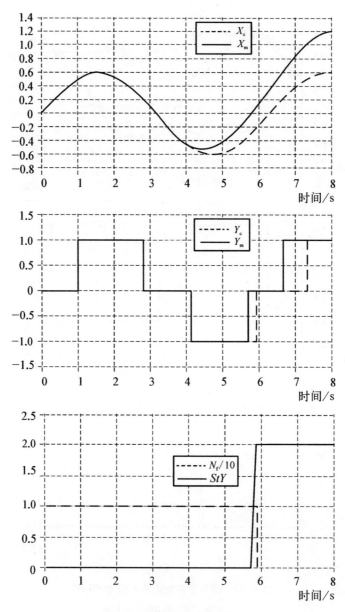

图 6.14 滞环,线性位移 X_m

输入信号性状下工作,也就是说,不会发生误报。

6.3 信息不协调引起的数字式控制系统通道间失协分析

设计多余度数字式控制系统的监控系统时,非常重要的工作就是分析数字信息不协调后的效果。不协调的意思就是由外部因素,如辐射、供电压降等造成的储存在计算机暂时存储器上的信号值发生意外变化。在图 5.14 中是在飞行员分阶

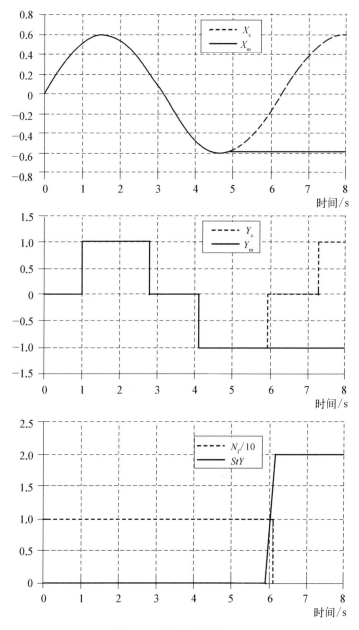

图 6.15　滞环,"冻结"X_m

段输入信号情况下的三通道控制系统不同通道积分环节和标准过载传感器信号。由于零位移、积分值不协调和各通道传感器信号"噪声",转换过程表现出积分差异。各通道信号差异可以导致下列副作用:

　　——在设定的确认时间内,各独立计算机信号检查出现的副作用可以造成该计算机断开。如果类似情况发生在不同通道的计算机上,那么可能会断开所有的控

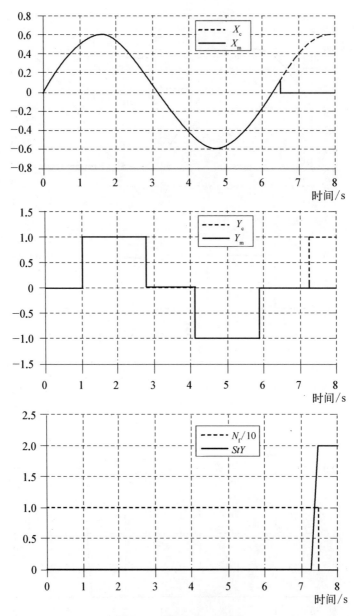

图 6.16   滞环, X_m 减至零

制系统。

　　——当监控控制律报故障门限值较大,并且不同通道几乎都存在同样的不协调时,将导致作动装置内出现脉冲输入结果。

　　接下来研究一下发生在单通道和双通道控制系统上由比例电路、积分环节和非周期滤波器信号不协调引起的过程。注意通道间差值的静态特性。一般来讲这个任务很复杂,但可以通过使用简化序列来解决完成。最简单的情况下,可以认为

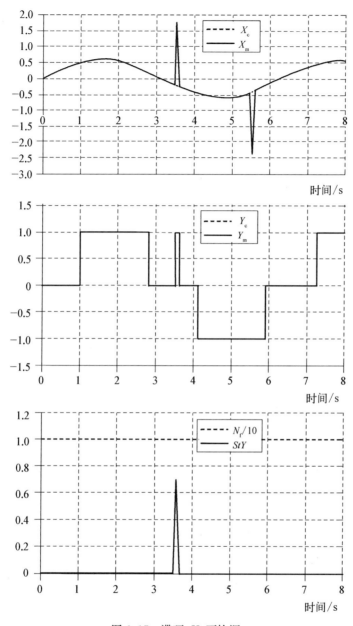

图 6.17 滞环，X_m不协调

信号不协调属于泊松分布形式的时间独立事件。可以使用均匀分布来表示噪声水平。

典型动态环节不协调分析

分析典型环节不协调时发生的过程，如比例电路、非周期滤波器、积分环节、无比较计数器等（见图 6.18）。因为单通道系统的分析结果可以概括多通道类型，因

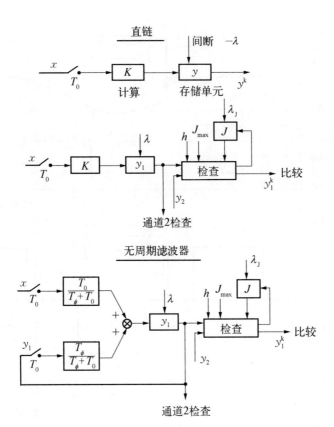

图 6.18 无比较计数器和存储单元不协调状态下非周期滤波器和直连的部件

此可以重点关注单通道类型。

看一下一个变量的不协调。找出事件 T 内发生 m 不协调的概率。因为使用泊松分布描述其过程,因此概率等于 $P_m = \dfrac{(\lambda T)^m}{m!} \, e^{-\lambda T}$。找出变量处于不协调状态的时间。为此代入还原时间概念 $T_{还原}$。设在时间点 t 发生变量不协调,之后变量或自己还原,或是强制还原。变量与标准值的差值低于检测算法启动门限时,恢复到原来值所需的时间称为还原时间。变量位于不协调状态的时间,由下列公式确定:

$$T_{动作} \approx \sum_{m=1}^{\infty} \frac{(\lambda T)^m}{m!} \cdot e^{-\lambda T} m T_{还原} = \lambda T T_{还原}$$

在直接链情况下还原时间由 0 变为 T_0——机载数字计算机信息更新周期,并且输出信号的时间期处于不协调状态,为 $T_{动作} = (\lambda T T_0)/2$。

非周期滤波器输出值不协调情况下,还原时间取决于不协调幅度和检测算法启动门限。设在时间 $T_0 = 0$ 发生数值 H 的不协调,之后为时间常数 T_ϕ 的非周期转换过程,也就是 $y(t) = H \cdot e^{-T_{还原}/T_\phi}$,所以 $T_{还原} = T_\phi \ln(H/h)$。还原平均时间为

$$\overline{T}_{\text{还原}} = \int\limits_{h}^{H_{\max}} P(H)\, T_\phi \ln\left(\frac{H}{h}\right) \mathrm{d}H$$

式中 $P(H)$ 为按水平的不协调分布。

设 $P(H) = l/H_{\max}$ 为均匀分布。可以得到

$$T_{\text{还原}} = T_\phi \left[\ln\left(\frac{H_{\max}}{h}\right) - 1 + \frac{h}{H_{\max}} \right]$$

由此可以看出,由于启动门限降低会导致还原时间增大,因此启动门限降低和还原时间降低这两个过程彼此之间相互对立。还原时间与滤波器时间常数 T_ϕ 成比例,在启动门限较小 $(h < 0.1\,H_{\max})$ 和时间常数较大 $(T_\phi > 0.4\,\text{s})$ 的情况下,滤波器还原时间为 $1\,\text{s}$ 及以上,可以说明不合格并且需要滤波器强制还原。

使用无比较计数器的典型环节检查

研究以下双通道系统(见图 6.18),其中含有变量,这个变量可能是直接链、非周期滤波器或积分等环节的输出信号。该变量受不协调影响,并且认定不协调仅可能在第一通道,也就是第二通道变量作为标准信号使用。该变量使用以下列方式工作的不可比计数器与监视器进行检查。

— 如果变量 y_1 和 y_2 的差别大于启动门限,那么不可比计数器数值以单位增大直至达到其最大值,该数值可在监视器中确定检测信号故障状态的保持时间;

— 如果 y_1 和 y_2 的差别小于启动门限,不可比计数器数值以单位降低直到为零;

— 如果不可比计数器达到最大值,监视器认定变量错误,系统重启。

可以认为,不可比计数器也受到不协调影响,也就是由于变量不协调,或是自身计数器不协调,它能够达到自身最大值。计数器不协调强度使用符号 $\lambda_\mathtt{J}$ 表示,以便与检测信号不协调强度区分。我们可以确定以下两个类型中的不可比计数器达到最大值的概率:

— 直接链信号不协调(1 步还原);

— 非周期滤波器信号不协调(按非周期规则自还原)。

积分变量不协调的情况,根据还原方式会导致上述两种类型中的一种。下面详细分析这两个类型。

直接链信号

随机过程 $y(nT_0)$ 的分布为

$$P(y(nT_0)) = \frac{\lambda T_0}{H_{\max}} + (1 - \lambda T_0)\delta(y), \quad y \in [0;\, H_{\max}]$$

如果没有不协调,这种情况的发生概率为 $1 - \lambda T_0$,那么所研究信号采用标准化零值——被加数 $(1 - \lambda T_0)\delta(y)$。如果有不协调,这种情况的发生概率为 λT_0,那么得到变量 y 在区间 $y \in [0;\, H_{\max}]$ 内的平均分布。对于无比较计数器,其在时间

点 $t=nT_0$ 上的分布取决于它在时间点 $(n-1)T_0$ 上的数值，也就是马尔科夫过程。设 h 为检测算法启动门限；J、J_{max} 为不可比计数器当前和最大值。分布 $P(J(nT_0))$ 以下列方式确定：

(1) $J((n-1)T_0)=0$。分布 $P(J(nT_0))$ 的正确表达式为

$$P(J(nT_0)) = (1-\lambda_J T_0)\Big[\Big(1-\lambda T_0+\lambda T_0\frac{h}{H_{max}}\Big)\delta(J) +$$

$$\lambda T_0\Big(1-\frac{h}{H_{max}}\Big)\delta(J-1)\Big] + \lambda_J T_0\frac{1}{J_{max}+1}\sum_{k=0}^{J_{max}}\delta(J-k)$$

式中：$\delta(n)$ 可以看做是正自变数的脉冲函数：

$$\delta(0)=1,\ \delta(n)=0,\ n\neq 1$$

(2) $J((n-1)T_0)=J_{max}$。这种情况下分布 $P(J(nT_0))$ 为

$$P(J(nT_0)) = (1-\lambda_J T_0)\Big[\Big(1-\lambda T_0+\lambda T_0\frac{h}{H_{max}}\Big)\delta(J-J_{max}+1) +$$

$$\lambda T_0\Big(1-\frac{h}{H_{max}}\Big)\delta(J-J_{max})\Big] + \lambda_J T_0\frac{1}{J_{max}+1}\sum_{k=0}^{J_{max}}\delta(J-k)$$

(3) $0<J((n-1)T_0)<J_{max}$，并且在这时

$$P(J(nT_0)) = (1-\lambda_J T_0)\Big[\Big(1-\lambda T_0+\lambda T_0\frac{h}{H_{max}}\Big)\delta(J-M+1) +$$

$$\lambda T_0\Big(1-\frac{h}{H_{max}}\Big)\delta(J-M+1)\Big] + \lambda_J T_0\frac{1}{J_{max}+1}\sum_{k=0}^{J_{max}}\delta(J-k)$$

为了找出无比较计数器达到最大值的强度，需要确定固定分布 $P(J)$，这可以做到。图 6.19 是在各种不同数值 J_{max} 时无比较计数器都没有不协调的情况下，直接链状态不可比计数器达到最大值的强度关系曲线。

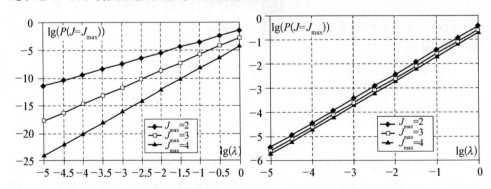

图 6.19　不可比计数器无不协调情况下　　图 6.20　不可比计数器有不协调情况下直接链
直接链信号监视器动作强度　　　　　　　信号监视器动作强度

可以看出,J_{max}增长会增大对数特性倾斜。这会导致在大数值J_{max}状态下达到最大值的概率急剧降低。图6.20是在不可比计数器有不协调情况下的关系曲线,并且它的强度等于器件存储单元不协调强度。可以看出,不可比计数器有不协调的话明显会影响达到最大值的概率。

在这种情况下,使用何种检查信号故障解决问题,明显取决于不可比计数器的不协调故障情况,所以使用针对直接链信号的不可比计数器不协调防护会大幅显著增加检测系统有效性。

非周期滤波器信号

非周期滤波器的输出信号分布$y(nT_0)$取决于它在时间点$(n-1)T_0$上的数值,也就是随机过程$y(nT_0)$是马尔科夫过程。设$y(nT_0)=y_n$,$J(nT_0)=J_n$。分布可以使用下列方式确定得出:

$$P(y_n) = \frac{\lambda T_0}{H_{max}} + (1-\lambda T_0)\delta\left(y - \frac{T_\phi}{T_\phi + T_0}\,y_{n-1}\right), \quad y \in [0, H_{max}]$$

如果没有不协调(概率$1-\lambda T_0$),那么$y_n = \dfrac{T_\phi}{T_\phi + T_0}\,y_{n-1}$,也就是以时间定量$T_\phi$的信号记录到零。如果有不协调(概率$\lambda T_0$),那么得到变量$y$在区间$[0, H_{max}]$内的平均分布。需要找出信号$y_n$的固定分布。为此研究按时间的分布变化:得到转换等式$y_n = F(y_{n-1})$和时间点$t = nT_0 - P_n(y)$分布。如果在时间点$t = nT_0$上变量值位于区间$[y, y+\mathrm{d}y]$,那么这种情况的概率为$P_n(y)\mathrm{d}y$。在无不协调出现的情况下,时间点$(n-1)T_0$上变量值为$\overline{F}(y)$,$\overline{F}(y)$是$F(y)$反馈函数,其变化区间为$[\overline{F}(y); \overline{F}(y) + \overline{F}(y)\mathrm{d}y]$。因为概率没有变化,正确的概率分布密度转换方程为

$$P_n(y) = P_{n-1}(\overline{F}(y))(\overline{F}^1(y))$$

存在不协调时可以得到下列等式:

$$P_n(y) = (1-\lambda T_0) P_{n-1}(\overline{F}(y))\, \overline{F}^1(y) + \lambda T_0 \frac{1}{H_{max}} \qquad (6.3.1)$$

使用该方程可以确定定常概率分布。

设h为非周期滤波器检测算法启动门限。划分信号变化区域y为下列区间:

(1) $y \in [0, h] = L_0$ ——变量位于下列监控算法启动门限。其概率就是在时间点$t = nT_0$上变量y将位于该区间内,称为$P(y \in L_0)$。

(2) $y \in [h, \overline{F}(h)] = L_1$ ——这个区间表示如果在时间点$t = (n-1)T_0$上y将位于该区间内,那么在没有不协调的情况下,变量在时间点nT_0会进入区间L_0。相应概率称为$P(y \in L_1)$。也称为$\overline{F}(h) = h_1$。

……

$m.\ y \in [h_{m-1}, H_{max}] = L_m$ ——这个区间具有上文说明的区间的所有性质,除此之外,这个区间还以变量最大值 $y - H_{max}$ 结束。这时等式(6.3.1)会转换为下列针对 $P(y \in L_J)$ 的方程组:

$$\begin{cases} P(y_n \in L_0) = (1 - \lambda T_0)(P(y_{n-1} \in L_0) + P(y_{n-1} \in L_1)) + \lambda T_0 \dfrac{h}{H_{max}} \\[2mm] P(y_n \in L_1) = (1 - \lambda T_0)(P(y_{n-1} \in L_2)) + \lambda T_0 \dfrac{h_1 - h}{H_{max}} \\[2mm] \qquad\vdots \\[2mm] P(y_n \in L_j) = (1 - \lambda T_0)(P(y_{n-1} \in L_{j+1})) + \lambda T_0 \dfrac{h_j - h_{j-1}}{H_{max}} \\[2mm] P(y_n \in L_m) = \lambda T_0 \dfrac{H_{max} - h_{m-1}}{H_{max}} \end{cases}$$

$$(6.3.2)$$

为得到固定分布,应当设 $P(y_n \in L_j) = P(y_{n-1} \in L_j)$, $j = 0, 1, \cdots, m$, 解出方程组(6.3.2)。方程组(6.3.2)可以解为下列形式:

$$\boldsymbol{P}(y_n) = \boldsymbol{R}(y_n \mid y_{n-1}) \boldsymbol{P}(y_{n-1})$$

式中: $\boldsymbol{P}(y_n) = \begin{bmatrix} P(y_n \in L_0) \\ P(y_n \in L_m) \end{bmatrix}$ 为非周期滤波器不同信号状态概率矢量, $\boldsymbol{R}$ 为过渡矩阵。

这种说明方法广泛应用于马尔科夫过程。在这种情况下我们有针对过渡矩阵器件的下列表达式:

$$R_{0,0} = R_{0,1} = 1 - \lambda T_0 + \lambda T_0 \frac{h}{H_{max}}, \quad R_{0,i} = \lambda T_0 \frac{h}{H_{max}}, \quad i > 1$$

$$R_{i,i+1} = 1 - \lambda T_0 + \lambda T_0 \frac{h_i - h_{i-1}}{H_{max}}, \quad i = 1, \cdots, m-1$$

$$R_{m,i} = \lambda T_0 \frac{H_{max} - h_{m-1}}{H_{max}}, \quad i = 0, 1, \cdots, m$$

在其余所有情况下 $R_{i,j} = \lambda T_0 \dfrac{h_j - h_{j-1}}{H_{max}}$

研究无比较计数器分布。它在时间点 $t = n T_0$ 上的分布取决于在时间点 $(n-1)T_0$ 上的无比较计数器数值和非周期滤波器数值,也就是说这也是一个马尔科夫过程。该过程的转换等式可以描述为以下形式:

$$P(y_n \in L_i, J_n = j) = \sum_{k,i} P(y_n \in L_i, J_n = j \mid y_{n-1} \in L_k, J_{n-1} = l) \cdot$$

$$P(y_{n-1} \in L_k, J_{n-1} = l)$$

式中：$P(y_n \in L_i, J_n = j)$ 为联合分布事件,在时间点 $t = nT_0$ 上滤波器信号值将处于区间 L_i,而无比较计数器数值将等于 j。

可以看到,$P(y_n \in L_i, J_n = j) = P(J_n = j \mid y_n \in L_i) \cdot P(y_n \in L_i)$。由于滤波器动作不受无比较计数器影响,分布 $P(y_n \in L_i)$ 可以从之前的观测情况中选取。研究假定概率 $P(y_n \in L_i, J_n = j \mid y_{n-1} \in L_k, J_{n-1} = l)$。由于我们知道对比关系 $P(ab \mid c) = P(a \mid bc)P(b \mid c)$,因此

$$P(y_n \in L_i, J_n = j \mid y_{n-1} \in L_k, J_{n-1} = l)$$
$$= P(J_n = j \mid y_n \in L_i, y_{n-1} \in L_k, J_{n-1} = l)$$
$$P(y_n \in L_i \mid y_{n-1} \in L_k, J_{n-1} = l)$$

很容易看出

$$P(J_n = j \mid y_{n-1} \in L_k, J_{n-1} = l) = P(J_n = j \mid y_n \in L_i, J_{n-1} = l)$$
$$P(y_n \in L_i \mid y_{n-1} \in L_k, J_{n-1} = l) = P(y_n \in L_i \mid y_{n-1} \in L_k)$$

在这之后可以得出下列联合分布的转换等式：

$$P(J_n = j \mid y_n \in L_i)P(y_n \in L_i) = \sum_{k,\, i} P(J_n = j \mid y_n \in L_i, J_{n-1} = l)$$
$$P(y_n \in L_i \mid y_{n-1} \in L_k)P(y_{n-1} \in L_k)P(J_{n-1} = l \mid y_{n-1} \in L_k)$$

$$(6.3.3)$$

在解算等式(6.3.3)的时候,选择之前确定的非周期滤波器固定分布作为 $P(y_n \in L_i)$。系数 $P(y_n \in L_i \mid y_{n-1} \in L_k)$ 就是非周期滤波器输出信号分布的转换等式矩阵器件。转换等式相应系数表示如下。

(1) $0 < y_{n-1} < h$。滤波器信号与标准相比：

$$P(J_n = 0 \mid J_{n-1} = 0, y_n \in L_0) = 1 - \lambda T_0 + \lambda T_0 \frac{1}{J_{\max} + 1}$$

$$P(J_n = i - 1 \mid J_{n-1} = i, y_n \in L_0) = 1 - \lambda T_0 + \lambda T_0 \frac{1}{J_{\max} + 1}, \quad i = 1, \cdots, J_{\max}$$

其余情况下 $P(J_n = i \mid J_{n-1} = j, y_n \in L_0) = \lambda T_0 \frac{1}{J_{\max} + 1}$

(2) $y_{n-1} > h$。滤波器信号不与标准相比：

$$P(J_n = J_{\max} \mid J_{n-1} = J_{\max}, y_n \in L_s) = 1 - \lambda T_0 + \lambda T_0 \frac{1}{J_{\max} + 1}$$

$$P(J_n = i \mid J_{n-1} = i - 1, y_n \in L_s) = 1 - \lambda T_0 + \lambda T_0 \frac{1}{J_{\max} + 1}, \quad i = 1, \cdots, J_{\max}$$

其余情况下 $P(J_n = i \mid J_{n-1} = j,\, y_n \in L_s) = \lambda T_0 \dfrac{1}{J_{max}+1}$

根据等式(6.3.3)得到假定的固定分布 $P(J = j \mid y_n \in L_k)$，这样可以很容易得出概率 $P(J_n = J_{max}) = \sum\limits_{k} P(J_n = J_{max} \mid y_n \in L_k)P(y \in L_i)$，使用该概率可以确定无比较计数器达到最大值的强度。

在图 6.21、图 6.22 中的是针对非周期滤波器的无比较计数器达到最大值的强度关系曲线，图 6.21 是不可比计数器无不协调时的关系曲线，图 6.22 是有不协调时的关系曲线。

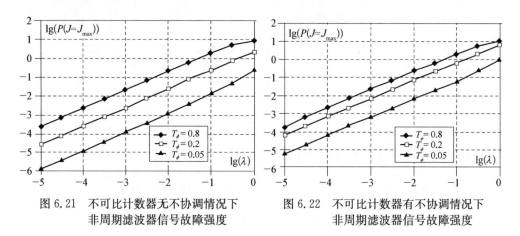

图 6.21　不可比计数器无不协调情况下　　　图 6.22　不可比计数器有不协调情况下
非周期滤波器信号故障强度　　　　　　　　非周期滤波器信号故障强度

需要指出的是，非周期滤波器的无比较计数器达到最大值的强度远高于直接链。这是由于非周期滤波器还原时间实际上大于直接链信号的还原时间。所以即使滤波器信号的一个不协调也可以导致无比较计数器达到最大值。由于无比较计数器用于在滤波器信号故障解决方法采用过程中加入惯性，以便区分非周期滤波器不协调和故障。所以在任意的滤波器信号不协调情况下无比较计数器都不应当达到最大值。因此，应当完成条件 $J_{max} > m$。由于

$$m = \lg\left(\frac{H_{max}}{h}\right)\Big/\lg\left(\frac{T_0 + T_\phi}{T_\phi}\right) + 1$$

那么，

$$J_{max} > \lg\left(\frac{H_{max}}{h}\right)\Big/\lg\left(\frac{T_0 + T_\phi}{T_\phi}\right) + 1 \tag{6.3.4}$$

通过这个等式能够确定叠加到监控算法和滤波器参数上的条件，满足这个条件可以保证在非周期滤波器不协调时不可比计数器不会达到最大值，并且不会出现非周期滤波器信号故障标志。在图 6.23 中是监控算法和滤波器的允许参数区域。不可比计数器最大判读值与启动门限值共同限制了滤波器的常值时间最大

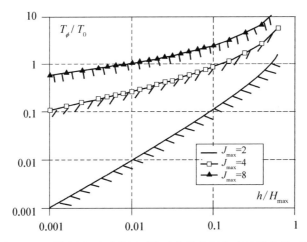

图 6.23　不协调之后无检测系统动作的非周期滤波器参数区域

值,这种情况下允许滤波器自动还原。由此可以看出,这个限制非常严格。在 $h = 0.1\,H_{max}$、$T_0 = 0.05\,s$ 和 $J_{max} = 4$ 时,滤波器的常值时间最大值 $T_\phi = 0.05\,s$,在 $h = 0.3\,H_{max}$ 时的常值时间定量增大到 $T_\phi = 0.1\,s$。回到关系曲线 $\lambda(J = J_{max}) = f(\lambda)$,非周期滤波器和直接链的事件强度 $\lambda(J = J_{max})$ 的区别超过 4 个等级。除此之外,对数特性单位倾斜 $P(J = J_{max}) = F(\lambda)$,也就是说,滤波器单位不协调是事件未知数的主要原因(在这种情况下 $J_{max} < m$)。这不会在直接链状态发生。在启动门限增大时特性倾斜也增大,由非周期滤波器信号变化区域分成的间隔数量达到数值 J_{max}。

6.4　检测算法启动门限的预先评估

上文中已经说明了保证飞行安全是飞机研制过程中最重要的任务。安全性的主要先决条件之一就是控制系统和机载设备的可靠性,这由系统和设备的结构形式、余度水平和部件可靠性决定。为保证余度系统部件可靠性,应当配备能够发现、定位和隔离故障部件的设备手段。出于这个目的,飞机电传控制系统以及其他机载系统都必须配备可完成下列功能的检测系统:

——使用机内置自检测(BIT - built in test)设备;

——检测使用条件,通常包括检验电源情况、检验温度(特别是计算机部分)、检验大气信号系统传感器是否结冰等;

——检测输出信息和完好性标记;

——检测相邻通道信号和完好性标记;

——电子控制部件自检,主控系统数字计算机和作动机构自检,备用计算机状态同步;

——检测计算过程,协调结果,也就是滤波器和积分补偿,检验输出信号;

——发现主控系统故障,重构和转换到备用控制系统。

电传控制系统应当在地面和空中保证实现对交互系统信号和部件的内部自检

测,并自动发现、定位和隔离故障器件。故障器件(直至检测到结构-可互换部件水平)的相关信息应当发送到相应的告警和记录系统。除此之外,应当在限定的时间内完成发现、定位和隔离故障。

同控制系统器件一样,检测系统发生故障也无法发挥正常功能。一般来讲,应当研究两种类型的检测系统故障:漏报和误报。

检测系统功能故障分析

不同信号的检测系统故障会造成各种障碍。应当在功能故障分析阶段确定这些信号的故障关键性。对于现代主控系统来讲,信号检测系统故障关键性通过使用信号的功能关键性确定(见表 6.1)。比如在控制规则和配置逻辑中规定,在惯性数据系统和大气数据系统信号故障的情况下转换到备用系统,这种情况认定为复杂情况,并且这种事件的概率不应当超过 $P/T < 10^{-5}\,h^{-1}$。

检测系统误报概率评估

研究检测系统功能不正常时的特殊状态,就是有提醒信号丢失,它在所有信号完好和信号部分故障的情况下都会在检测系统误报时出现。仔细研究和概率分析这两种检测系统故障对于选择检测系统关键参数——启动门限和确认时间来说十分重要。启动门限需要尽可能小,以便排除检测系统无法报故障的状况。不过另一方面,启动门限数值非常小的时候,误报概率会急剧增大。所以检测系统启动门限需要在检测系统误报概率不超过允许水平的条件下尽可能最小化,允许启动水平根据在功能故障危险性分析阶段确定的故障临界性确定(见表 6.1)。

表 6.1

受 检 信 号	无提醒信号丢失(传感器故障＋检测系统漏报)	有提醒信号丢失(完好信号检测系统误报＋信号部分故障组和检测系统误报)
俯仰手柄位移	KC($P/T<10^{-9}\,h^{-1}$)	AC-CC($P/T<10^{-7}\,h^{-1}$)
滚转手柄位移	KC($P/T<10^{-9}\,h^{-1}$)	AC-CC($P/T<10^{-7}\,h^{-1}$)
蹬舵位移	AC($P/T<10^{-7}\,h^{-1}$)	CC($P/T<10^{-5}\,h^{-1}$)
俯仰角速度	AC($P/T<10^{-7}\,h^{-1}$)	CC($P/T<10^{-5}\,h^{-1}$)
滚转角速度	УУП($P/T<10^{-3}\,h^{-1}$)	УУП($P/T<10^{-3}\,h^{-1}$)
偏航角速度	CC($P/T<10^{-5}\,h^{-1}$)	CC-УУП($P/T<10^{-5}\,h^{-1}$)
标准过载	AC-CC($P/T<10^{-7}\,h^{-1}$)	CC-УУП($P/T<10^{-5}\,h^{-1}$)
侧过载	УУП($P/T<10^{-3}\,h^{-1}$)	УУП-БП($P/T<10^{-3}\,h^{-1}$)
迎角	KC($P/T<10^{-9}\,h^{-1}$)	CC($P/T<10^{-5}\,h^{-1}$)
俯仰角	CC($P/T<10^{-5}\,h^{-1}$)	УУП($P/T<10^{-3}\,h^{-1}$)
滚转角	CC($P/T<10^{-5}\,h^{-1}$)	УУП($P/T<10^{-3}\,h^{-1}$)
俯仰主系统控制信号	KC($P/T<10^{-9}\,h^{-1}$)	CC($P/T<10^{-5}\,h^{-1}$)
滚转主系统控制信号	KC($P/T<10^{-9}\,h^{-1}$)	CC($P/T<10^{-5}\,h^{-1}$)
偏航主系统控制信号	KC($P/T<10^{-9}\,h^{-1}$)	CC($P/T<10^{-5}\,h^{-1}$)

确认时间越长,信号状态确定的置信度就越高。但是确定系统状态的时间实际上存在限制。这个限制条件是:在最大速压状态下,在发现控制系统硬故障时间段内,飞机不应达到和超过极限过载。针对每一种飞机的确认时间应当单独予以确定。通常输入信号检查程序包括下列几个步骤(见图6.24):

— 由不同信息源获得的信号做成对比较;

— 使用不可比计数器对信号故障状态或工作性能状态的频率进行分析。

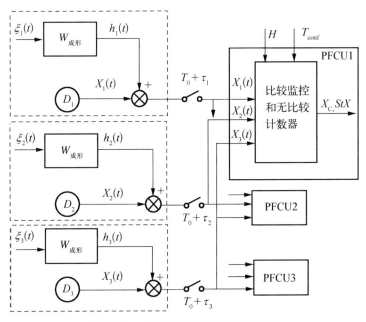

图 6.24　传感器到计算机的连接线路

ξ_1、ξ_2、ξ_3—实行白噪声;$W_{成形}$—成形滤波器

一个计算步骤中的输入信号检查的不良结果不能作为认定该信号故障的原因。为此应当在一定时间期限内确认不良结果。针对故障信号解决方法的无比较计数器的最简单布局见图6.25。该计数器具有下列参数:J_x为需两个信号一致才可确定的当前计算步骤的信号完好性;N_F为累计无比较值数量;T_{conf}为确认故障或完好性所需的时间;StX为无比较计数器输出信号(在 $StX = 0$ 时信号认定故障)。

上文已经指出,检测系统启动门限需要尽可能地小,而检测系统误报概率不应当超过该故障临界性水平。在这种任务条件下,评估误报概率变得十分重要。

下面研究如下典型形态(见图6.24)。其中有 3 个传感器-信息源和 3 个控制系统计算机。每个传感器都接通了全部的计算机,因此每个计算机上都有来自所有 3 个传感器的信息。这种连接线路可用于数字信息系统 PFCU 计算机连接,例如 ADIRS,这是计算控制信号(角速度、线性加速度、飞机角位置、迎角和高度-速度参数)所需的重要信息源。针对该结构形式,使用下列表达式估算输入信号检测系

统误报概率为

$$P = P_3(T) + 3\lambda T \cdot P_2(T) + 3\lambda^2 T^2 P_1(T) \tag{6.4.1}$$

式中：P_3 为 3 个完好信号监视器误报概率；P_2 为 2 个完好信号监视器误报概率；P_1 为 1 个完好信号监视器误报概率；λ 为受检信号传感器故障强度；T 为飞行持续时间。

　　一般情况下,估算误报概率是一项十分复杂的任务,因此下面只研究部分情况,就是在两个完好信息源的情况下估算检测系统误报概率(见图 6.25)。

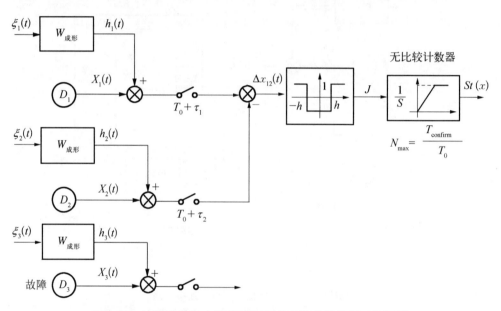

图 6.25　计算情况(1 个传感器故障)和无比较计数器工作逻辑

接下来使用下列假设和推测：

　　(1) 在比较检查时分析差值 $y_1(t) - y_2(t-\tau)$,也就是各时间点相关的传感器指标。这与在沿数字通信线路传输信息时的延迟和工作非同步性有关。

　　(2) 在每个传感器信号中都存在包含固定偏差和固定中心点随机信号的"噪声"(使用形成滤波器获得)。"噪声"频谱特性在各通道一致,但随机过程各自独立。

　　将这个任务简化为脉冲理论典型任务——概率估算是主要目的,以便在研究时间 $T_{飞行}$ 的时间段 T 内随机过程超过指定水平。根据下列假设推测完成简化程序：

　　(1) 很明显,在受检信号中固定偏压的存在与检测算法启动门限下降等量。

　　(2) 如果在时间段 $T > T_{conf}$ 内受检信号间差值大于启动门限,可以认定无比较计数器将达到最大值。

　　然后研究受检信号间差值：

$$\Delta y_{12} = y_1(t) - y_2(t-\tau) + \eta_1(t) - \eta_2(t-\tau)$$

由于过程 $\eta_1(t)$ 和 $\eta_2(t)$ 独立,可以记录为

$$\Delta y_{12} = y_1(t) - y_2(t-\tau) + \sqrt{2}\eta(t) = y(t) - y(t-\tau) + \sqrt{2}\eta(t)$$

接着微分信号 $y(t)$,得到

$$\Delta y_{12} = \frac{\mathrm{d}y(t)}{\mathrm{d}t}\tau + \sqrt{2}\eta(t) \tag{6.4.2}$$

这个转换如图 6.26 所示。

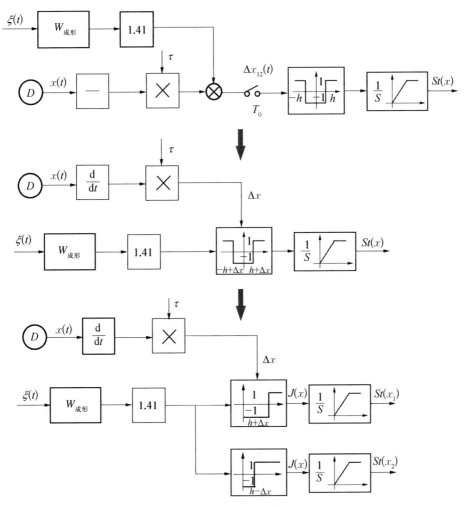

图 6.26　系统转换到计算情况

分析表达式(6.4.2)可得出,受检信号差值由两个主要部分组成:

—— 由受检信号中"噪声"引起的随机分量;

　　— 非同步分量,它的出现是由于存在受检信号非零时间导数以及信息更新与被比较信号之间存在时差。

　　时差由数字系统的非同步工作以及数字线路的信息传输延迟决定。要确定时差需要"传感器–控制系统"配套设备工作程序图表。

　　设各个时间点上 $\eta(t)$ 信号分布带有离散差 σ。这时可使用表达式估算信号 Δy_{12} 超过门限值 h 的概率。

$$P(\Delta y_{12} > h) = F\left[-\frac{h - \dfrac{\mathrm{d}y(t)}{\mathrm{d}t}\tau}{\sqrt{2}\sigma}\right] + F\left[-\frac{h + \dfrac{\mathrm{d}y(t)}{\mathrm{d}t}\tau}{\sqrt{2}\sigma}\right]$$

式中 $F(x) = \dfrac{1}{\sqrt{2\pi}}\displaystyle\int_{-\infty}^{x} \mathrm{e}^{-\frac{y^2}{2}}\mathrm{d}y$ 为分布积分函数。将其简化可得到

$$P(\Delta y_{12} > h) = 2F\left(-\frac{h}{\sqrt{2}\sigma}\right) + \frac{1}{\sqrt{2\pi}\,\sigma^2}\exp\left(-\frac{h^2}{4\,\sigma^2}\right)\left(\frac{\mathrm{d}y(t)}{\mathrm{d}t}\tau\right)^2$$

　　该关系曲线如图 6.27 所示。可以看出,在 $\dfrac{1}{\sigma}\dfrac{\mathrm{d}y}{\mathrm{d}t}\tau > 0.4$ 时非同步部分对检测系统误报在 1 个步骤中表现出明显影响,而在 $\dfrac{1}{\sigma}\dfrac{\mathrm{d}y}{\mathrm{d}t}\tau > 1$ 时该影响成为主要影响。

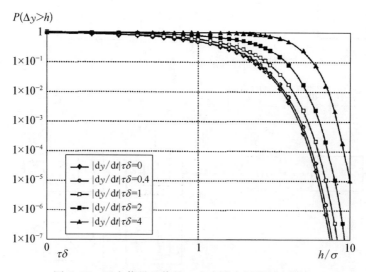

图 6.27　两个信号差值的 1 个步骤中门限超出概率

　　在差值如表达式(6.6)中所记述的条件下,要解决无比较计数器达到最大水平(在较长确认时间段 T_{conf} 差值大于门限值)的问题非常复杂。接下来研究一下两种

能够解决的简单情况。

传感器"噪声"引起的系统启动

假设不匹配时起主要作用的是随机分量,它是受检信号传感器"噪声"引起的,也就是假设过程 $y(t)$ 足够缓慢。所以可假设 $\mathrm{d}y(t)/\mathrm{d}t \cdot \tau$ 为准常值偏差。如上所述,在信号 $\Delta y_{12} = \sqrt{2}\eta(t)$ 进入检测算法的条件下,固定偏压与检测算法启动门限下降等量。

无比较计数器达到最大水平的概率为

$$P(J = J_{\max}) = P(\eta(t) < h_{\min}(t),\, T > T_{\mathrm{conf}}) + P(\eta(t) > h_{\max}(t),\, T > T_{\mathrm{conf}})$$

这种情况下由于启动门限也是含自身概率特性的随机过程,任务变得复杂化。所以在一次近似值上可以记为

$$P(J = J_{\max}) = \int P_{\eta}(h_{\min},\, T_{\mathrm{conf}})\, P_{h_{\min}}\, \mathrm{d}h_{\min} + \int P_{\eta}(h_{\max},\, T_{\mathrm{conf}})\, P_{h_{\max}}\, \mathrm{d}h_{\max}$$

或是

$$P(J = J_{\max}) = \int \left[P_{\eta}\left(h_0 - \frac{\mathrm{d}X}{\mathrm{d}t}\tau,\, T_{\mathrm{conf}}\right) + P_{\eta}\left(h_0 - \frac{\mathrm{d}X}{\mathrm{d}t}\tau,\, T_{\mathrm{conf}}\right) \right] P_{\frac{\mathrm{d}X}{\mathrm{d}t}} d\left(\frac{\mathrm{d}X}{\mathrm{d}t}\right)$$

不过很遗憾,这种估算非常粗略。要更准确地估算需要以马尔科夫通用电路为基础进行更精确分析或是采用大规模的静态模拟。

因此,根据这种想法要估算无比较计数器超出极限值的概率需要两个分布值尽量最低:

—— $P_{\eta}(h,\, T_{\mathrm{conf}})$ 为在时间期限 $t \geqslant T_{\mathrm{conf}}$ 内随机过程 $\eta(t)$ 超出门限值 h 的概率;

—— $P_{\mathrm{d}X/\mathrm{d}t}$ 为受检信号导数值按时间的分布密度。

要得到第一个分布,需要进行受检信号传感器的统计模拟。这需要很好地知道传感器输出信号谱特性,也就是具有带成形滤波器的传感器优秀模型。为研究分布 $P_{\eta}(h,\, T_{\mathrm{conf}})$ 的获得方法,应当以各种固定时间进行非周期滤波器的统计模拟(见图 6.28 和图 6.29)。

除此之外,还需要知道主要受检信号的分布 $P_{\mathrm{d}X/\mathrm{d}t}$。在一次近似值中这些分布可以根据由实验操作员和驾驶员参与的飞机和控制系统驾驶模拟台模拟结果得出。在图 6.30~图 6.33 中是根据驾驶模拟台飞行结果得出的分布示例。

受检信号测量非同步性导致的检测系统启动

研究无比较计数器超出最大值时的主要原因与非同步性有关的情况。如果运动参数导数非常大,并且比较信号间有明显的时差,传感器"噪声"在这时可以忽略,受检信号间的差值可以记为

$$\Delta y_{12} = \frac{\mathrm{d}y(t)}{\mathrm{d}t}\tau$$

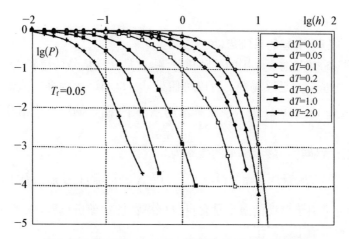

图 6.28　模型 $T_F = 0.05\,\mathrm{s}$ 的分布 $P_\eta(h,\,T_{\mathrm{conf}})$ 示例

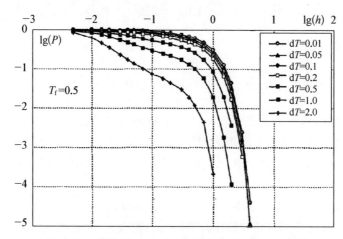

图 6.29　模型 $T_F = 0.5\,\mathrm{s}$ 的分布 $P_\eta(h,\,T_{\mathrm{conf}})$ 示例

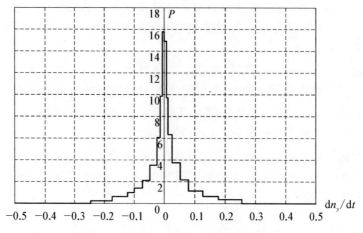

图 6.30　在模拟台 ПСПК‑102 上获得的标准过载分布 $P_{\mathrm{d}X/\mathrm{d}t}$ 密度

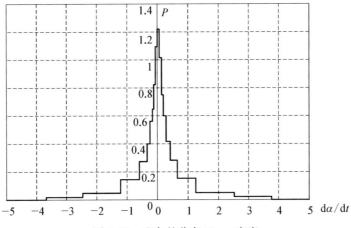

图 6.31　迎角的分布 $P_{\mathrm{d}X/\mathrm{d}t}$ 密度

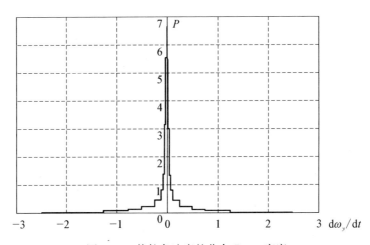

图 6.32　偏航角速度的分布 $P_{\mathrm{d}X/\mathrm{d}t}$ 密度

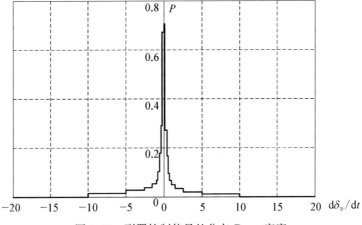

图 6.33　副翼控制信号的分布 $P_{\mathrm{d}X/\mathrm{d}t}$ 密度

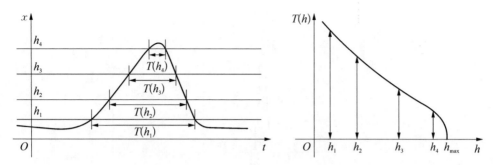

图 6.34　水平超出时间与该水平值的关系曲线

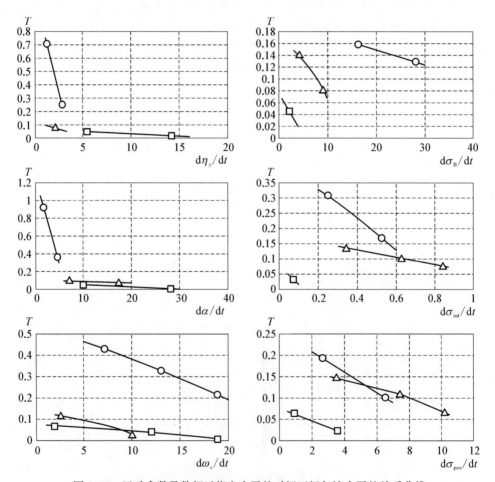

图 6.35　运动参数导数超过指定水平的时间区间与该水平的关系曲线

——○—— 控制杆强力偏转,状态 V_d　　——□—— 阵风,状态 $V_D=600$ km/h　　——△—— 阵风,状态 $V_i=335$ km/h

　　根据这个表达式可以得出,如果检测算法启动门限低于受检信号导数与各通道信号间时差的乘积,也就是确认时间内 $h \geqslant \mathrm{d}y(t)/\mathrm{d}t\tau$,那么该情况可认定为受检信号故障。要估算飞行参数变化随时间变化速度的最大值,应当研究两种计算情况。在飞机进入阵风时和控制杆强力偏转到最大值时受检信号导数会非常大。需要注意的是运动参数导数超过指定值的时间区间与该指定值的关系曲线(见图6.34)。在 $T=0$ 时为受检信号导数最大值。某飞机的该关系曲线示例如图6.35所示。

在图6.36中,所对应的计算情况为:在飞机以最小重量和最大速压飞行时,控制杆急剧偏转的时间历程。

该关系曲线能够估算飞行参数列检测算法最低启动门限。为此需要根据图6.36中所示关系曲线,确定对应时间 $T_{\text{conf}}=0.2\,\text{s}$ 时被检测参数的导数最大值,并用比较参数间差值最大可能时间与其相乘。启动门限最小值估算示例如表6.2所示。

表 6.2　启动门限最小值估算

参数 X	$\lvert\, \mathrm{d}x/\mathrm{d}t\,\rvert$, $T = 0.2\,\text{s}$	τ	$H_{\min}$
俯仰角速度	20	0.07	1.4
俯仰角	5	0.07	0.35
迎角	12	0.112 5	1.35
标准过载	4	0.07	0.28
升降舵偏转信号	30	0.02	0.6
升降舵偏转工位信号	11	0.02	0.22

除此之外,根据驾驶模拟台飞行还估算了在指定时间区间 T 内导数绝对值 $\lvert\,\mathrm{d}y(t)/\mathrm{d}t\,\rvert$ 超出指定水平 h 的概率,以及解决上文所述类似(非周期滤波器)任务。这种累积分布(驾驶模拟台多次飞行结果总和)示例如图6.37～图6.40所示。

通过下列程序,使用该分布可以估算参数列检测算法启动最小允许门限。

输入信号检测系统误报概率不应当超过功能故障分析设定值(见表6.1)。我们用 P_0 来表示。接着使用更严格的条件,就是对于任何完好信号组来说检测系统都不应当启动,也就是

$$P_{\mathrm{d}y/\mathrm{d}t}(h,\ T_{\text{conf}}) < P_0$$

这证明是完全正确的,由于非同步差值的物理实质,在受检信号剧烈变化时它会达到较大数值。在这种情况下所有比较信号组之间都存在大幅度差值。

不过很遗憾,在驾驶模拟台得到的分布 $P_{\mathrm{d}y/\mathrm{d}t}(h,\ T_{\text{conf}})$ 不能保证所需的功能故障分析的最低数值。为了获得该数值,在工作中使用线性外推法。

获得的对应 P_0 的数值 h,确定参数组启动门限最小值。该数值示例如图6.3所示。

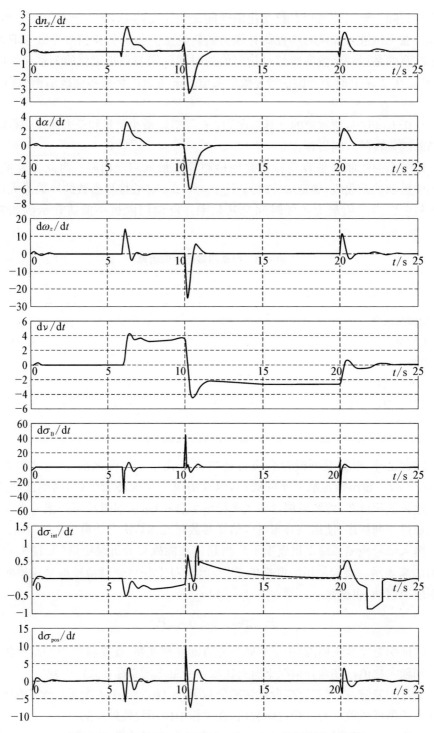

图 6.36 状态 $V_D H = 4\,000\,\text{m}$, G - min。控制杆强力偏转

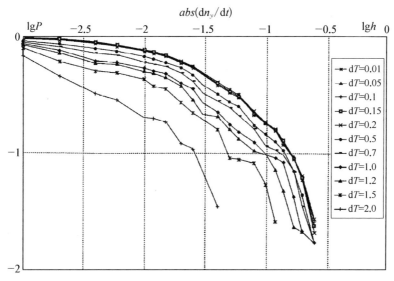

图 6.37　根据驾驶模拟台飞机模拟结果得出的分布 $P_{\mathrm{dy}/\mathrm{d}t}(h,\ T_{\mathrm{conf}})$
参数为标准过载

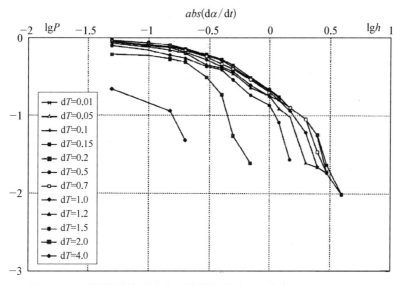

图 6.38　根据驾驶模拟台飞机模拟结果得出的分布 $P_{\mathrm{dy}/\mathrm{d}t}(h,\ T_{\mathrm{conf}})$
参数为迎角

　　同时还应当指出,获得的启动门限估算是一次近似值,并且应当根据实验飞行
(根据飞行试验程序完成)结果将其确定。目前用于验证飞机的飞行试验标准程序
内容非常庞大,包括 800 次飞行。这些飞行结果不仅仅是高价值的信息源,涉及飞
行技术特性、稳定性和操控性等方面,同时还可以用于获得控制系统信号和飞机运

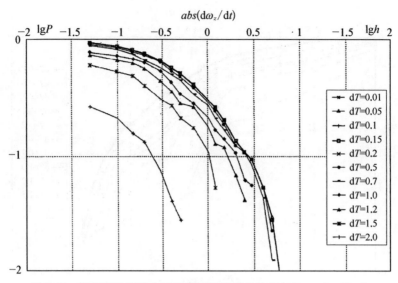

图 6.39　根据驾驶模拟台飞机模拟结果得出的分布 $P_{dy/dt}(h, T_{conf})$
参数为俯仰角速度

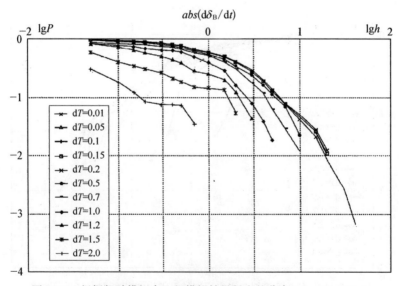

图 6.40　根据驾驶模拟台飞机模拟结果得出的分布 $P_{dy/dt}(h, T_{conf})$
参数为升降舵控制信号

动参数的静态数据。这些数据可以用于修正分布 $P_{dy/dt}(h, T_{conf})$ ——在指定时间内受检信号导数超过启动门限,和 $P_{\Delta yij}(h, T_{conf})$ ——在指定时间内比较信号间差值超过指定值。今后这些分布应当用于修正检测系统关键参数——启动门限和确认时间。科研试飞所获得的各种运动参数的累积分布 $P_{dy/dt}(h, T_{conf})$ 示例如图

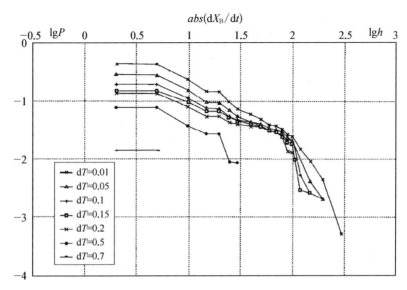

图 6.41　根据驾驶模拟台飞机模拟结果得出的分布 $P_{\mathrm{dy}/\mathrm{d}t}(h, T_{\mathrm{conf}})$

参数为俯仰控制杆法向偏度

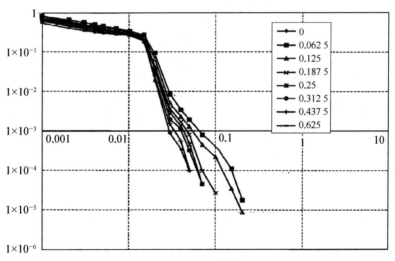

图 6.42　根据飞行试验结果得出的客机分布 $P(h, T_{\mathrm{conf}})$

参数为法向过载

6.41～图 6.44 所示。

　　因此,在表 6.2 和表 6.3 中只是有关通道间差值非同步分量的估算。在考虑受检信号传感器"噪声"特性(形成滤波器结构、离散差等)的情况下它们应当增大,也就是应当解决在指定时间内随机过程超过指定水平的问题[6.1～6.2]。在获得的启动门限评估最近似值上可以增加对应一些(2～4)传感器误差证明值 σ 的数值。据此

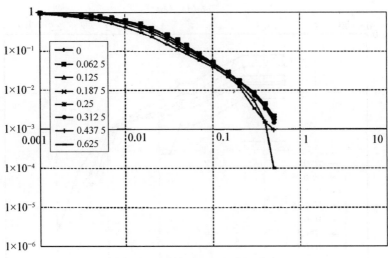

图 6.43　根据飞行试验结果得出的客机分布 $P(h, T_{conf})$

参数为迎角

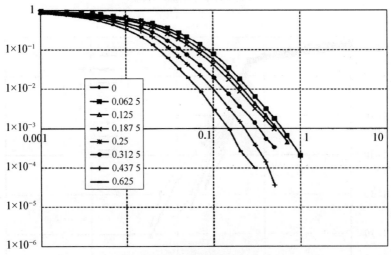

图 6.44　根据飞行试验结果得出的客机分布 $P(h, T_{conf})$

参数为俯仰角速度

可以预先估算控制系统输入信号检测系统启动门限和根据飞行试验结果对其加以修正。

参 考 文 献

引 言

1. Air Transport Action Group[P/OL]. http：//atag. org/.

2. Об итогах работы Росавиации в 2011 году и основных задачах на 2012 год, Aviation Explorer [P/OL]. http：//tinyurl. com/6vmkpkz.

3. Основные показатели транспортной деятельности в России[M]. Росстат，2009.

4. Транспортная стратегия Российской Федерации на период до 2030 года. Утверждена распоряжением Правительства Российской Федерации от 22 ноября 2008 г. № 1734 - p[P/OL]. www. mintrans. ru.

5. Основы государственной политики Российской Федерации в области авиационной деятельности на период до 2020 года. Утверждена Президентом РФ 1 апреля 2012 года[P/OL]. www. aviafond. ru

6. Указ Президента РФ от 7 июля 2011 г. № 899 «Об утверждении приоритетных направлений развития науки，тсхнологий и тсхники в Российской Федерации и перечня критических технологий Российской Федерации»[P/OL]. www. garant. ru

7. Airbus Global Market Forecast 2011 - 2030[R]. Airbus.

8. Strategic Research Agenda[J]. ACARE，October 2002.

9. David Learmount. Safety — Where Now? [J]. Flight International. 12 - 18 January 2010. P. 24 - 27.

10. *Алешин Б. С.，Шелюхин Ю. Ф.* Повышение безопасности полета средствами автоматизации управления[J]. Труды ЦАГИ. 2011. Вып. 2699. C. 10 - 18.

11. *Алешин Б. С.，Суханов В. Л.* Самолет в перспективной системе аэронавигации[J]. Труды ЦАГИ. 2011. Вып. 2699. C. 7 - 9.

12. *Шумилов И. С.* Авиационные происшествия. Причины возникновения и возможности предотвращения[M]. Изд-во МГТУ им. И. Э. Баумана，2006.

第 1 章

1. 1. *Ian Moir，Allan Seabridge.* Civil avionics systems[J]. AIAA Education series，2003.

1. 2. *Ian Moir，Allan Seabridge.* Aircraft systems：mcchanical，electrical and avionics subsystems integration. Third edition[J]. AIAA Education series，2008.

1. 3. *Hills A. D.* The Primary Flight Computer for the Boeing 777 - a Description[J]. GEC Review. 1996. Vol. 11，№ 1.

1.4. *Tucker B. G. S.* Boeing 777 Primary Flight Control System — Philosophy and Implemcntation[J]. RAeS Conference — Advanced Avionics on the A330/340 and the Boeing 777. November 1993.

1.5. *James McWha*. 777 — Ready for Service, RAeS Conference [J]. The Design & Maintenance of Complex Systems on Modern Aircraft, April 1995.

1.6. Аэродинамика и динамика полета магистральных самолетов/Под ред. Г. С. Бюшгенса. Москва[M]. Пекин: ЦАГИ, КНР, 1995.

1.7. *Бочаров В. Я.*, *Шумилов И. С.* Системы управления самолетов. Энциклопедия машиностроения[M]. Машиностроение, 2004. Т. Ⅳ-Ⅹ Ⅺ.

1.8. Самолет Ту - 204, Ту - 204 - 100. Руководство по технической эксплуатации[J]. ОАО Туполев, 1995.

1.9. Самолет Ту - 204 - 120СЕ. Руководство по технической эксплуатации [J]. ОАО Туполев, 2006.

1.10. Самолет Ту - 204 - 300. Руководство по летной эксплуатации[J]. ОАО Туполев, 2005.

1.11. Самолет Ту - 214. Руководство по летной эксплуатации[J]. ОАО Туполев, 2006.

1.12. *Кощеев А. Б.*, *Платонов А. А.*, *Хабров А. В.* Аэродинамика самолетов семейства Ту - 204/214[J]. ОАО Туполев: Полигон-пресс, 2010.

1.13. *Абрамов Е. И. Евдоченко О. В.*, *Трофимов В. А.* Разнородное резервирование в системах управления самолетов АН [J]. Вестник национальпого техпического ун-та Украины Киевский политехнический институт, 2000. Вып. 38, ч. 1.

1.14. Руководство по технической эксплуатации Ан - 148 - 100А, Ан - 148 - 100В, Ан - 148 - 100Е[M]. ГП АНТК им. О. К. Антонова, 2006.

第 2 章

2.1. *Бюшгенс Г. С.*, *Бержицкий Е. Л.* На рубеже двух столетий[M]. 2008.

2.2. *Davies C. R.* Systems Aspects of Applying Active Control Technology to a Civil transport Aircraft[J]. Royal Aeronautical Society Spring Convention. May 1987.

2.3. Единые нормы летной годности гражданских транспортных самолетов стран членов СЭВ [M]. МВК НЛГ СССР, 1985.

2.4. Авиационные правила. Ч. 25. Нормы летной годности самолетов транспортной категории. Межгосударственный авиационный комитет[M]. ОАО «Авиаиздат», 2004.

2.5. *Баженов С. Г.* Обеспечение надежности и принципы построения СДУ совремснных гражданских самолетов[J]. Труды ЦАГИ. 2001. Вып. № 2699. С. 19 - 33.

2.6. AC 25 - 7A — Flight Test Guide for Certification of transport category airplanes[M]. 1998.

第 3 章

3.1. Certification Consideration for Highly Integrated or Complex Aircraft Systems[S]. SAE ARP4754, 1996.

3.2. Руководство по процессам сертификации высокоинтегрированных сложных бортовых систем воздушных судов гражданской авиации - Р4754[J]. Межгосударственный Авиационный комитет, 2007.

3.3. Guidelines and Methods for Conducting the Safety Assessment Process on Civil Airborne

Systems and Equipment[S]. SAE ARP4761, 1996.

3.4. Руководство № 4761 по методам оценки безопасности систем и бортового оборудования самолетов гражданской авиации[J]. Межгосударственный Авиационный комитет, 2007.

3.5. RTCA DO - 178B. Software Considerations in Airborne Systems and Equipment Certification[S]. RTCA, 1992.

3.6. RTCA DO - 254. Design Assurance Guidance for Airborne Elcctronic Hardwarc[S]. 2000.

3.7. Системы оборудования летательных аппаратов/Под. ред. А. М. Матвеенко и В. И. Бекасова[M]. Машиностроение, 2005.

第 4 章

4.1. *Бюшгенс Г. С.* , *Студнев Р. В.* Динамика продольного и бокового движения самолета[M]. Машиностроение, 1979.

4.2. *Михалев И. А.* , *Окоемов Б. Н.* , *Чикулаев М. С.* Системы автоматического управления самолетом[M]. Машиностроение, 1987.

4.3. *Волошин О. Л.* Исследование устойчивости фугоидного движения неманевренного самолета с СУУ[J]. Деп. в ВИНИТИ. 1984. № ДО 6236.

4.4. *Наумов С. Я.* , *Мелешин Б. А.* Исследование устойчивости по скорости сверхзвуковых самолетов[J]. Труды ЦАГИ. 1968. Вып. 1098.

4.5. *Диденко Ю. И.* , *Космачев В. Н.* , *Кузьмин П. В и др.* Автоматическое ограничение угла тангажа на взлетно-посадочных режимах[J]. Техника воздушного флота. №6, 2000.

4.6. *Bragazin V. F.* , *Didenko Y. I.* , *Lisitsin E. A.* , *Sheliuhin Y. F.* Automatic means for two-engine airplane takeoff safety in case of engine failure[J]. Intern. Conf. Proc. , 《Aircraft Flight Safety》. Zhukovsky, Russia, 31.08 - 5.09 1993. P. 488 - 493.

第 5 章

5.1. *Цыпкин Я. З.* Теория импульсных систем[M]. Физматгиз, 1958.

5.2. *Kalman R. E.* , *Bertram J*. A Unified Approach to the Theory of Sampling Systems[J]. J. Franklin Inst. May 1959. Vol. 267. P. 405 - 436.

5.3. *Tou J. T.* Multiple Variable-Rate Discrete Data Control Systems [J]. Proc. Intern. Federation of Automatic Contrl. Moscow, 1960. P. 266 - 273.

5.4. *Ту Ю. Т.* Цифровые и импульсные системы автоматического управления [M]. Машиностроение, 1964.

5.5. *Coffey T. C.* , *Williams I. J.* Stability Analysis of Multiloop, Multirate Sampled Data Systems[J]. AIAA Journal. Dec. 1966. Vol. 4, N. 12. P. 2178 - 2190.

5.6. *Walton V. M.* Stability Analysis of Multirate Feedback Systems[J]. TRW Report 79.5 - 083. September 1979.

5.7. *Кувшинов В. М.* Методы экспериментального определения частотных характеристик упругого летательного аппарата с цифровой системой управления[J]. Учен. зап. ЦАГИ. 1986. Т. 17, № 6.

5.8. *Кувшинов В. М.* , *Галюченко А. М.* Особенности взаимодействия цифровой системы управления с упругими колебаниями конструкции самолета[J]. Труды ЦАГИ. 1990. Вып. 2466.

5.9. *Кувшинов В. М.*, *Дынников А. И.*, *Шелюхин Ю. Ф.* Проблемы и перспективы автоматизации ручного управления самолетом с помощью БЦВМ[J]. Труды ЦАГИ. 1990. Вып. 2480.

5.10. *Кувшинов В. М.* Об эффекте транспонирования частоты в нелинейной цифровой системе управления летательных аппаратов с ограничением скорости изменения управляющего сигнала[J]. Труды ЦАГИ. 1990. Вып. 2480.

5.11. *Баженов С. Г.*, *Шелюхин Ю. Ф.* Динамика цифровых резервированных асинхронных многотактных систем управления самолетов[M]. Препринт ЦАГИ, 1997.

5.12. *Дынников А. И.* Цифровые системы управления[M]. изд. МФТИ, 2006.

5.13. *Ильясов Б. Г.*, *Саитова Г. А.*, *Халикова Е. А.* Анализ запасов устойчивости гомогенных многосвязных систем управления[J]. Изв. РАН. ТиСУ. 2009. № 4. С. 4 - 12.

5.14. *Зубов С. В.* Проблема расчетной устойчивости динамических систем [J]. Изв. РАН. ТиСУ. 2009. № 2. С. 18 - 23.

5.15. *Диденко Ю. И.*, *Кушнир П. В.*, *Шелюхин Ю. Ф.* Применение метода пространства состояний для анализа устойчивости цифровых систем[J]. Учен. зап. ЦАГИ. 1984. Т. XV, № 5. С. 68 - 78.

5.16. *Кушнир П. В.*, *Шелюхин Ю. Ф.* Исследование астатических резервированных цифровых систем управления самолета с асинхронными вычислителями [J]. Учен. зап. ЦАГИ. 1986. Т. XVII, № 1. С. 82 - 90.

5.17. *Баженов С. Г.* Особенности анализа устойчивости самолета с резервированной цифровой асинхронной системой управления [J]. Техника воздушного флота. 2009. Т. 83, № 1 (694). С. 45 - 53.

5.18. *Баженов С. Г.*, *Шелюхин Ю. Ф.* Анализ изменения динамических свойств самолета при согласовании информации между резервированными каналами цифровой системы управления[J]. Учен. зап. ЦАГИ. 2013. Т. 101, № 1 - 2 (692 - 693). С. 46 - 55.

5.19. *Баженов С. Г.*, *Шелюхин Ю. Ф.* Влияние выравнивания информации в цифровой резервированной системе управления на динамические свойства типовых звеньев [J]. Техника воздушного флота. 2008. Т. LXXXII, № 3 - 4. С. 46 - 55.

5.20. *Кувшинов В. М.* Методика анализа устойчивости самолета с цифровой системой управления с двумя частотами квантования[J]. Техника воздушного флота. 2007. Т. LXXXI, № 3 - 4 (686 - 687). С. 40 - 50.

5.21. *Баженов С. Г.* Некоторые особенности динамики многотактной цифровой системы управления[J]. Учен. зап. ЦАГИ. 2010. Т. XLI, № 5. С. 56 - 65.

5.22. *Баженов С. Г.* К расчету устойчивости самолета в боковом канале с цифровой многотактной системой управления[J]. Учен. зап. ЦАГИ. 2011. Т. XLII, № 2. С. 80 - 89.

第 6 章

6.1. *Карлин С.* Основы теории случайных процессов[M]. Мир, 1971.

6.2. *Фомин Я. А.* Теория выбросов случайных процессов[M]. Связь, 1980.

6.3. *Баженов С. Г.* Анализ рассогласований между каналами цифровой системы управления, вызванных сбоями информации[J]. Учен. зап. ЦАГИ. 2010. Т. XLI, № 6. С, 43 - 53.

6.4. *Баженов С. Г.* Синтез алгоритма синхронизации интегральных звеньев цифровой резервированной системы управления[J]. Учен. зап. **ЦАГИ**. 2001. Т. XLII, № 1. С, 86 - 93.

6. 5. *Хопкрофт Д.* , *Мотеани Р.* , *Ульман Д.* Введение в теорию автоматов, языков и вычислений[M]. Вильямс, 2002.

6. 6. *Мозговой М. В.* Классика программирования: алгоритмы, языки, автоматы, компиляторы [J]. Наука и техника, 2006.

6. 7. *Хоподилов С.* Недетерминированные конечные автоматы[J]. RSDN magazine, 2009.

索　引

大飞机出版工程

书　目

一期书目（已出版）

《超声速飞机空气动力学和飞行力学》（俄译中）

《大型客机计算流体力学应用与发展》

《民用飞机总体设计》

《飞机飞行手册》（英译中）

《运输类飞机的空气动力设计》（英译中）

《雅克-42M 和雅克-242 飞机草图设计》（俄译中）

《飞机气动弹性力学和载荷导论》（英译中）

《飞机推进》（英译中）

《飞机燃油系统》（英译中）

《全球航空业》（英译中）

《航空发展的历程与真相》（英译中）

二期书目（已出版）

《大型客机设计制造与使用经济性研究》

《飞机电气和电子系统——原理、维护和使用》（英译中）

《民用飞机航空电子系统》

《非线性有限元及其在飞机结构设计中的应用》

《民用飞机复合材料结构设计与验证》

《飞机复合材料结构设计与分析》（英译中）

《飞机复合材料结构强度分析》

《复合材料飞机结构强度设计与验证概论》

《复合材料连接》

《飞机结构设计与强度计算》

三期书目（已出版）

《适航理念与原则》

《适航性：航空器合格审定导论》（译著）

《民用飞机系统安全性设计与评估技术概论》

《民用航空器噪声合格审定概论》

《机载软件研制流程最佳实践》

《民用飞机金属结构耐久性与损伤容限设计》

《机载软件适航标准 DO – 178B/C 研究》

《运输类飞机合格审定飞行试验指南》（编译）

《民用飞机复合材料结构适航验证概论》

《民用运输类飞机驾驶舱人为因素设计原则》

四期书目（已出版）

《航空燃气涡轮发动机工作原理及性能》

《航空发动机结构强度设计问题》

《航空燃气轮机涡轮气体动力学：流动机理及气动设计》

《先进燃气轮机燃烧室设计研发》

《航空燃气涡轮发动机控制》

《航空涡轮风扇发动机试验技术与方法》

《航空压气机气动热力学理论与应用》

《燃气涡轮发动机性能》（译著）

《航空发动机进排气系统气动热力学》

《燃气涡轮推进系统》（译著）

五期书目（已出版）

《民机飞行控制系统设计的理论与方法》

《现代飞机飞行控制系统工程》

《民机导航系统》

《民机液压系统》

《民机供电系统》

《民机传感器系统》

《飞行仿真技术》

《民机飞控系统适航性设计与验证》

《大型运输机飞行控制系统试验技术》

《飞控系统设计和实现中的问题》（译著）

六期书目（已出版）

《航空发动机高温合金大型铸件精密成型技术》

《民用飞机构件先进成形技术》

《民用飞机构件数控加工技术》

《民用飞机热表特种工艺技术》

《民用飞机自动化装配系统与装备》

《飞机材料与结构检测技术》

《民用飞机复合材料结构制造技术》

《复合材料连接技术》

《先进复合材料的制造工艺》(译著)

《聚合物基复合材料：结构材料表征指南(国际同步版)》(译著)

《聚合物基复合材料：材料性能(国际同步版)》(译著)

《聚合物基复合材料：材料应用、设计和分析(国际同步版)》(译著)

《金属基复合材料(国际同步版)》(译著)

《复合材料夹层结构(国际同步版)》(译著)

《夹层结构手册》(译著)

《ASTMD30 复合材料试验标准》(译著)

《飞机喷管的理论与实践》(译著)

《大飞机飞行控制律的原理与应用》(译著)

七期书目

《民机航空电子系统综合化原理与技术》

《民用飞机飞行管理系统》

《民用飞机驾驶舱显示与控制系统》

《民用飞机机载总线与网络》

《航空电子软件工程》

《航空电子硬件工程技术》

《民用飞机无线电通信导航监视系统》

《综合环境监视系统》

《民用飞机维护与健康管理系统》

《航空电子适航性设计技术与管理》

《民用飞机客舱与信息系统》